电子信息科学与技术丛书

嵌入式实时操作系统

FreeRTOS原理、架构与开发

微课视频版

奚海蛟 编著

清华大学出版社

北京

内 容 简 介

本书系统介绍 FreeRTOS 实时操作系统开发。全书共 10 章,第 1～7 章为 FreeRTOS 基础开发部分,第 8～10 章为拓展应用部分。其中第 1 章介绍 FreeRTOS 实时操作系统、FreeRTOS 实时操作系统的移植方法以及 FreeRTOS 的配置文件;第 2 章介绍 FreeRTOS 的任务,包括任务创建、任务删除、任务挂起、任务切换、任务调度、任务信息、中断优先级、任务优先级以及临界区;第 3 章介绍 FreeRTOS 时间管理,包括时间片轮转以及任务延时;第 4 章介绍 FreeRTOS 任务栈,包括内存分配失败回调函数、堆栈溢出以及选择堆栈大小;第 5 章介绍 FreeRTOS 内存管理,包括内存的申请和释放以及内存分配;第 6 章介绍 FreeRTOS 任务间通信,包括消息队列、二进制信号量、计数信号量、互斥信号量、递归互斥信号量、任务通知以及事件组;第 7 章介绍 FreeRTOS 定时器与低功耗;第 8 章介绍 FreeRTOS+CLI 命令行界面,通过 CLI 的移植以及创建命令的方法与实现展开叙述;第 9 章介绍 FreeRTOS+FAT 文件系统,以及通过文件系统的标准文件系统接口实现对文件的增删改查功能;第 10 章介绍 FreeRTOS 的网络编程,对 TCP/IP、UDP、TCP 客户端以及 TCP 服务器展开叙述。

本书适合作为广大高校计算机专业基于 STM32 的实时操作系统相关课程的教材,也可以作为 STM32 实时操作系统开发者的自学参考用书。

图书在版编目(CIP)数据

嵌入式实时操作系统:FreeRTOS 原理、架构与开发:微课视频版/奚海蛟编著.—北京:清华大学出版社,2023.5
(电子信息科学与技术丛书)
ISBN 978-7-302-63046-3

Ⅰ.①嵌… Ⅱ.①奚… Ⅲ.①实时操作系统 Ⅳ.①TP316.2

中国国家版本馆 CIP 数据核字(2023)第 041441 号

责任编辑:曾　珊　李　晔
封面设计:李召霞
责任校对:申晓焕
责任印制:刘海龙

出版发行:清华大学出版社
　　　网　　　址:http://www.tup.com.cn,http://www.wqbook.com
　　　地　　　址:北京清华大学学研大厦 A 座　　　邮　　编:100084
　　　社 总 机:010-83470000　　　邮　　购:010-62786544
　　　投稿与读者服务:010-62776969,c-service@tup.tsinghua.edu.cn
　　　质量反馈:010-62772015,zhiliang@tup.tsinghua.edu.cn
　　　课件下载:http://www.tup.com.cn,010-83470236
印 装 者:三河市天利华印刷装订有限公司
经　　销:全国新华书店
开　　本:185mm×260mm　　　印　　张:14.5　　　字　　数:374 千字
版　　次:2023 年 7 月第 1 版　　　印　　次:2023 年 7 月第 1 次印刷
印　　数:1～1500
定　　价:59.00 元

产品编号:098190-01

前 言
PREFACE

在嵌入式领域,嵌入式实时操作系统(Embedded Real Time Operation System,RTOS)正得到越来越广泛的应用。采用 RTOS 可以更合理、更有效地利用 CPU 的资源,简化应用软件的设计,缩短系统开发时间,更好地保证系统的实时性和可靠性。

由于 RTOS 需占用一定的系统资源(尤其是 RAM 资源),只有 μC/OS-Ⅱ、embOS、salvo、FreeRTOS 等少数实时操作系统能够在"小"RAM 单片机上运行。相比于 μC/OS-Ⅱ、embOS 等商业操作系统,FreeRTOS 操作系统是完全免费的,具有源码公开、可移植、可裁减、调度策略灵活的特点,可以方便地移植到各种单片机上运行。本书所使用的 FreeRTOS 版本为 10.3.0。

作为一个轻量级的操作系统,FreeRTOS 提供的功能包括任务管理、时间管理、信号量、消息队列、内存管理、记录功能等,可基本满足较小系统的需要。FreeRTOS 内核支持优先级调度算法,每个任务可根据重要程度的不同被赋予一定的优先级,CPU 总是让处于就绪态的、优先级最高的任务先运行。FreeRTOS 内核同时支持轮换调度算法,系统允许不同的任务使用相同的优先级;在没有更高优先级任务就绪的情况下,同一优先级的任务共享 CPU 的使用时间。

在嵌入式领域,FreeRTOS 是为数不多的,同时具有实时性、开源性、可靠性、易用性、多平台支持等特点的嵌入式操作系统。目前,FreeRTOS 已经发展到支持包含 x86、Xilinx、Altera 等多达 30 种硬件平台,其广阔的应用前景已经越来越受到业内人士的关注。

本书基于 STM32F4 开发板,使用的芯片型号为 STM32F407VGTx。STM32F4 系列包含高速嵌入式存储器和广泛的增强型 I/O 和外设,连接到 2 个 APB 总线、3 个 AHB 总线和 1 个 32 位多 AHB 总线矩阵;使用 64KB CCM(内核耦合存储器)数据 RAM,LCD 并行接口,MUC 接口采用 8080/6800 模式;具有正交(增量)编码器输入的定时器;5V 容错 I/O;并行摄像头接口;真随机数发生器;RTC,具有亚秒级精度,硬件日历;96 位唯一 ID。

本书分 10 章系统论述 FreeRTOS 实时操作系统开发。第 1~7 章讲述 FreeRTOS 基础开发;第 8~10 章侧重于拓展应用。其中,第 1 章介绍 FreeRTOS 实时操作系统、FreeRTOS 实时操作系统的移植方法以及 FreeRTOS 的配置文件;第 2 章介绍 FreeRTOS 的任务,包括任务创建、任务删除、任务挂起、任务切换、任务调度、任务信息、中断优先级、任务优先级以及临界区;第 3 章介绍 FreeRTOS 时间管理,包括时间片轮转以及任务延时;第 4 章介绍 FreeRTOS 任务栈,包括内存分配失败回调函数、堆栈溢出以及选择堆栈大小;第 5 章介绍 FreeRTOS 内存管理,包括内存的申请和释放以及内存分配;第 6 章介绍 FreeRTOS 任务间通信,包括消息队列、二进制信号量、计数信号量、互斥信号量、递归互斥信号量、任务通知以及事件组;第 7 章介绍 FreeRTOS 定时器与低功耗;第 8 章介绍 FreeRTOS+CLI 命令行界面,通过 CLI 的移植以及创建命令的方法与实现展开叙述;第 9 章介绍 FreeRTOS+FAT 文件系统,通过对文件系统的标准文件系统接口的讲述可以实现对文件的增删改查功能;第 10 章介绍 FreeRTOS 的网络编程,对 TCP/IP、UDP、TCP 客户端以及 TCP 服务器展开叙述。

本书适用于 Windows 10 系统;使用的编译软件为 MDK 5.18;固件库为 STM32F4xx HAL 库;FreeRTOS 版本为 10.3.0;书中全部案例均在武汉飞航科技有限公司生产的飞航 STM32F407 开发板上测试通过。

本书主要由奚海蛟老师及相关研发人员编写,所有作者均有多年嵌入式设计研发及应用经验。同时,本书凝聚了武汉飞航科技有限公司和北京鸿炉科技有限公司技术团队(杨金星、李泽、王飞、石雄伟、朱世杰)的辛勤劳动,在此对他们一一表示感谢。

由于编者水平所限,并且时间仓促,书中难免存在不妥之处,恳请广大读者批评指正。

作者提供长期、有效的答疑服务,期待与读者交流相关技术问题、行业应用或合作意向等话题。

互动交流

本书可作为本科及高职院校电子信息类专业的教材,也可作为嵌入式技术爱好者与工程师的参考资料。

编　者

2023 年 3 月

学 习 建 议

本书可作为计算机类及电子信息类相关专业本科生、研究生的嵌入式系统课程的教材,也可供相关研究人员、工程技术人员阅读参考。

如果将本书作为教材使用,建议将课程的教学分为课堂讲授和学生自主上机两个层次。课堂讲授建议 12 学时,学生自主上机 36 学时。教师可以根据不同的教学对象或教学大纲要求安排学时数和教学内容。

各章序号	知识单元(章节)	知 识 点	要求	推荐学时
第1章	FreeRTOS 入门	FreeRTOS 简介	了解	2
		FreeRTOS 移植	掌握	
		FreeRTOS 配置文件	了解	
第2章	FreeRTOS 任务	任务创建	掌握	8
		任务删除	掌握	
		任务挂起	掌握	
		任务切换	掌握	
		任务调度	掌握	
		任务信息	掌握	
		中断优先级与任务优先级	掌握	
		临界区	掌握	
第3章	FreeRTOS 时间管理	时间片轮转	掌握	2
		任务延时	掌握	
第4章	FreeRTOS 任务栈	内存分配失败回调函数	掌握	4
		任务栈溢出	掌握	
		选择任务栈大小	掌握	
第5章	FreeRTOS 内存管理	内存申请和释放	掌握	2
		内存分配	掌握	
第6章	FreeRTOS 任务间通信	消息队列	掌握	8
		二进制信号量	掌握	
		计数信号量	掌握	
		互斥信号量	掌握	
		递归互斥信号量	掌握	
		任务通知	掌握	
		事件组	掌握	
第7章	FreeRTOS 定时器与低功耗	定时器	掌握	2
		低功耗	掌握	

续表

各章序号	知识单元(章节)	知　识　点	要求	推荐学时
第 8 章	命令行界面	FreeRTOS+CLI 移植	掌握	4
		FreeRTOS+CLI 配置和使用	掌握	
第 9 章	嵌入式文件系统开发	FreeRTOS+FAT 移植	掌握	8
		FreeRTOS+FAT 文件夹创建	掌握	
		FreeRTOS+FAT 文件读写	掌握	
		FreeRTOS+FAT 文件操作	掌握	
第 10 章	嵌入式网络编程开发	FreeRTOS+TCP/IP 移植	掌握	8
		FreeRTOS+UDP	掌握	
		FreeRTOS+TCP 客户端	掌握	
		FreeRTOS+TCP 服务器	掌握	

微课视频清单

视频名称	时长/min	位置
视频 1　FreeRTOS 简介	17	1.1 节节首
视频 2　FreeRTOS 移植	16	1.2 节节首
视频 3　FreeRTOS 配置文件	12	1.3 节节首
视频 4　任务创建	8	2.1 节节首
视频 5　任务删除	8	2.2 节节首
视频 6　任务挂起	9	2.3 节节首
视频 7　任务切换	4	2.4 节节首
视频 8　任务调度	16	2.5 节节首
视频 9　任务信息	5	2.6 节节首
视频 10　中断优先级与任务优先级	9	2.7 节节首
视频 11　临界区	6	2.8 节节首
视频 12　时间片轮转	5	3.1 节节首
视频 13　任务延时	11	3.2 节节首
视频 14　内存分配失败回调函数	4	4.1 节节首
视频 15　堆栈溢出	7	4.2 节节首
视频 16　选择任务栈大小	6	4.3 节节首
视频 17　内存申请和释放	4	5.1 节节首
视频 18　内存分配	6	5.2 节节首
视频 19　消息队列	8	6.1 节节首
视频 20　二进制信号量	6	6.2 节节首
视频 21　计数信号量	4	6.3 节节首
视频 22　互斥信号量	5	6.4 节节首
视频 23　递归互斥信号量	7	6.5 节节首
视频 24　任务通知	11	6.6 节节首
视频 25　事件组	10	6.7 节节首
视频 26　定时器	8	7.1 节节首
视频 27　低功耗	9	7.2 节节首

目 录
CONTENTS

第 1 章　FreeRTOS 入门 ················ 1

1.1　FreeRTOS 简介 ················ 1

1.1.1　实时多任务操作系统 ······· 1

1.1.2　FreeRTOS ··············· 2

1.2　FreeRTOS 移植 ··············· 6

1.2.1　开发原理 ··············· 6

1.2.2　开发步骤 ··············· 7

1.3　FreeRTOS 配置文件 ··········· 9

第 2 章　FreeRTOS 任务 ··············· 12

2.1　任务创建 ··················· 12

2.1.1　开发原理 ··············· 12

2.1.2　开发步骤 ··············· 13

2.1.3　运行结果 ··············· 14

2.2　任务删除 ··················· 14

2.2.1　开发原理 ··············· 14

2.2.2　开发步骤 ··············· 15

2.2.3　运行结果 ··············· 17

2.3　任务挂起 ··················· 17

2.3.1　开发原理 ··············· 17

2.3.2　开发步骤 ··············· 18

2.3.3　运行结果 ··············· 20

2.4　任务切换 ··················· 20

2.4.1　开发原理 ··············· 20

2.4.2　开发步骤 ··············· 20

2.4.3　运行结果 ··············· 22

2.5　任务调度 ··················· 22

2.6　任务信息 ··················· 25

2.6.1　开发原理 ··············· 25

2.6.2　开发步骤 ··············· 26

2.6.3　运行结果 ··············· 28

2.7　中断优先级与任务优先级 ······ 28

2.7.1　开发原理 ··············· 28

2.7.2　开发步骤 ··············· 30

2.7.3　运行结果 ··············· 31

2.8　临界区 ····················· 32

2.8.1　开发原理 ··············· 32

2.8.2　开发步骤 ··············· 33

2.8.3　运行结果 ··············· 35

第 3 章　FreeRTOS 时间管理 ··········· 36

3.1　时间片轮转 ················· 36

3.1.1　开发原理 ··············· 36

3.1.2　开发步骤 ··············· 36

3.1.3　运行结果 ··············· 37

3.2　任务延时 ··················· 38

3.2.1　开发原理 ··············· 38

3.2.2　开发步骤 ··············· 40

3.2.3　运行结果 ··············· 43

第 4 章　FreeRTOS 任务栈 ············· 44

4.1　内存分配失败回调函数 ········ 44

4.1.1　开发原理 ··············· 44

4.1.2　开发步骤 ··············· 44

4.1.3　运行结果 ··············· 45

4.2　任务栈溢出 ················· 46

4.2.1　开发原理 ··············· 46

4.2.2　开发步骤 ··············· 47

4.2.3　运行结果 ··············· 49

4.3　选择任务栈大小 ············· 49

4.3.1　开发原理 ··············· 49

4.3.2　开发步骤 ··············· 50

4.3.3　运行结果 ··············· 51

第 5 章　FreeRTOS 内存管理 ··········· 52

5.1　内存申请和释放 ············· 52

5.1.1　开发原理 ··············· 52

5.1.2　开发步骤 ··············· 52

5.1.3　运行结果 ··············· 54

5.2　内存分配 ··················· 54

第 6 章　FreeRTOS 任务间通信 ········· 57

6.1　消息队列 ··················· 57

6.1.1　开发原理 …………… 57
6.1.2　开发步骤 …………… 60
6.1.3　运行结果 …………… 62
6.2　二进制信号量 ……………… 62
6.2.1　开发原理 …………… 62
6.2.2　开发步骤 …………… 64
6.2.3　运行结果 …………… 66
6.3　计数信号量 ………………… 66
6.3.1　开发原理 …………… 66
6.3.2　开发步骤 …………… 67
6.3.3　运行结果 …………… 69
6.4　互斥信号量 ………………… 69
6.4.1　开发原理 …………… 69
6.4.2　开发步骤 …………… 69
6.4.3　运行结果 …………… 71
6.5　递归互斥信号量 …………… 71
6.5.1　开发原理 …………… 71
6.5.2　开发步骤 …………… 73
6.5.3　运行结果 …………… 75
6.6　任务通知 …………………… 75
6.6.1　开发原理 …………… 75
6.6.2　开发步骤 …………… 81
6.6.3　运行结果 …………… 84
6.7　事件组 ……………………… 84
6.7.1　开发原理 …………… 84
6.7.2　开发步骤 …………… 88
6.7.3　运行结果 …………… 89
第7章　FreeRTOS定时器与低功耗 …… 90
7.1　定时器 ……………………… 90
7.1.1　开发原理 …………… 90
7.1.2　开发步骤 …………… 92
7.1.3　运行结果 …………… 94
7.2　低功耗 ……………………… 94
7.2.1　开发原理 …………… 94
7.2.2　开发步骤 …………… 97
7.2.3　运行结果 …………… 99
第8章　命令行界面 ……………… 100
8.1　FreeRTOS+CLI移植 ……… 100
8.1.1　开发原理 …………… 100
8.1.2　开发步骤 …………… 100

8.1.3　运行结果 …………… 104
8.2　FreeRTOS+CLI配置和使用 … 105
8.2.1　开发原理 …………… 105
8.2.2　开发步骤 …………… 108
8.2.3　运行结果 …………… 109
第9章　嵌入式文件系统开发 …… 110
9.1　FreeRTOS+FAT移植 ……… 110
9.1.1　开发原理 …………… 110
9.1.2　开发步骤 …………… 118
9.1.3　运行结果 …………… 119
9.2　FreeRTOS+FAT文件夹创建 … 120
9.2.1　开发原理 …………… 120
9.2.2　开发步骤 …………… 122
9.2.3　运行结果 …………… 127
9.3　FreeRTOS+FAT文件读写 … 129
9.3.1　开发原理 …………… 129
9.3.2　开发步骤 …………… 137
9.3.3　运行结果 …………… 149
9.4　FreeRTOS+FAT文件操作 … 152
9.4.1　开发原理 …………… 153
9.4.2　开发步骤 …………… 156
9.4.3　运行结果 …………… 172
第10章　嵌入式网络编程开发 …… 175
10.1　FreeRTOS+TCP/IP移植 … 175
10.1.1　开发原理 ………… 175
10.1.2　开发步骤 ………… 183
10.1.3　运行结果 ………… 193
10.2　FreeRTOS+UDP ………… 193
10.2.1　开发原理 ………… 193
10.2.2　开发步骤 ………… 197
10.2.3　运行结果 ………… 200
10.3　FreeRTOS+TCP客户端 … 200
10.3.1　开发原理 ………… 200
10.3.2　开发步骤 ………… 207
10.3.3　运行结果 ………… 212
10.4　FreeRTOS+TCP服务器 … 213
10.4.1　开发原理 ………… 213
10.4.2　开发步骤 ………… 214
10.4.3　运行结果 ………… 221
参考文献 ………………………… 222

## 第1章

FreeRTOS 入门

本章主要介绍 FreeRTOS 实时操作系统及其移植方法和配置文件。

1.1 FreeRTOS 简介

视频

1.1.1 实时多任务操作系统

1. 操作系统

操作系统是一种计算机程序,它支持计算机的基本功能,并向其他程序提供服务。应用程序提供了用户希望或需要的功能。操作系统提供的服务使得编写应用程序更快、更简单和更易于维护。

2. 实时操作系统

实时操作系统(Real Time Operating System,RTOS)是指当外界事件或数据产生时,能够接收并以足够快的速度予以处理,其处理的结果又能在规定的时间内用来控制生产过程或对处理系统做出快速响应,调度一切可利用的资源完成实时任务,并控制所有实时任务协调一致运行的操作系统。提供及时响应和高可靠性是其主要特点。

3. 实时操作系统的优点

大多数操作系统似乎允许多个程序同时执行,这叫作多任务。实际上,每个处理器核心只能在任何给定时间点运行单个执行线程。操作系统中调度器负责决定何时运行哪个程序,并通过在程序之间快速切换来提供同时执行的假象。

操作系统的类型由调度器决定何时运行哪个程序来定义。例如,在多用户操作系统(如UNIX)中使用的调度器将确保每个用户获得相当多的处理时间。另一个例子是,桌面操作系统(如 Windows)中的调度器将尝试确保计算机对其用户保持响应。

4. 为什么要使用实时操作系统

在嵌入式应用领域,在很多场合下对系统的实时性都有严格要求,因此要选择实时操作系统。实时操作系统是指具有实时性,能支持实时控制系统工作的操作系统。其首要任务是调度一切可利用的资源完成实时控制任务,其次才着眼于提高计算机系统的使用效率,其重要特点是要满足对时间的限制和要求。

通常对于分时操作系统来说,软件的执行在时间上要求并不严格,时间上的错误一般不会造成灾难性的后果。但对于实时操作系统来说,主要任务是要求对事件进行实时的处理,虽然事件可能在无法预知的时刻到达,但是软件在事件发生时必须在严格的时限内做出响应,因为如果超出了时限,则意味着致命的失败。实时操作系统的重要特点是具有系统的可确定性,即系统能对运行情况的最好和最坏等情况能做出精确的估计。

实时操作系统(RTOS)是嵌入式应用软件的基础和开发平台。目前大多数嵌入式开发还是在单片机上直接进行,没有 RTOS,但仍要有一个主程序负责调度各个任务。RTOS 是一段嵌入在目标代码中的程序,系统复位后首先执行,相当于用户的主程序,用户的其他应用程序都建立在 RTOS 之上。不仅如此,RTOS 还是一个标准的内核,它将 CPU 时间、中断、I/O、定时器等资源都包装起来,留给用户一个标准的 API 接口,并根据各个任务的优先级,合理地在不同任务之间分配 CPU 时间。

RTOS 是针对不同处理器优化设计的高效率实时多任务内核,RTOS 可以面对几十个系列的嵌入式处理器,如 MPU、MCU、DSP、SOC 等提供类同的 API,这是 RTOS 基于设备独立的应用程序的开发基础。因此,基于 RTOS 的 C 语言程序具有极大的可移植性。据专家测算,在优秀的 RTOS 上跨处理器平台的程序移植只需要修改 1%~4% 的内容。在 RTOS 基础上可以编写出各种硬件驱动程序、专家库函数、行业库函数、产品库函数,和通用性的应用程序一起,可以作为产品销售,促进行业的知识产权交流。因此,RTOS 又是一个软件开发平台。

5. 为什么要学习实时操作系统

对于现代的微处理器,特别是资源相对丰富的 ARM7、Cortex-M4 硬件来说,RTOS 占用的硬件资源已经越来越可以忽略。所以在当今环境下,我们无须担心 RTOS 会拖累性能。相反,RTOS 提供的事件驱动型设计方式,使得 RTOS 只是在处理实际任务时才会运行,这能够更合理地利用 CPU。在实际项目中,如果程序等待一个超时事件,那么在传统的无 RTOS 情况下,要么在原地一直等待而不能执行其他任务,要么使用复杂(相对 RTOS 提供的任务机制而言)的状态机机制。如果使用 RTOS,则可以很方便地将当前任务阻塞在该事件下,然后自动去执行其他任务,这显然更方便,并且可以高效地利用 CPU。

6. 实时操作系统有哪些

MPU 等级专用的有 Integrity、QNX、VxWorks 等功能强大的 RTOS;体积较小巧,主要支持 MCU 等级为主的 RTOS,则有 Nucleus、ThreadX、Unison OS、μC/OS Ⅱ/μC/OS Ⅲ 等。

针对 ARM 平台推出的开源 RTOS/IDE 很多,例如 FreeRTOS、uKOS-II、Atomthreads、BeRTOS 社群版、ChibiOS/RT、CoActionOS、eCos、Embox、Erika Enterprise/RT-Druid、Keil(ARM) RTX、Lepton、nOS、Nut/OS、NuttX、RIOT、RT-Thread、TI-RTOS-KERNEL(SYS/BIOS)、TNeo 等。

1.1.2 FreeRTOS

1. 什么是 FreeRTOS

FreeRTOS 是一类被设计成小到可以在微控制器上运行的 RTOS,尽管它的使用并不局限于微控制器应用程序。

微控制器是一种小型和资源受限的处理器,它在单个芯片上包括处理器本身、只读存储器(ROM 或 Flash)以保存要执行的程序,以及它执行程序时所需要的随机存取存储器(RAM)。通常,程序直接从只读存储器执行。微控制器用于深嵌入式应用程序(在这些应用程序中,用户无法真正看到处理器本身或它们正在运行的软件),这些应用程序通常有非常具体和专门的工作要做。受 RAM 大小限制以及专用的终端应用程序性质影响,很少使用一个完整的 RTOS 实现。因此,FreeRTOS 只提供核心的实时调度功能、任务间通信、定时和同步功能。这意味着它可以更准确地描述实时内核。FreeRTOS 附加了一些功能,如命令行界面、TCP/

IP、文件系统等。

2. FreeRTOS 发展简介

FreeRTOS 是 Richard Barry 从 2002 年开始开发，2003 年推出的嵌入式实时任务操作系统。2017 年，Richard Barry 加入亚马逊(Amazon)公司，将 FreeRTOS 从 V9 版本升级至 V10 版本。

3. FreeRTOS 的功能

- RTOS 调度器具有可选的抢占、协作和混合配置选项时间切片。
- 可用于低功耗应用。
- 可以创建 RTOS 对象(任务、队列、信号量、软件定时器、互斥对象和事件组)。
- 动态或静态分配 RAM。
- FreeRTOS-MPU 支持 ARM Cortex-M3 内存保护单元(MPU)。
- 设计成品体积小，简单易用，RTOS 内核二进制映像大小为 4~9KB。
- 可移植性强的源代码结构，主要是用 C 语言编写的。
- 支持实时任务和协同例程。
- 直接指向任务通知、队列、二进制信号量、计数信号量、递归信号量和互斥量。用于任务之间或实时任务和中断之间的通信和同步。
- 创新型事件组(或事件标志)执行。
- 具有优先级继承的互斥锁。
- 高效率软件定时器。
- 强大的执行跟踪功能。
- 堆栈溢出检测选项。
- 为选定的单片机预配置 RTOS 演示应用程序，允许"开箱即用"操作和快速学习曲线。
- 免费监测，或可选的商业支持和许可。
- 对可创建的实时任务数量没有软件限制。
- 对可以使用的任务优先级的数量没有软件限制。
- 对任务优先级分配没有任何限制，可以将多个实时任务分配相同的优先级。

4. 为什么用 FreeRTOS

用户在众多 RTOS 中选择 FreeRTOS 是因为 SafeRTOS 是基于 FreeRTOS 功能模型，前者是经过安全认证的 RTOS，因此对于 FreeRTOS 的安全性也有了信心。FreeRTOS 有大量开发者在使用，并且保持着高速增长的趋势。2011—2015 年，以及 2017 年的 *EEtimes* 杂志嵌入式系统市场报告显示，FreeRTOS 在 RTOS 内核使用榜和 RTOS 内核计划使用榜上都名列前茅。更多的人使用有助于发现问题(Bug)，增强 FreeRTOS 的稳定性。内核全部围绕着任务调度，没有任何其他干扰，便于理解学习。而且，用户根本不需要其他更多的功能，只要任务调度就够了。

在 FreeRTOS 官方网站上，可以找到所有你需要的资料。FreeRTOS 可以免费用于商业产品，开放源码更便于学习操作系统原理、从全局掌握 FreeRTOS 运行机理，以及对操作系统进行深度裁剪以适应自己的硬件。2017 年年底，FreeRTOS 作者加入亚马逊，担任首席工程师，FreeRTOS 也由亚马逊管理。同时修改了用户许可证，FreeRTOS 变得更加开放和自由。背靠亚马逊，相信未来 FreeRTOS 会更加稳定可靠。此外，以前价格不菲的实时内核指南和参考手册也免费开放下载，这使得学习 FreeRTOS 更加容易。

2010—2015 年、2017 年、2019 年的 *EEtimes* 杂志嵌入式系统市场报告显示，FreeRTOS

在 RTOS 内核使用榜和 RTOS 内核计划使用榜上都名列前茅。

2010—2011 年 RTOS 使用榜如图 1-1 所示。

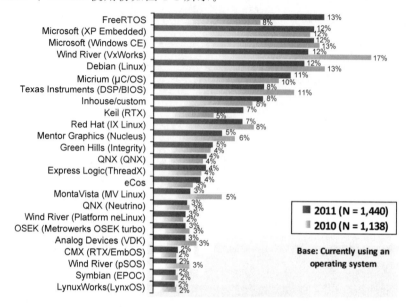

图 1-1   2010—2011 年 RTOS 使用榜

2012—2013 年 RTOS 使用榜如图 1-2 所示。

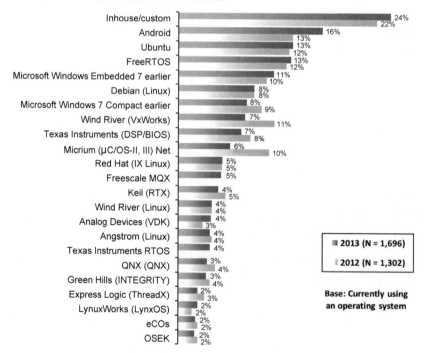

图 1-2   2012—2013 年 RTOS 使用榜

2014—2015 年 RTOS 使用榜如图 1-3 所示。

2017 年 RTOS 使用榜如图 1-4 所示。

2019 年 RTOS 使用榜如图 1-5 所示。

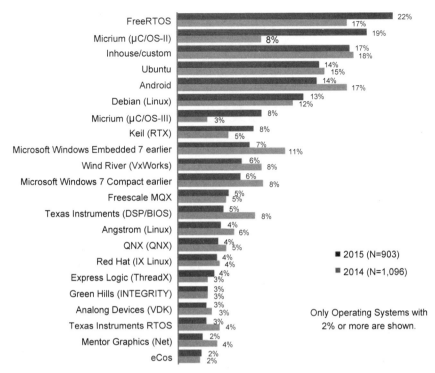

图 1-3 2014—2015 年 RTOS 使用榜

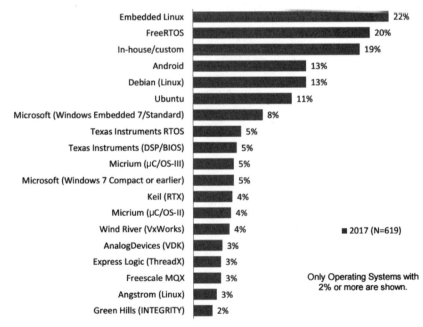

图 1-4 2017 年 RTOS 使用榜

5. FreeRTOS 官网资源介绍

FreeRTOS 官网地址为 www.freertos.org。在 FreeRTOS 官网中包含了相关书籍、手册、FreeRTOS 内核简介、开发者文档、辅助文档、支持的设备列表、API 在线参考手册等,如图 1-6 所示。

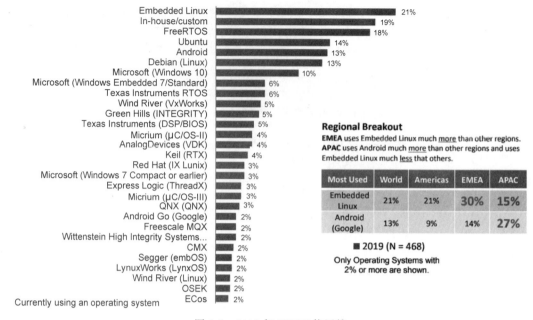

图 1-5　2019 年 RTOS 使用榜

Home 首页
FreeRTOS Books and Manuals　相关书籍和手册
⊟ FreeRTOS
　⊞ About FreeRTOS　FreeRTOS简介
　⊞ Features / Getting Started...　基础功能简介和快速启动
　⊞ More Advanced...　其他相关功能简介
　⊞ Demo Projects　演示项目
　⊞ Supported Devices & Demos　支持的设备和演示
　⊞ API Reference　API在线参考手册
　⊞ Contact and Support
⊞ FreeRTOS Interactive!

图 1-6　FreeRTOS 官方资源

视频

1.2　FreeRTOS 移植

通过学习本节,读者应了解 FreeRTOS 源码,掌握 FreeRTOS 的移植过程。

1.2.1　开发原理

进入 FreeRTOS 官网(https://www.freertos.org/index.html),下载 FreeRTOS 源码,本书使用 FreeRTOS v10.3.0 版本。

解压源码,进入解压后的文件夹。FreeRTOS v10.3.0 文件夹中包含 FreeRTOS 实时内核源文件和演示项目,FreeRTOS-Plus 文件夹中包含第三方演示产品和演示项目,如图 1-7 所示。

在 FreeRTOS 文件夹下,Demo 文件夹中包含演示应用程序项目,Source 文件夹中包含实时内核源代码,如图 1-8 所示。

▨ FreeRTOS 实时内核源文件和演示项目
▨ FreeRTOS-Plus 第三方演示产品和演示项目

▨ Demo 演示应用程序项目
▨ License
▨ Source 实时内核源码

图 1-7　FreeRTOS v10.3.0 文件夹内容　　　　图 1-8　FreeRTOS 文件夹内容

在 FreeRTOS-Plus 文件夹下,Demo 文件夹中包含适用于大多数 FreeRTOS＋组件的演示应用程序,Source 文件夹中包含 FreeRTOS组件源文件,如图 1-9 所示。

在 FreeRTOS 文件夹下,Demo 文件夹中的 Common 文件夹中存放了 demo 公用应用程序,其他文件夹中存放了微控制器的端口程序,如图 1-10 所示。

📄 Demo **FreeRTOS组件的演示应用程序**
📄 Source**FreeRTOS组件源码**

📄 Common**公用应用程序**

图 1-9　FreeRTOS-Plus 文件夹　　　图 1-10　FreeRTOS 文件夹下的 Demo 文件夹

在 FreeRTOS 文件夹下,Source 文件夹中的 include 文件夹包含了实时内核头文件;portable 文件包含了特定微控制器或编译器的文件;croutine.c 是协程功能源码,实现协程创建、协程调度等功能;timers.c 是软件定时器源码,实现软件定时器创建、软件定时器删除、软件定时器停止等功能;event_groups.c 是事件组源码,实现事件组的创建、获取事件组中的当前值、设置事件组中当前值等功能;list.c 是链表源码,实现删除链表项、链表项插入、链表初始化等功能;queue.c 是队列源码,实现队列创建、队列删除、向队列发送数据等功能;stream_buffer.c 是流缓冲区源码,实现创建流缓冲区、删除流缓冲区、从流缓冲区接收数据等功能;tasks.c 是任务源码,实现创建任务、删除任务、挂起任务等功能。具体如图 1-11 所示。

图 1-11　FreeRTOS 中 Source 文件夹

1.2.2　开发步骤

(1) 在 stm32f4 空工程文件夹下创建 FreeRTOS 文件夹用来存放 FreeRTOS 源码,将 FreeRTOS 文件源码中 FreeRTOS\Source 路径下的全部文件复制到新建的 FreeRTOS 文件夹中。

(2) 打开 stm32f4 空工程,添加分组 FreeRTOS\Source,用来存放 FreeRTOS 源码。添加分组 FreeRTOS\Ports,用来存放端口和内存分配方案。将 FreeRTOS 路径下的文件 timers.c、croutine.c、list.c、queue.c、task.c 添加到 FreeRTOS\Source 中。将 FreeRTOS\portable\MemMang 路径下的内存管理文件 heap_2.c 和 FreeRTOS\portable\RVDS\ARM_CM4F 路径下的接口文件 port.c 添加到 FreeRTOS/Ports 中。

(3) 将路径 FreeRTOS\include 和 FreeRTOS\portable\RVDS\ARM_CM4F 添加到工程头文件路径中。

(4) 将 FreeRTOS\Demo\CORTEX_M4F_STM32F407ZG-SKl 路径下的配置文件 FreeRTOSConfig.h 复制到 User 文件夹下,并将之添加到工程中的 User 分组中。

(5) 在 main.c 中添加 FreeRTOS.h、task.h、queue.h 三个头文件,然后编译。出现 1 个错误,提示 SystemCoreClock 没有定义,如图 1-12 所示。

```
RVDS\ARM_CM4F\port.c(712): error:  #20: identifier "SystemCoreClock" is undefined
DAD_REG = ( configSYSTICK_CLOCK_HZ / configTICK_RATE_HZ ) - 1UL;
RVDS\ARM_CM4F\port.c: 0 warnings, 1 error

 - 1 Error(s), 0 Warning(s).
```

图 1-12　编译结果(一)

（6）因为__ICCARM__是IAR编译工具链的相关宏定义，而这个工程使用的是ARM编译工具链，所以FreeRTOSConfig.h文件将宏定义__ICCARM__改为__CC_ARM，再次编译，发现出现了4个错误，如图1-13所示。

```
Error: L6218E: Undefined symbol vApplicationIdleHook (referred from tasks.o).
Error: L6218E: Undefined symbol vApplicationStackOverflowHook (referred from tasks.o).
Error: L6218E: Undefined symbol vApplicationTickHook (referred from tasks.o).
Error: L6218E: Undefined symbol vApplicationMallocFailedHook (referred from heap_2.o).
to list image symbols.
to list load addresses in the image map.
, 0 warning and 4 error messages.
" - 4 Error(s), 0 Warning(s).
```

图 1-13　编译结果(二)

（7）这4个错误都是没有相关回调函数定义，vApplicationIdleHook()是空闲状态回调函数，vApplicationTickHook()是时间片轮转回调函数，vApplicationStackOverflowHook()是堆栈溢出回调函数，vApplicationMallocFailedHook()是内存分配失败回调函数。在main.c中定义这4个回调函数。

```c
#include "stm32f4xx.h"
#include "FreeRTOS.h"
#include "task.h"
#include "queue.h"

int main(void)
{
    while(1)
    {
    }
}

//空闲状态回调函数
void vApplicationIdleHook( void )
{

}

//时间片轮转回调函数
void vApplicationTickHook( void )
{

}

//堆栈溢出回调函数
void vApplicationStackOverflowHook( TaskHandle_t xTask, char * pcTaskName )
{

}

//内存分配失败回调函数
void vApplicationMallocFailedHook( void )
{

}
```

（8）再次编译发现没有错误了，移植完成，如图 1-14 所示。

```
After Build - User command #1: CopyHex_Flash.bat
C:\Users\Administrator\Desktop\FreeRTOS实验\Project\MDK-ARM(uV5)>copy 1
已复制          1 个文件。
After Build - User command #2: D:\ARM\ARMCC\bin\fromelf.exe  --bin -o .
".\Flash\Obj\output.axf" - 0 Error(s), 0 Warning(s).
Build Time Elapsed:  00:00:02
```

图 1-14　编译结果（三）

1.3　FreeRTOS 配置文件

视频

通过学习本节内容，读者应了解 FreeRTOS 配置文件的配置项，掌握 FreeRTOS 各配置项的作用。

选择编译工具链，确保 stdint.h 仅由编译器使用，而不是由汇编程序使用。

```
# ifdef __CC_ARM
# include < stdint.h >
extern uint32_t SystemCoreClock;
# endif
```

configUSE_PREEMPTION：调度器控制，1 表示选择抢占式调度模式，0 表示选择协作式调度（时间片）模式。在多任务管理机制上，操作系统可以分成协作式和抢占式两种。协作式操作系统是任务主动释放 CPU 后，切换到下一个任务。抢占式操作系统是任务优先级高的任务优先运行，只有高优先级的任务主动释放 CPU，低优先级的任务才能运行；在低优先级的任务运行时，高优先级任务可以抢占低优先级的 CPU。

configUSE_IDLE_HOOK：空闲回调函数控制，1 表示使用空闲回调函数，0 表示忽略空闲回调函数。当 RTOS 调度器开始工作后，为了保证至少有一个任务在运行，空闲任务被自动创建，占用最低优先级（0 优先级）。对于已经删除的 RTOS 任务，空闲任务可以释放分配给它们的堆栈内存。因此，在应用中应该注意，使用 vTaskDelete()函数时要确保空闲任务获得一定的处理器时间。除此之外，空闲任务没有其他特殊功能，因此可以任意地剥夺空闲任务的处理器时间。应用程序也可以和空闲任务共享同一个优先级。空闲任务钩子是一个函数，这个函数由用户来实现，RTOS 规定了函数的名字和参数，这个函数在每个空闲任务周期都会被调用。

configUSE_TICK_HOOK：时间片轮转回调函数控制，1 表示使用时间片轮转回调函数，0 表示忽略时间片轮转回调函数。时间片中断可以周期性地调用一个被称为钩子函数（一种回调函数）的应用程序。时间片钩子函数可以很方便地实现一个定时器功能。vApplicationTickHook()函数在中断服务程序中执行，因此这个函数必须非常短小，不能大量使用堆栈，必须调用以"FromISR"或"FROM_ISR"结尾的 API 函数。

configCPU_CLOCK_HZ：系统时钟频率，写入实际的 CPU 内核时钟频率，也就是 CPU 指令执行频率。配置此值是为了正确地配置系统节拍中断周期。

configTICK_RATE_HZ：任务切换频率 RTOS 系统节拍中断的频率。即一秒中断的次数，每次中断 RTOS 都会进行任务调度。系统节拍中断用来测量时间，因此，越高的测量频率意味着可测到越高的分辨率时间。但是，高的系统节拍中断频率也意味着 RTOS 内核会占用更多的 CPU 时间，因此会降低效率。RTOS 演示例程使用系统节拍中断频率全部为 1000Hz，这是为了测试 RTOS 内核(实际使用时一般不需要这么高的系统节拍中断频率)。多个任务可以共享一个优先级,RTOS 调度器为相同优先级的任务分配 CPU 时间,在每一个 RTOS 系统节拍中断到来时进行任务切换。高的系统节拍中断频率会降低分配给每一个任务的"时间片"持续时间。

configMAX_PRIORITIES:配置应用程序有效的优先级数目,任何数量的任务都可以共享一个优先级,使用协程可以单独赋予它们优先权,具体见后面的 configMAX_CO_ROUTINE_PRIORITIES。在 RTOS 内核中,每个有效优先级都会消耗一定量的 RAM,因此这个值不要超过应用实际需要的优先级数目。每一个任务都会被分配一个优先级,优先级值为 0~(configMAX_PRIORITIES-1)。低优先级数表示低优先级任务。空闲任务的优先级为 0(tskIDLE_PRIORITY),因此它是最低优先级任务。FreeRTOS 调度器将确保处于就绪状态(Ready)或运行状态(Running)的高优先级任务比同样处于就绪状态的低优先级任务优先获取处理器时间。换句话说,处于运行状态的任务永远是高优先级任务。

configMINIMAL_STACK_SIZE:空闲任务的最小堆栈大小,堆栈大小不是以字节为单位而是以字为单位的,例如,在 32 位架构下,栈大小为 100 表示栈内存占用 400 字节的空间。

configTOTAL_HEAP_SIZE:内核可用 RAM,仅在使用官方下载包中附带的内存分配策略时,才有可能用到此值。

configMAX_TASK_NAME_LEN:调用任务函数时,需要设置描述任务信息的字符串,这个宏用来定义该字符串的最大长度。这里定义的长度包括字符串结束符'\0'。

configUSE_TRACE_FACILITY:可视化追踪控制,1 是启用可视化追踪,0 是忽略可视化追踪。在启用时会激活一些附加的结构体成员和函数。

configUSE_16_BIT_TICKS:定义系统节拍计数器的变量类型,portTickType 表示是 16 位变量还是 32 位变量。1 表示 16 位无符号整型变量,0 表示 32 位无符号整型变量。使用 16 位类型可以大大提高 8 位和 16 位架构微处理器的性能,但这也限制了最大时钟计数为 65535 个 Tick。因此,如果 Tick 频率为 250Hz(4ms 中断一次),对于任务最大延时或阻塞时间,16 位计数器是 262s,而 32 位是 17179869s。

configIDLE_SHOULD_YIELD:空闲任务的行为控制,1 表示空闲任务立刻给同优先级就绪状态的用户任务让出 CPU,0 表示等待空闲任务时间片结束后给同优先级就绪状态的用户任务让出 CPU。

configUSE_MUTEXES:互斥量控制,1 表示启用互斥量,0 表示忽略互斥量。

configQUEUE_REGISTRY_SIZE:可注册的队列数量,上位机调试内核时记录的队列和信号量的最大数目。

configCHECK_FOR_STACK_OVERFLOW:堆栈溢出回调函数控制,非 0 表示启用堆栈溢出回调函数,0 表示忽略堆栈溢出回调函数。在启用堆栈溢出回调函数时,用户必须提供一个堆栈溢出回调函数。

configUSE_RECURSIVE_MUTEXES:递归互斥量控制,1 表示启用递归互斥量,0 表示忽略递归互斥量。

configUSE_MALLOC_FAILED_HOOK:内存分配失败回调函数控制,1 表示启用内存分配失败回调函数,0 表示忽略内存分配失败回调函数。在启用内存分配失败回调函数时,用户必须提供内存分配失败回调函数。

configUSE_APPLICATION_TASK_TAG:任务标签控制,1 表示启用任务标签,0 表示

忽略任务标签。

configUSE_COUNTING_SEMAPHORES：计数信号量控制，1表示启用计数信号量，0表示忽略计数信号量。

configGENERATE_RUN_TIME_STATS：运行时间统计功能控制，1表示启用运行时间统计功能，0表示忽略运行时间统计功能。在启用运行时间统计功能时，用户程序需要提供一个基准时钟函数，函数完成初始化基准时钟功能，这个函数要被define到宏portCONFIGURE_TIMER_FOR_RUN_TIME_STATS()上。用户程序需要提供一个返回基准时钟当前"时间"的函数，这个函数要被define到宏portGET_RUN_TIME_COUNTER_VALUE()上。

configUSE_CO_ROUTINES：协程控制，1表示启用协程，0表示忽略协程。在启用协程时，必须在工程中包含croutine.c文件。在当前嵌入式硬件环境下，不建议使用协程。FreeRTOS的开发者早已经停止开发协程。

configMAX_CO_ROUTINE_PRIORITIES：应用程序协程(Co-routines)的有效优先级数目，任何数目的协程都可以共享一个优先级。使用协程可以单独为任务分配优先级。

configUSE_TIMERS：软件定时器控制，1表示启用软件定时器，0表示忽略软件定时器。

configTIMER_TASK_PRIORITY：软件定时器任务优先级。

configTIMER_QUEUE_LENGTH：软件定时器命令队列的长度。

configTIMER_TASK_STACK_DEPTH：软件定时器任务的堆栈深度。

INCLUDE_vTaskPrioritySet：设置任务优先级函数控制，1表示启用，0表示忽略。

INCLUDE_uxTaskPriorityGet：获取任务优先级函数控制，1表示启用，0表示忽略。

INCLUDE_vTaskDelete：删除任务函数控制，1表示启用，0表示忽略。

INCLUDE_vTaskCleanUpResources：回收删除任务后的资源函数控制，1表示启用，0表示忽略。

INCLUDE_vTaskSuspend：挂起任务函数控制，1表示启用，0表示忽略。

INCLUDE_vTaskDelayUntil：绝对延时函数控制，1表示启用，0表示忽略。

INCLUDE_vTaskDelay：相对延时函数控制，1表示启用，0表示忽略。

configPRIO_BITS：配置8位优先级设置寄存器实际使用位数。

configLIBRARY_LOWEST_INTERRUPT_PRIORITY：配置FreeRTOS用到的SysTick中断和PendSV中断的优先级。

configLIBRARY_MAX_SYSCALL_INTERRUPT_PRIORITY：受FreeRTOS管理的最高优先级中断。

configKERNEL_INTERRUPT_PRIORITY：将configLIBRARY_LOWEST_INTERRUPT_PRIORITY的数值经4bit偏移后得到一个8bit的优先级数值，这个8bit数值才可以实际赋值给相应中断的优先级寄存器。

configMAX_SYSCALL_INTERRUPT_PRIORITY：将configMAX_SYSCALL_INTERRUPT_PRIORITY的数值经4bit偏移后得到一个8bit的优先级数值，这个数值是赋值给寄存器basepri使用的，8bit的数值才可以实际赋值给相应中断的优先级寄存器。

## 第 2 章

FreeRTOS 任务

FreeRTOS 任务包括任务创建、任务删除、任务挂起、任务切换、任务调度、任务信息、中断优先级、任务优先级以及临界区。

本章通过对 FreeRTOS 任务和相关原理的介绍,并以实例开发帮助读者掌握 FreeRTOS 任务操作。

视频

2.1 任务创建

通过学习本节内容,读者应掌握 FreeRTOS 的任务创建函数的用法。

2.1.1 开发原理

1. FreeRTOS 的任务创建函数

函数原型:

```
BaseType_t xTaskCreate(
        TaskFunction_t pvTaskCode,
        const char * const pcName,
        unsigned short usStackDepth,
        void * pvParameters,
        UBaseType_t uxPriority,
        TaskHandle_t * pvCreatedTask
        );
```

功能:创建新的任务并加入任务就绪列表。

参数描述:

pvTaskCode——指针,指向任务函数。任务永远不会返回(位于死循环内)。该参数类型 TaskFunction_t 定义在文件 projdefs.h 中,定义为:typedef void (* TaskFunction_t)(void *)。

pcName——任务描述性名称。主要用于调试。字符串的最大长度由宏 configMAX_TASK_NAME_LEN 指定,该宏位于 FreeRTOSConfig.h 文件中。

usStackDepth——指定任务堆栈深度,能够支持的堆栈变量字数,而不是字节数。例如,在 16 位宽度的堆栈下,usStackDepth 定义为 100,则实际使用 200 字节堆栈存储空间。堆栈的宽度乘以深度必须不超过 size_t 类型所能表示的最大值。例如,size_t 为 16 位,则可以表示的最大值是 65535。

pvParameters——指针,当任务创建时,作为一个参数传递给任务。

uxPriority——任务的优先级。具有 MPU 支持的系统,可以通过设置位优先级参数的

portPRIVILEGE_BIT 位,随意地在特权(系统)模式下创建任务。例如,创建一个优先级为 2 的特权任务,参数 uxPriority 可以设置为(2 | portPRIVILEGE_BIT)。

pvCreatedTask——用于回传一个句柄,创建任务后可以使用这个句柄引用任务。

返回值:如果任务成功创建并加入就绪列表函数则返回 pdPASS,否则函数返回错误码,具体参见 projdefs.h。

2. 启动调度器函数

函数原型:

```
void vTaskStartScheduler( void );
```

功能:启动 RTOS 调度器,之后 RTOS 内核控制哪个任务执行以及何时执行。

当调用 vTaskStartScheduler()后,空闲任务被自动创建。如果 configUSE_TIMERS 被设置为 1,那么定时器后台任务也会被创建。

2.1.2 开发步骤

(1) 新建 BSP 分组用来存放底层驱动,创建 LED 驱动文件并编写 LED 初始化函数和头文件。初始化代码如下:

```
# include "bsp_led.h"
void LED_Init(void)
{
    GPIO_InitTypeDef GPIO_Init;                  // 定义结构体
    __HAL_RCC_GPIOF_CLK_ENABLE();                // 开启时钟

    GPIO_Init.Pin = GPIO_PIN_9 | GPIO_PIN_10;    // 选择 LED 对应的端口
    GPIO_Init.Mode = GPIO_MODE_OUTPUT_PP;        // 选择推挽输出模式
    GPIO_Init.Pull = GPIO_PULLUP;                // 选择上拉
    GPIO_Init.Speed = GPIO_SPEED_FREQ_HIGH;      // IO 口的输出速度
    HAL_GPIO_Init(GPIOF,&GPIO_Init);             // 初始化 GPIO
}
```

(2) 头文件如下:

```
# ifndef __BSP_LED_H_
# define __BSP_LED_H_
# include "stm32f4xx.h"

# define LED1_ON HAL_GPIO_WritePin(GPIOF,GPIO_PIN_9,GPIO_PIN_RESET)    // 宏定义 LED1 开启
# define LED2_ON HAL_GPIO_WritePin(GPIOF,GPIO_PIN_10,GPIO_PIN_RESET)   // 宏定义 LED2 开启
# define LED1_OFF HAL_GPIO_WritePin(GPIOF,GPIO_PIN_9,GPIO_PIN_SET)     // 宏定义 LED1 关闭
# define LED2_OFF HAL_GPIO_WritePin(GPIOF,GPIO_PIN_10,GPIO_PIN_SET)    // 宏定义 LED2 关闭

void LED_Init(void);                                                  // 函数声明
# endif
```

(3) 在 main.c 中创建一个任务,实现流水灯效果,任务代码如下:

```
void vTaskLED(void * pvParameters)                               // 定义任务
{
    while(1)
    {
        for(uint8_t j = 0;j < 10;j++)
        {
```

```
                LED1_OFF;
                LED2_ON;
                for(uint32_t i = 0;i < 0xfffff;i++);                    // 延时
                LED1_ON;
                LED2_OFF;
                for(uint32_t i = 0;i < 0xfffff;i++);
            }
        }
}
```

（4）在 main( )函数中调用创建任务函数和启动调度器函数,代码如下:

```
# include "bsp_led.h"
# include "FreeRTOS.h"
# include "task.h"

TaskHandle_t TaskLED_Handle;              // 定义任务句柄
void vTaskLED(void * pvParameters);       // 声明任务

int main(void)
{
    LED_Init();                           // 硬件初始化
    xTaskCreate(vTaskLED,                 // 任务指针
                "vTaskLED",               // 任务描述
                200,                      // 堆栈深度
                NULL,                     // 给任务传递的参数
                3,                        // 任务优先级
                &TaskLED_Handle           // 任务句柄
                );
    vTaskStartScheduler();                // 启动调度器函数
    while(1);
}
```

2.1.3 运行结果

下载程序,LED1 和 LED2 循环闪烁,形成流水灯效果。

练习

（1）简述 FreeRTOS 创建任务实现过程。
（2）创建两个任务,实现更高级的流水灯效果。

视频

2.2 任务删除

通过学习本节内容,读者应掌握 FreeRTOS 的任务删除函数的用法。

2.2.1 开发原理

函数原型:

void vTaskDelete(TaskHandle_t xTask);

功能:从 RTOS 内核管理中删除任务。为了使任务删除函数可用,必须将 FreeRTOSConfig.h 中 include_vTaskDelete 定义为 1。要删除的任务将从所有就绪、阻塞、挂起和事件列表中删

除。一般在初始化任务中使用任务删除,节约内存。

被删除的任务,其在任务创建时由内核分配的存储空间,会由空闲任务释放。如果有应用程序调用 xTaskDelete(),则必须保证空闲任务获取一定的微控制器处理时间。任务代码自己分配的内存是不会自动释放的,因此删除任务前,应该将这些内存释放。

参数描述:

xTask——被删除任务的句柄,为 NULL 表示删除当前任务。

2.2.2　开发步骤

(1) 创建按键驱动文件并编写按键初始化函数和头文件,初始化代码如下:

```c
# include "bsp_key.h"

void KEY_Init(void)
{
    GPIO_InitTypeDef GPIO_Init;                        // 定义 GPIO 结构体
    __HAL_RCC_GPIOE_CLK_ENABLE();                      // 打开 GPIO 时钟

    GPIO_Init.Pin = GPIO_PIN_2 | GPIO_PIN_3 | GPIO_PIN_4;    // 按键对应的 IO 口
    GPIO_Init.Mode = GPIO_MODE_INPUT;                  // IO 口的模式
    GPIO_Init.Pull = GPIO_PULLUP;                      // 选择上拉
    HAL_GPIO_Init(GPIOE,&GPIO_Init);                   // 初始化 GPIO
}
```

(2) 头文件如下:

```c
# ifndef __BSP_KEY_H_
# define __BSP_KEY_H_

# include "stm32f4xx.h"

# define KEY0_Read HAL_GPIO_ReadPin(GPIOE,GPIO_PIN_4)     // 宏定义按键读取
# define KEY1_Read HAL_GPIO_ReadPin(GPIOE,GPIO_PIN_3)     // 宏定义按键读取
# define KEY2_Read HAL_GPIO_ReadPin(GPIOE,GPIO_PIN_2)     // 宏定义按键读取

void KEY_Init(void);                                   // 函数声明

# endif
```

(3) 在 main.c 中创建两个任务:vTaskLed 为流水灯任务,由 vTaskKey 执行创建 vTaskLed 任务,任务代码如下:

```c
void vTaskLED(void * pvParameters)              // 定义任务
{
    while(1)
    {
        for(uint8_t j = 0;j < 10;j++)
        {
            LED1_OFF;
            LED2_ON;
            for(uint32_t i = 0;i < 0xfffff;i++);  // 自定义延时函数
            LED1_ON;
            LED2_OFF;
            for(uint32_t i = 0;i < 0xfffff;i++);  // 自定义延时函数
        }
```

```
            LED1_OFF;
            LED2_OFF;
            vTaskDelete(NULL);                  // 删除任务函数,参数为 NULL,删除当前任务
        }
    }

    void vTaskKEY(void * pvParameters)          // 定义任务
    {
        while(1)
        {
            if(!KEY0_Read)                       // 按键检测
            {
                xTaskCreate(vTaskLED,            // 任务指针
                    "vTaskLED",                  // 任务描述
                    200,                         // 堆栈深度
                    NULL,                        // 给任务传递的参数
                    3,                           // 任务优先级
                    &TaskLED_Handle              // 任务句柄
                    );
            }
        }
    }
```

(4) 定义任务创建函数,代码如下:

```
    void Task_Cerate(void)
    {
        xTaskCreate(vTaskLED,                    // 任务指针
            "vTaskLED",                          // 任务描述
            200,                                 // 堆栈深度
            NULL,                                // 给任务传递的参数
            3,                                   // 任务优先级
            &TaskLED_Handle                      // 任务句柄
            );
        xTaskCreate(vTaskKEY,                    // 任务指针
            "vTaskKEY",                          // 任务描述
            200,                                 // 堆栈深度
            NULL,                                // 给任务传递的参数
            2,                                   // 任务优先级
            &TaskKEY_Handle                      // 任务句柄
            );
    }
```

(5) 在 main()函数中调用任务创建函数和启动调度器函数,代码如下:

```
    # include "FreeRTOS.h"
    # include "task.h"
    # include "bsp_led.h"
    # include "bsp_key.h"

    TaskHandle_t TaskLED_Handle;                 // 定义任务句柄
    TaskHandle_t TaskKEY_Handle;                 // 定义任务句柄
    void vTaskLED(void * pvParameters);          // 声明任务
    void vTaskKEY(void * pvParameters);          // 声明任务
    void Task_Cerate(void);

    int main(void)
```

```
{
    LED_Init();                          // LED 初始化
    KEY_Init();                          // 按键初始化
    Task_Cerate();
    vTaskStartScheduler();               // 启动调度器函数
    while(1);
}
```

2.2.3　运行结果

下载程序,LED1 和 LED2 闪烁 10 次后熄灭。按下按键后 LED 闪烁 10 次后熄灭。

练习

(1) 简述创建删除任务的过程。

(2) 创建两个 LED 任务函数,并通过不同按键进行任务删除。在任意时刻触发按键都可以删除 LED 任务函数。

视频

2.3　任务挂起

通过学习本节内容,读者应掌握 FreeRTOS 任务挂起函数、调度暂停函数、调度恢复函数的用法。

2.3.1　开发原理

1. FreeRTOS 的任务挂起函数

函数原型:

void vTaskSuspend(TaskHandle_t xTaskToSuspend);

功能:挂起指定任务。在文件 FreeRTOSConfig.h 中,宏 INCLUDE_vTaskSuspend 必须设置成 1,任务挂起函数才有效。被挂起的任务不会得到处理器时间,不管该任务具有什么优先级。调用 vTaskSuspend 函数是不会累计的,即使多次调用 vTaskSuspend()函数将一个任务挂起,也只需调用一次 vTaskResume()函数就能使挂起的任务解除挂起状态。挂起当前任务时,FreeRTOS 会切换到任务就绪列表中下一个要执行的优先级最高的任务。

参数描述:

xTaskToSuspend——要挂起的任务句柄,为 NULL 表示挂起当前任务。

2. FreeRTOS 的任务恢复挂起函数

函数原型:

void vTaskResume(TaskHandle_t xTaskToResume);

功能:恢复挂起的任务。在文件 FreeRTOSConfig.h 中,宏 INCLUDE_vTaskSuspend 必须置 1,任务恢复挂起函数才有效。无论调用一次或多次 vTaskSuspend()挂起的任务,都可以调用一次 vTaskResume()函数来再次恢复运行。此函数用于任务代码中,不可以用于中断服务函数中。

参数描述:

xTaskToResume——要恢复运行的任务句柄。

3. FreeRTOS 的任务从中断中恢复挂起函数

函数原型:

```
BaseType_t xTaskResumeFromISR(TaskHandle_t xTaskToResume);
```

功能:在中断里恢复一个挂起的任务。在文件 FreeRTOSConfig.h 中,宏 INCLUDE_vTaskSuspend 和 INCLUDE_xTaskResumeFromISR 必须设置成1,从中断中恢复挂起函数才有效。通过调用一次或多次 vTaskSuspend()函数挂起的任务,只需调用一次 xTaskResumeFromISR()函数即可恢复运行。xTaskResumeFromISR()不可用于任务和中断间的同步,如果中断恰巧在任务被挂起之前到达,则会导致一次中断丢失(任务还没有挂起,调用 xTaskResumeFromISR()函数是没有意义的,只能等下一次中断)。在这种情况下,可以使用信号量作为同步机制。

参数描述:

xTaskToResume——要恢复运行的任务句柄。

返回值:

如果恢复任务应用导致上下文切换,返回 pdFALSE。

4. FreeRTOS 的调度暂停函数

函数原型:

```
void vTaskSuspendAll( void );
```

功能:暂停任务调度器。开启调度暂停后,只是禁止了任务调度并没有关闭任何中断。开启调度暂停后,滴答定时器也将被挂起。在 vTaskSuspendAll 与 xTaskResumeAll 函数之间不可以使用引起任务切换的 API,例如 vTaskDelayUntil()、xQueueSend()等。注意:此函数并不是挂起所有任务,而是暂停任务调度。暂停任务调度器要和恢复任务调度器成对使用。

参数描述:

无。

5. FreeRTOS 的恢复调度函数

函数原型:

```
BaseType_t xTaskResumeAll(void);
```

功能:恢复任务调度器。恢复调度运行后,只是恢复了任务调度并没有恢复挂起的任务。

参数描述:

无。

返回值:

如果需要任务切换,此函数返回 pdTRUE,否则返回 pdFALSE。

2.3.2 开发步骤

(1) 在 main.c 中创建两个任务:任务 vTaskLED 完成流水灯功能,任务 vTaskKEY 完成按键检测和任务的恢复功能,任务代码如下:

```
void vTaskLED(void * pvParameters)                // 定义任务
{
    while(1)
    {
        for(uint8_t i = 0;i < 10;i++)
        {
```

```
                LED1_OFF;
                LED2_ON;
                for(uint32_t i = 0;i < 0xfffff;i++);        // 自定义延时
                LED1_ON;
                LED2_OFF;
                for(uint32_t i = 0;i < 0xfffff;i++);        // 自定义延时
            }
        LED1_OFF;
        LED2_OFF;
        vTaskSuspend(NULL);                                 // 挂起当前任务
    }
}

void vTaskKEY(void * pvParameters)                          // 定义任务
{
    while(1)
    {
        if(!KEY0_Read)                                      // 按键检测
            vTaskResume(TaskLED_Handle);                    // 恢复挂起的 LED 任务
    }
}
```

（2）定义任务创建函数，代码如下：

```
void Task_Cerate(void)
{
    xTaskCreate(vTaskLed,                           // 任务指针
                "vTaskLed",                         // 任务描述
                200,                                // 堆栈深度
                NULL,                               // 给任务传递的参数
                3,                                  // 任务优先级
                &TaskLED_Handle                     // 任务句柄
                );
    xTaskCreate(vTaskKey,                           // 任务指针
                "vTaskKey",                         // 任务描述
                200,                                // 堆栈深度
                NULL,                               // 给任务传递的参数
                2,                                  // 任务优先级
                &TaskKEY_Handle                     // 任务句柄
                );
}
```

（3）在 main()函数中调用任务创建函数和启动调度器函数，代码如下：

```
# include "FreeRTOS.h"
# include "task.h"
# include "bsp_led.h"
# include "bsp_key.h"

TaskHandle_t TaskLED_Handle;                        // 定义任务句柄
TaskHandle_t TaskKEY_Handle;                        // 定义任务句柄
void vTaskLED(void * pvParameters);                 // 声明任务
void vTaskKEY(void * pvParameters);                 // 声明任务
void Task_Cerate(void);


int main(void)
```

```
{
    LED_Init();                              // LED 初始化
    KEY_Init();                              // 按键初始化
    Task_Cerate();
    vTaskStartScheduler();                   // 启动调度器函数
    while(1);
}
```

2.3.3 运行结果

下载程序,LED 灯闪烁 10 次后熄灭,当按下 KEY0 键时,LED 灯恢复闪烁。

练习

(1) 简述函数 void vTaskResume(TaskHandle_t xTaskToResume)与函数 BaseType_t xTaskResumeFromISR(TaskHandle_t xTaskToResume)的异同。

(2) 利用函数 BaseType_t xTaskResumeFromISR(TaskHandle_t xTaskToResume)实现任务恢复、任务挂起。

视频

2.4 任务切换

通过学习本节内容,读者应掌握 FreeRTOS 的任务切换函数的用法。

2.4.1 开发原理

FreeRTOS 的任务切换函数。

函数原型:

void taskYIELD(void);

调用 taskYIELD()函数后,任务会主动让出 CPU。这个函数常用于控制相同优先级任务间的切换,配合宏定义 configUSE_TIME_SLICING 使用,可以让使用者在抢占式调度模式下控制相同优先级任务之间的切换。configUSE_TIME_SLICING 是控制时间片调度的宏定义,如果在 FreeRTOSConfig.h 中未定义或者宏定义为 1,那么处于就绪态的多个相同优先级任务将会以时间片切换的方式共享处理器,为 0 时关闭时间片调度,处于就绪态的多个相同优先级任务之间不会进行切换。这个宏定义是默认开启的。

参数描述:

无。

2.4.2 开发步骤

(1) 在 main.c 中创建两个任务: 任务 vTaskLED1 完成 LED1 闪烁的功能,任务 vTaskLED2 完成 LED2 闪烁的功能,任务代码如下:

```
void vTaskLED1(void * pvParameters)          // 定义任务
{
    while(1)
    {
        for(uint8_t i = 0;i < 10;i++)
```

```
        {
            LED1_OFF;
            for(uint32_t i = 0;i < 0xfffff;i++);   // 自定义延时
            LED1_ON;
            for(uint32_t i = 0;i < 0xfffff;i++);   // 自定义延时
        }
        LED1_OFF;
        taskYIELD();                               // 强制任务让出 CPU
    }
}

void vTaskLED2(void * pvParameters)                // 定义任务
{
    while(1)
    {
        for(uint8_t i = 0;i < 10;i++)
        {
            LED2_OFF;
            for(uint32_t i = 0;i < 0xfffff;i++);   // 自定义延时
            LED2_ON;
            for(uint32_t i = 0;i < 0xfffff;i++);   // 自定义延时
        }
        LED2_OFF;
        taskYIELD();                               // 强制任务让出 CPU
    }
}
```

（2）定义任务创建函数，代码如下：

```
void Task_Cerate(void)
{
    xTaskCreate(vTaskLED1,                         // 任务指针
                "vTaskLED1",                       // 任务描述
                200,                               // 堆栈深度
                NULL,                              // 给任务传递的参数
                2,                                 // 任务优先级
                &TaskLED1_Handle                   // 任务句柄
                );
    xTaskCreate(vTaskLED2,                         // 任务指针
                "vTaskLED2",                       // 任务描述
                200,                               // 堆栈深度
                NULL,                              // 给任务传递的参数
                2,                                 // 任务优先级
                &TaskLED2_Handle                   // 任务句柄
                );
}
```

（3）在 main()函数中调用任务创建函数和启动调度器函数，代码如下：

```
# include "FreeRTOS.h"
# include "task.h"
# include "bsp_led.h"

TaskHandle_t TaskLED1_Handle;                      // 定义任务句柄
TaskHandle_t TaskLED2_Handle;                      // 定义任务句柄
void vTaskLED1(void * pvParameters);               // 声明任务
void vTaskLED2(void * pvParameters);               // 声明任务
void Task_Cerate(void);
```

```
int main(void)
{
    LED_Init();                                      // LED 初始化
    Task_Cerate();
    vTaskStartScheduler();                           // 启动调度器函数
    while(1);
}
```

(4) 为了体现运行效果,在 FreeRTOSConfig.h 中定义 configUSE_TIME_SLICING 为 0,关闭时间片调度,代码如下:

```
#define configUSE_TIME_SLICING 0    // 关闭时间片调度,处于就绪态的多个相同优先级任务将不会
                                     // 进行切换,默认为开启。
```

2.4.3 运行结果

下载程序,LED1 闪烁 10 次后熄灭,切换到 LED2 闪烁 10 次后熄灭,再切换回 LED1,如此循环。

练习

(1) 简述函数 taskYIELD()的工作原理。
(2) 增加一些同等级任务进行任务切换,观察运行结果。

视频

2.5 任务调度

通过学习本节内容,读者应掌握系统的分类与 FreeRTOS 任务调度过程。

1. 单任务系统

裸机编程主要采用超级循环(super-loops)系统,又称前后台系统。应用程序是一个无限的循环(应用程序在一个 while(1)中),循环中调用相应的函数完成相应的操作,可将这一部分看作后台行为;中断服务程序处理异步事件,可将这一部分看作前台行为。后台也可以叫作任务级,前台也叫作中断级。单任务系统模型如图 2-1 所示。

2. 单任务编程思路

对于一些简单的应用,处理器可以查询数据或者消息是否就绪。就绪后进行处理,然后等待,如此循环下去。对于简单的任务,这种处理方式就能够满足需求。但在多数情况下,需要处理多个接口数据或消息,因此需要多次处理,其流程图如图 2-2 所示。

查询方式无法有效执行对时间要求严格的任务,采用中断方式能有效解决这个问题,

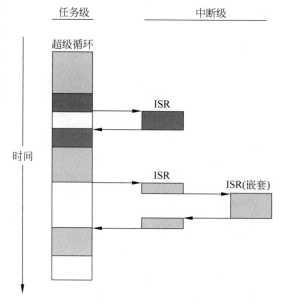

图 2-1　单任务系统模型

中断方式的流程图如图 2-3 所示。

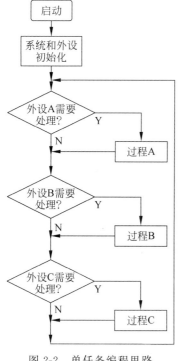

图 2-2 单任务编程思路

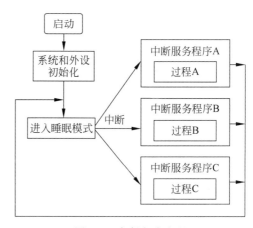

图 2-3 中断方式流程

采用中断方式可以解决大部分裸机应用问题,但是随着工程的复杂度提升,裸机方式的缺点就暴露出来了。

(1) 必须在中断(ISR)内处理时间关键运算:

- ISR 函数变得非常复杂,并且需要很长的执行时间。
- ISR 嵌套可能产生不可预测的执行时间和堆栈需求。
- 超级循环和 ISR 之间的数据交换是通过全局变量进行的。
- 编写应用程序时必须确保数据的一致性,导致变量命名复杂。
- 超级循环可以轻松与系统定时器同步,但是如果系统需要多种不同的周期时间,则会很难实现。
- 超过超级循环周期的耗时函数需要做拆分。
- 增加软件开销,应用程序难以理解。

(2) 超级循环使得应用程序变得非常复杂,难以扩展:

- 一个简单的更改可能产生不可预测的错误,对这种错误的分析非常耗时。
- 超级循环程序结构的这些缺点可以通过实时操作系统(RTOS)来解决。

3. 多任务系统

多任务系统或者说 RTOS 的概念在第 1 章已有介绍。RTOS 实现的重点在于调度器,而调度器的作用就是使用相关的调度算法来决定当前需要执行的任务,如图 2-4

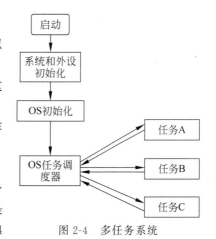

图 2-4 多任务系统

所示。处理器完成硬件初始化并创建任务后,就可以通过调度器来决定任务 A、任务 B 和任务 C 的运行,从而实现多任务系统。需要注意的是,这里所说的多任务系统一个时间点上只有一个任务可以运行,只是通过调度器的决策,在任务之间实现快速切换,看起来像所有任务同时运行一样。

4. FreeRTOS 的任务

FreeRTOS 的概念在第 1 章里已有介绍。FreeRTOS 顶层任务状态分为运行状态和非运行状态,任务在运行状态和非运行状态之间来回切换,其中,非运行状态又可以分为就绪态、阻塞态、挂起态和运行态共 4 种状态。

(1) 运行(Running)态。

当任务处于实际运行状态称为运行态,即 CPU 的使用权被运行态的任务获取。

(2) 就绪(Ready)态。

处于就绪态的任务指那些能够运行(任务不在阻塞和挂起状态),但当前没有运行的任务,因为同优先级或更高优先级的任务正在运行。

(3) 阻塞(Blocked)态。

由于等待信号量,消息队列,事件标志组等而处于等待的状态被称为阻塞态,另外,任务调用延迟函数也使任务进入阻塞态。

(4) 挂起(Suspended)态。

类似阻塞态,可以调用 FreeRTOS 提供的 vTaskSuspend()对指定的任务进行挂起,挂起后这个任务将不被执行,只有调用 vTaskResume()才可以将这个任务恢复。处于挂起状态的任务对调度器是不可见的。

1) FreeRTOS 的任务切换

各个任务之间的切换如图 2-5 所示,通过这个图,可以对任务的运行状态有一个整体的认识。

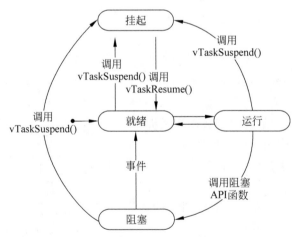

图 2-5　FreeRTOS 任务切换

2) FreeRTOS 的任务优先级

每个任务都要被指定一个优先级,优先级为 0～configMAX_PRIORITIES。configMAX_PRIORITIES 定义在 FreeRTOSConfig.h 中,宏定义 configMAX_PRIORITIES 是用来控制任务有效优先级的数目。如果某架构硬件支持 CLZ(或类似)指令(计算前导零的数目,Cortex-M3 是支持该指令的),并且打算在移植层使用这个特性来优化任务调度机制,需要将

FreeRTOSConfig. h 中 configUSE_PORT_OPTIMISED_TASK_SELECTION 设置为 1,并且最大优先级数目 configMAX_PRIORITIES 不能大于 32。除此之外,configMAX_PRIORITIES 可以设置为任意值,但是考虑到 configMAX_PRIORITIES 设置越大,RAM 消耗也越大,一般设置为满足使用的最小值。

低优先级数值代表低优先级。空闲任务(idle task)的优先级为 0(tskIDLE_PRIORITY)。

FreeRTOS 调度器确保处于最高优先级的就绪或运行态任务获取处理器,换句话说,处于运行态的任务,只有其中的最高优先级任务才会运行。

任何数量的任务可以共享同一个优先级。如果宏 configUSE_TIME_SLICING 未定义或者宏 configUSE_TIME_SLICING 定义为 1,处于就绪态的多个相同优先级任务将会以时间片切换的方式共享处理器。

3) FreeRTOS 的空闲任务

空闲任务是启动 RTOS 调度器时由内核自动创建的任务,这样可以确保至少有一个任务在运行。空闲任务具有最低任务优先级,这样如果有其他更高优先级的任务进入就绪态就可以立刻让出 CPU。

删除任务后,空闲任务用来释放 RTOS 分配给被删除任务的内存。因此,在应用中使用vTaskDelete()函数后确保空闲任务能获得处理器时间就很重要了。除此之外,空闲任务没有其他有效功能,所以可以被合理地剥夺处理器时间,并且它的优先级也是最低的。

4) FreeRTOS 的空闲任务回调函数

空闲任务回调函数会在每一个空闲任务周期被调用一次。如果想将任务程序功能运行在空闲优先级上,有两种选择:

(1) 在一个空闲任务回调函数中实现这个功能。因为 FreeRTOS 必须至少有一个任务处于就绪态或运行态,因此回调函数不可以调用可能引起空闲任务阻塞的 API 函数(例如,vTaskDelay()或者带有超时事件的队列或信号量函数)。

(2) 创建一个具有空闲优先级的任务去实现这个功能。这是个更灵活的解决方案,但是会带来更多 RAM 开销。

创建一个空闲回调函数步骤如下:

(1) 在 FreeRTOSConfig. h 头文件中设置 configUSE_IDLE_HOOK 为 1。

(2) 定义一个回调函数,名字和参数原型如下:

```
void vApplicationIdleHook( void );
```

(3) 通常,使用这个空闲回调函数设置 CPU 进入低功耗模式。

2.6　任务信息

视频

通过学习本节内容,读者应掌握 FreeRTOS 的任务信息获取和相关宏定义的用法。

2.6.1　开发原理

1. FreeRTOS 的任务信息函数

函数原型:

```
void vTaskList(char * pcWriteBuffer);
```

功能：获取任务信息。用户如果需要使用任务信息获取函数需要将 FreeRTOSConfig. h 中的 configUSE_TRACE_FORTS_FORTTS_FORTS_Functions 和 configUSE_TRACE_FACILITY 宏定义为 1。vTaskList()调用 uxTaskGetSystemState()，然后将 uxTaskGetSystemState()生成的原始数据格式化为可读的表，该表显示每个任务的状态，包括任务的堆栈剩余空间。在获取的表中 B 表示阻塞、R 表示就绪、D 表示删除、S 表示挂起。注意：调用这个函数会挂起所有任务，这一过程可能持续较长时间，因此本函数仅在调试时使用。

参数描述：

pcWriteBuffer——以 ASCII 格式写入任务详细信息的缓冲区。假定此缓冲区足够大，足以包含生成的报表。每个任务大约有 40 字节就足够了。

2. FreeRTOS 的任务运行时间信息函数

函数原型：

```
void vTaskGetRunTimeStats(char * pcWriteBuffer);
```

功能：获取任务运行时间。用户如果需要使用任务运行时间函数需要将 FreeRTOSConfig. h 中的 configGENERATE_RUN_TIME_STATS 和 configUSE_STATS_Formatting_Funds 宏定义为 1。vTaskGetRunTimeStats()调用 uxTaskGetSystemState()，然后将 uxTaskGetSystemState()生成的原始数据格式化为可读的表，该表显示每个任务在运行状态中所花费的时间(每个任务消耗的 CPU 时间)。数据作为绝对值和百分比值提供。绝对值的分辨率取决于应用程序提供的运行时状态时钟的频率。要使用这个函数，就必须有一个用于时间统计的定时器或计数器，此定时器或计数器的精度要至少大于 10 倍的系统节拍频率。这个定时器或计数器的配置以及获取定时时间是由两个宏定义实现的，这两个宏一般在文件 FreeRTOSConfig. h 中定义。配置定时器或计数器的宏为 portCONFIGURE_TIMER_FOR_RUN_TIME_STATS()，获取定时时间的宏为 portGET_RUN_TIME_COUNTER_VALUE()。注意：调用这个函数会挂起所有任务，这一过程可能持续较长时间，因此本函数仅在调试时使用。

参数描述：

pcWriteBuffer——任务的运行时间信息会写入这个缓冲区，为 ASCII 表单形式。这个缓冲区要足够大，以容纳生成的报告，每个任务大约需要 40 字节。

2.6.2 开发步骤

(1) 在 main.c 中创建两个任务：任务 vTaskLED 完成 LED 闪烁功能，任务 vTaskKEY 完成按键检测和打印任务信息功能。

```
void vTaskKEY(void * pvParameters)
{
    uint8_t pcWriteBuffer[500];
    while(1)
    {
        if(!KEY0_Read)
        {
            printf(" =================================================== \r\n");
            printf("TaskName Staust Priority Stack Number\r\n");
            vTaskList((char * )&pcWriteBuffer);                    // 获取任务信息
            printf(" % s\r\n",pcWriteBuffer);
```

```
                printf("TaskName    RunNumner   UtilizationRate\r\n");
                vTaskGetRunTimeStats((char * )&pcWriteBuffer);          // 获取任务运行时间
                printf(" % s\r\n",pcWriteBuffer);
        }
        vTaskDelay(30/portTICK_PERIOD_MS);
    }
}


void vTaskLED(void * pvParameters)
{
    while(1)
    {
            LED1_OFF;
            LED2_ON;
            vTaskDelay(300/portTICK_PERIOD_MS);
            LED1_ON;
            LED2_OFF;
            vTaskDelay(300/portTICK_PERIOD_MS);
    }
}
```

（2）定义任务创建函数，代码如下：

```
void Task_Cerate(void)
{
    xTaskCreate(vTaskKEY,              // 任务指针
                "vTaskKEY",            // 任务描述
                600,                   // 堆栈深度
                NULL,                  // 给任务传递的参数
                3,                     // 任务优先级
                &TaskKEY_Handle        // 任务句柄
                );
    xTaskCreate(vTaskLED,              // 任务指针
                "vTaskLED",            // 任务描述
                100,                   // 堆栈深度
                NULL,                  // 给任务传递的参数
                2,                     // 任务优先级
                &TaskLED_Handle        // 任务句柄
                );
}
```

（3）在 main()函数中调用任务创建函数和启动调度器函数，代码如下：

```
# include "FreeRTOS. h"
# include "task. h"
# include "bsp_uart. h"
# include "bsp_tim. h"
# include "bsp_key. h"
# include "Bsp_Led. h"

TaskHandle_t TaskKEY_Handle;          // 定义任务句柄
TaskHandle_t TaskLED_Handle;          // 定义任务句柄

void vTaskLED(void * pvParameters);   // 声明任务
void vTaskKEY(void * pvParameters);   // 声明任务
void Task_Cerate(void);
```

```
int main(void)
{
    LED_Init();
    KEY_Init();
    UART1_Init();
    TIM3_Init(50,84 - 1);              // 控制定时器频率
    Task_Cerate();
    vTaskStartScheduler();             // 启动调度器函数
    while(1);
}
```

(4) 在 FreeRTOSConfig. h 中定义函数需要的宏定义。

```
/* Run time and task stats gathering related definitions. */
#define configGENERATE_RUN_TIME_STATS 1
#define configUSE_STATS_FORMATTING_FUNCTIONS 1
#define portCONFIGURE_TIMER_FOR_RUN_TIME_STATS() (ulHighFrequencyTimerTicks = 0ul)
#define portGET_RUN_TIME_COUNTER_VALUE() ulHighFrequencyTimerTicks
```

(5) 在 FreeRTOSConfig. h 中定义外部变量 ulHighFrequencyTimerTicks,这个变量定义在定时器硬件初始化文件中。

```
extern volatile uint32_t ulHighFrequencyTimerTicks;
```

2.6.3 运行结果

下载程序,LED 呈现流水灯状态,按下 KEY0 键后通过串口打印出任务信息和任务的运行次数。

练习

(1) 简述获取任务信息的过程。
(2) 简述获取任务运行时间的过程。

2.7 中断优先级与任务优先级

视频

通过学习本节内容,读者应掌握 FreeRTOS 的中断优先级和任务优先级。

2.7.1 开发原理

1. configPRIO_BITS

此宏定义用于配置 STM32F4 的 8 位优先级设置寄存器实际使用的位数。在 STM32F4 开发板中,中断优先级寄存器是 8 位寄存器,也就是说,可以设置 256 级中断,在实际应用中不使用那么多中断优先级,所以只是用了高 4 位,低 4 位取零。在实际使用中一般宏定义位 4,表示使用优先级寄存器的高 4 位。

2. configLIBRARY_LOWEST_INTERRUPT_PRIORITY

此宏定义用于配置 FreeRTOS 用到的 SysTick 中断和 PendSV 中断的优先级。在 NVIC 分组设置为 4 的情况下,此宏定义的范围就是 0～15,即专门配置抢占优先级。这里配置为 0x0f,即 SysTick 和 PendSV 都是配置为了最低优先级,在实际使用中也建议配置为最

低优先级。

3. configLIBRARY_MAX_SYSCALL_INTERRUPT_PRIORITY

此宏定义用于配置受 FreeRTOS 管理的最高优先级中断。简单地说，就是允许用户在这个中断服务程序中调用 FreeRTOS 的 API 的最高优先级。在 STM32F407 中设置 NVIC 的优先级分组为 4 的情况下，配置 configLIBRARY _ MAX _ SYSCALL _ INTERRUPT _ PRIORITY 为 0x01 表示用户可以在抢占式优先级为 1～15 的中断中调用 FreeRTOS 的 API 函数，在抢占式优先级为 0 的中断中是不允许调用的。

4. configKERNEL_INTERRUPT_PRIORITY

宏定义 configLIBRARY_LOWEST_INTERRUPT_PRIORITY 的数值经过 4bit 偏移后得到一个 8bit 的优先级数值，即宏定义 configKERNEL_INTERRUPT_PRIORITY 的数值。这个 8bit 的数值才可以实际赋值给相应中断的优先级寄存器。

5. configMAX_SYSCALL_INTERRUPT_PRIORITY

宏定义 configLIBRARY_MAX_SYSCALL_INTERRUPT_PRIORITY 的数值经过 4bit 偏移后得到一个 8bit 的优先级数值，即宏定义 configMAX _ SYSCALL _ INTERRUPT _ PRIORITY 的数值。这个数值是赋值给寄存器 basepri 使用的，8bit 的数值才可以实际赋值给相应中断的优先级寄存器。这里的宏定义数值赋给寄存器 basepri 后就可以实现全局的开关中断操作了。

6. configMAX_PRIORITIES

此宏定义用于配置任务最大优先级。此宏定义在 FreeRTOSConfig.h 文件中定义。配置后用户实际可以使用的任务优先级数值为 0～configMAX_PRIORITIES－1。任务的优先级数值越小，任务的实际优先级越小。

7. FreeRTOS 的任务优先级设置函数

函数原型：

```
void vTaskPrioritySet(TaskHandle_t xTask,UBaseType_t uxNewPriority);
```

功能：设置任务的优先级。如果需要使用此函数，则需要将 FreeRTOSConfig.h 中的 INCLUDE_vTaskPrioritySet 宏定义为 1。如果设置的优先级高于当前运行的任务，则在函数返回前会进行一次上下文切换。

参数描述：

xTask——要设置优先级任务的句柄，为 NULL 表示设置当前运行的任务。

uxNewPriority——要设置的新优先级。

8. FreeRTOS 的任务优先级获取函数

函数原型：

```
UBaseType_t uxTaskPriorityGet(TaskHandle_t xTask);
```

功能：获取任务的优先级。如果需要使用此函数，则需要将 FreeRTOSConfig.h 中的 INCLUDE_uxTaskPriorityGet 宏定义为 1。

参数描述：

xTask——要查询的任务的句柄。传递空句柄将导致返回调用任务的优先级。

返回值：

返回任务的优先级。

2.7.2　开发步骤

(1) 在 main.c 中创建两个任务：任务 vTaskLED 完成 LED 闪烁功能，任务 vTaskKEY 完成按键检测、打印任务优先级和修改任务优先级功能。

```
void vTaskKEY(void * pvParameters)
{
    while(1)
    {
        if(!KEY0_Read)
        {
            printf("Task vTaskLED priority is % d\n",vTaskLED);  // 打印任务 vTaskLED 的优先级
            printf("Task vTaskKEY priority is % d\n",vTaskKEY);  // 打印任务 vTaskKEY 的优先级
            vTaskDelay(100/portTICK_PERIOD_MS);
        }
        if(!KEY1_Read)
        {
            vTaskKEY = 1;                                // 设置任务 TaskKEY_Handle 的优先级为 1
            vTaskDelay(100/portTICK_PERIOD_MS);
        }
        vTaskDelay(30/portTICK_PERIOD_MS);
    }
}

void vTaskLED(void * pvParameters)
{
    while(1)
    {
        LED1_OFF;
        LED2_ON;
        for(uint32_t i = 0;i < 0xfffff;i++);          // 自定义延时
        LED1_ON;
        LED2_OFF;
        for(uint32_t i = 0;i < 0xfffff;i++);          // 自定义延时
        vTaskLED = uxTaskPriorityGet(TaskLED_Handle);// 获取任务 vTaskLED 的优先级
        vTaskPrioritySet(TaskKEY_Handle,vTaskKEY);   // 设置任务 vTaskKEY 的优先级
    }
}
```

(2) 定义任务创建函数，代码如下：

```
void Task_Cerate(void)
{
    xTaskCreate(vTaskKEY,                    // 任务指针
                "vTaskKEY",                  // 任务描述
                100,                         // 堆栈深度
                NULL,                        // 给任务传递的参数
                3,                           // 任务优先级
                &TaskKEY_Handle              // 任务句柄
                );
    xTaskCreate(vTaskLED,                    // 任务指针
                "vTaskLED",                  // 任务描述
                100,                         // 堆栈深度
                NULL,                        // 给任务传递的参数
                2,                           // 任务优先级
```

```
    &TaskLED_Handle                              // 任务句柄
    );
}
```

（3）在 main()函数中调用任务创建函数和启动调度器函数,代码如下:

```
# include "FreeRTOS.h"
# include "task.h"
# include "bsp_uart.h"
# include "bsp_tim.h"
# include "bsp_key.h"
# include "Bsp_Led.h"
# include "bsp_clock.h"

TaskHandle_t TaskKEY_Handle;                     // 定义任务句柄
TaskHandle_t TaskLED_Handle;                     // 定义任务句柄

void vTaskLED(void * pvParameters);              // 声明任务
void vTaskKEY(void * pvParameters);              // 声明任务
void Task_Cerate(void);

uint8_t vTaskKEY = 3;                            // 用来定义任务 vTaskKEY 的优先级
uint8_t vTaskLED;                                // 用来接收任务 vTaskLED 的优先级
int main(void)
{
    CLOCLK_Init();
    LED_Init();
    KEY_Init();
    UART1_Init();
    TIM3_Init(50,84 - 1);
    Task_Cerate();
    vTaskStartScheduler();                       // 启动调度器函数
    while(1);
}
```

（4）在 main.c 中定义中断处理公用函数,完成对按键优先级变量赋值操作,代码如下:

```
void HAL_GPIO_EXTI_Callback(uint16_t GPIO_Pin)     // 中断处理公用函数
{
    if(GPIO_Pin == GPIO_PIN_2)
    {
        printf("Task vTaskLED priority is % d\n",vTaskLED);   // 打印任务 vTaskLED 的优先级
        printf("Task vTaskKEY priority is % d\n",vTaskKEY);   // 打印任务 vTaskKEY 的优先级
        vTaskKEY = 3;
    }
}
```

2.7.3　运行结果

下载程序,LED 呈现流水灯状态,按下 KEY0 键后通过串口打印出任务 vTaskKEY 和任务 vTaskLED 的优先级。按下 KEY1 键后将任务 vTaskKEY 的优先级设置为 1。按下 KEY2 键后将任务 vTaskKEY 的优先级设置为 3。

练习

（1）简述 FreeRTOS 的任务优先级获取过程。

（2）将按键任务的优先级设置得比原来低会产生怎样的效果？

视频

2.8　临界区

通过学习本节内容，读者应掌握 FreeRTOS 临界区的用法与原理。

2.8.1　开发原理

1. 临界区

代码临界段也称作临界区，这部分代码开始执行，不允许任何中断打断，为确保临界区的执行不被打断，进入临界区之前需关闭中断，执行完临界区之后应立即打开中断。虽然临界区可以保护代码运行不被打断，但是会影响系统的实时性。临界区常用于保护读取变量和修改变量（特别是用于任务间通信的全局变量）的代码。

2. 进入临界区

函数原型：

```
void taskENTER_CRITICAL(void);
```

功能：进入临界区。此函数是通过操作 basepri 寄存器实现的。进入临界段前操作寄存器 basepri 关闭所有小于 configLIBRARY_MAX_SYSCALL_INTERRUPT_PRIORITY 所定义的中断优先级（数值越大优先级越低），并且启用优先级高于这个宏定义的中断，这样临界区中的代码就不会受到中断影响。进入临界区后不会切换任务，因此必须确保调用临界区的任务处于运行态，直到退出临界区。开启临界区会影响系统实时性，所以临界区的执行时间必须很短。在临界区内不能调用 FreeRTOS 的 API 函数。此函数不可以在中断中调用。

参数描述：

无。

3. 退出临界区

函数原型：

```
void taskEXIT_CRITICAL(void);
```

功能：退出临界区。此函数是通过操作 basepri 寄存器实现的。退出临界区前操作寄存器 basepri 开启中断。此函数与进入临界区函数成对使用。因为临界区有嵌套被使用情况，所以需要退出临界区函数来退出当前临界区。在临界区运行到此函数时退出临界区。

参数描述：

无。

4. 中断进入临界区

函数原型：

```
UBaseType_t taskENTER_CRITICAL_FROM_ISR(void);
```

功能：中断进入临界区。如果 FreeRTOS 端口支持中断嵌套，那么调用此函数将禁用所有小于 configLIBRARY_MAX_SYSCALL_INTERRUPT_PRIORITY 所定义的中断优先级，并且启用优先级高于这个宏定义的中断。如果 FreeRTOS 端口不支持中断嵌套，则此函数将没有任何效果。在临界区内不能调用 FreeRTOS 的 API 函数。临界区的运行时间必须很短。

参数描述：

无。

返回值：

taskENTER_CRINEY_FROM_ISR()返回中断掩码状态，就像调用宏之前一样。taskENTER_CRINEY_FROM_ISR()返回的值必须用作taskEXIT_CREIN_FROM_ISR()中断退出临界区函数的参数。

5. 中断退出临界区

函数原型：

```
void taskEXIT_CRITICAL_FROM_ISR(UBaseType_t uxSavedInterruptStatus);
```

功能：中断退出临界区。中断中退出临界区函数和中断进入临界区函数成对出现。

参数描述：

uxSavedInterruptStatus——taskEXIT_CREIN_FROM_ISR()接受uxSavedInterruptStatus作为它的唯一参数。用作uxSavedInterruptStatus参数的值必须是对taskENTER_CRINEY_FROM_ISR()中断进入临界区函数的返回值。

6. 关闭中断

函数原型：

```
void taskDISABLE_INTERRUPTS(void);
```

功能：关闭中断。如果使用的端口支持configMAX_SYSCALL_INTERRUPT_PRIORITY或configMAX_API_CALL_INTERRUPT_PRIORITY，此函数将禁用所有中断，或者屏蔽中断直至configMAX_SYSCALL_INTERRUPT_PRIORITY被设置。如果端口不支持，那么此函数将禁用全局可屏蔽中断。通常这个函数不会被直接调用，常用taskENTER_CRITICAL()函数来替代它。

参数描述：

无。

7. 开启中断

函数原型：

```
void taskENABLE_INTERRUPTS(void);
```

功能：开启中断。通常这个函数不会被直接调用，常用taskEXIT_CRITICAL()函数来替代它。

参数描述：

无。

2.8.2　开发步骤

(1) 在main.c中创建两个任务：任务vTaskLED完成LED闪烁功能，任务vTaskKEY完成按键检测、打印按键检测情况功能。

```
void vTaskKEY(void * pvParameters)
{
    while(1)
    {
        if(!KEY0_Read)
```

```
        {
            for(uint8_t i = 0; i < 20; i++)
            {
                printf("The key KEY0 is currently triggered %d !\n",i);
                vTaskDelay(10/portTICK_PERIOD_MS);
            }
            vTaskDelay(100/portTICK_PERIOD_MS);
        }
        if(!KEY1_Read)
        {
            taskENTER_CRITICAL();                           // 进入临界区
            for(uint8_t j = 0; j < 20; j++)
            {
                printf("The key KEY1 is currently triggered %d !\n",j);
                vTaskDelay(10/portTICK_PERIOD_MS);
            }
            taskEXIT_CRITICAL();                            // 退出临界区
            vTaskDelay(100/portTICK_PERIOD_MS);
        }
        vTaskDelay(30/portTICK_PERIOD_MS);
    }
}

void vTaskLED(void * pvParameters)
{
    while(1)
    {
        LED1_OFF;
        LED2_ON;
        vTaskDelay(300/portTICK_PERIOD_MS);
        LED1_ON;
        LED2_OFF;
        vTaskDelay(300/portTICK_PERIOD_MS);
    }
}
```

(2) 定义任务创建函数,代码如下:

```
void Task_Cerate(void)
{
    xTaskCreate(vTaskKEY,                    // 任务指针
                "vTaskKEY",                  // 任务描述
                100,                         // 堆栈深度
                NULL,                        // 给任务传递的参数
                3,                           // 任务优先级
                &TaskKEY_Handle              // 任务句柄
                );
    xTaskCreate(vTaskLED,                    // 任务指针
                "vTaskLED",                  // 任务描述
                100,                         // 堆栈深度
                NULL,                        // 给任务传递的参数
                2,                           // 任务优先级
                &TaskLED_Handle              // 任务句柄
                );
}
```

（3）在 main（）函数中调用任务创建函数和启动调度器函数，代码如下：

```
# include "FreeRTOS.h"
# include "task.h"
# include "bsp_uart.h"
# include "bsp_tim.h"
# include "bsp_key.h"
# include "Bsp_Led.h"
# include "bsp_clock.h"

TaskHandle_t TaskKEY_Handle;                    // 定义任务句柄
TaskHandle_t TaskLED_Handle;                    // 定义任务句柄

void vTaskLED(void * pvParameters);             // 声明任务
void vTaskKEY(void * pvParameters);             // 声明任务
void Task_Cerate(void);

int main(void)
{
    CLOCLK_Init();
    LED_Init();
    KEY_Init();
    UART1_Init();
    Task_Cerate();
    vTaskStartScheduler();                      // 启动调度器函数
    while(1);
}
```

（4）在 main.c 中定义中断处理公用函数，完成打印信息功能，代码如下：

```
void HAL_GPIO_EXTI_Callback(uint16_t GPIO_Pin)       // 中断处理公用函数
{
    if(GPIO_Pin == GPIO_PIN_2)
        printf("The key KEY2 is currently triggered.\n");
}
```

2.8.3　运行结果

下载程序，LED 呈现流水灯状态，按下 KEY0 键后通过串口打印 20 次信息。按下 KEY1 键后通过串口打印 20 次信息。按下 KEY2 键后通过串口打印 1 次信息。按键 KEY2 采用中断触发，可以中断按键 KEY0 打印过程但是不能中断 KEY1 的打印过程。

练习

（1）简述什么是临界区。

（2）为什么运行结果按下 KEY2 键可以中断 KEY0 的任务，但是不能中断 KEY1 的任务？

## 第 3 章

FreeRTOS 时间管理

FreeRTOS 时间管理包括时间片轮转以及任务延时。

本章通过对 FreeRTOS 时间管理和相关原理的介绍,并以实例开发帮助读者掌握
FreeRTOS 的时间管理。

视频

3.1 时间片轮转

通过学习本节内容,读者应掌握 FreeRTOS 的时间片轮转的使用方法。

3.1.1 开发原理

FreeRTOS 的时间片轮转回调函数。

函数原型:

```
void vApplicationTickHook(void);
```

vApplicationTickHook()是用户启用时间片轮转时定义的回调函数。用户如果需要使用
此功能,那么需要将 FreeRTOSConfig. h 中的 configUSE_TICK_HOOK 宏定义为 1。
configUSE_TICK_HOOK 用于控制是否启用时间片轮转回调函数。宏定义为 1 时启用,宏定
义为 0 时不启用。时间片轮转回调函数在 xTaskIncrementTick()函数中被调用。因为
xTaskIncrementTick()函数在 PendSV_Handler()中断函数中被调用,所以时间片轮转回调
函数执行的时间必须很短。

参数描述:

无。

3.1.2 开发步骤

(1) 在 main.c 中创建一个任务,任务 vTaskPrint 完成计算系统运行时间和打印信息的
功能。

```
void vTaskPrint(void * pvParameters)
{
    uint32_t TickNum_Minute = 0;
    uint32_t TickNum_old = 0;
    while(1)
    {
        if(TickNum/configTICK_RATE_HZ != 0 && TickNum_old != TickNum/configTICK_RATE_HZ)
        {
```

```
            TickNum_old = TickNum/configTICK_RATE_HZ;
            if(TickNum_old > 59)
            {
                TickNum_Minute += 1;
                TickNum_old = 0;
                TickNum -= 60 * configTICK_RATE_HZ;
            }
             printf("The current system runs for  %d minute  %d seconds\n",TickNum_Minute,
TickNum/configTICK_RATE_HZ);
        }
    }
}
```

（2）定义任务创建函数，代码如下：

```
void Task_Cerate(void)
{
    xTaskCreate(vTaskPrint,              // 任务指针
            "vTaskPrint",                // 任务描述
            100,                         // 堆栈深度
            NULL,                        // 给任务传递的参数
            2,                           // 任务优先级
            &TaskPrint_Handle            // 任务句柄
            );
}
```

（3）在 main()函数中调用创建任务函数和启动调度器函数，代码如下：

```
# include "FreeRTOS.h"
# include "task.h"
# include "bsp_uart.h"

TaskHandle_t TaskPrint_Handle;           // 定义任务句柄

void vTaskPrint(void * pvParameters);    // 声明任务
void Task_Cerate(void);

uint32_t TickNum;                        // 定义变量,用来记录时间片轮转次数
int main(void)
{
    UART1_Init();
    Task_Cerate();
    vTaskStartScheduler();               // 启动调度器函数
    while(1);
}
```

（4）在时间片轮转回调函数中完成对时间片轮转的计数，代码如下：

```
// 时间片轮转回调函数
void vApplicationTickHook(void)
{
    TickNum++;
}
```

3.1.3　运行结果

下载程序，程序运行后会通过串口打印出系统的运行时间。

练习

（1）简述启用时间片轮转时定义的回调函数所需要的条件。

（2）简述实现时间片轮转回调任务的过程。

（3）通过实例讨论时间片轮转的优先级。

视频

3.2 任务延时

通过学习本节内容，读者应掌握 FreeRTOS 的时间管理函数的用法。

3.2.1 开发原理

1. FreeRTOS 的时钟节拍

任何操作系统都需要提供一个时钟节拍，以供系统处理诸如延时、超时等与时间相关的事件。时钟节拍是特定的周期性中断，这个中断可以看作系统心跳。中断之间的时间间隔取决于不同的应用，一般是 1～100ms。时钟的节拍中断使得内核可以将任务延迟若干时钟节拍，以及当任务等待事件发生时，提供等待超时等依据。时钟节拍频率越高，系统的额外开销就越大。

FreeRTOS 的系统时钟节拍可以在配置文件 FreeRTOSConfig.h 中设置：

```
#define configTICK_RATE_HZ (( TickType_t ) 1000)
```

如上所示的宏定义配置表示系统时钟节拍是 1kHz。

2. FreeRTOS 的获取系统当前运行的时钟节拍数函数

函数原型：

```
volatile TickType_t xTaskGetTickCount(void);
```

功能：获取系统当前运行的时钟节拍数。注意：这个函数不能在中断中使用。

参数描述：

无。

返回值：

返回从调用启动调度器函数以来的系统时钟节拍数。

3. FreeRTOS 的从中断中获取系统当前运行的时钟节拍数函数

函数原型：

```
volatile TickType_t xTaskGetTickCountFromISR(void);
```

功能：从中断中获取系统当前的时钟节拍数。

参数描述：

无。

返回值：

返回从调用启动调度器函数以来的系统时钟节拍数。

4. FreeRTOS 的相对延时函数

函数原型：

```
void vTaskDelay(const TickType_t xTicksToDelay);
```

功能：用于任务相对延时。用户如果需要使用相对延时函数需要将 FreeRTOSConfig.h 中的 include_vTaskDelay 宏定义为 1。调用 vTaskDelay()函数后,任务会进入阻塞状态,持续时间由 vTaskDelay() 函数的参数 xTicksToDelay 指定,单位是系统节拍时钟周期。常量 portTICK_RATE_MS 用来辅助计算真实时间,此值是系统节拍时钟中断的周期,单位是毫秒,其分辨率为一个时钟周期。注意：vTaskDelay()指定的延时时间是从调用 vTaskDelay()后开始计算的相对时间,也就是说,vTaskDelay()至少会延时指定的延时时间。vTaskDelay 函数不适合延时周期性任务,此函数会受到中断的影响。

参数描述：

xTicksToDelay——延时时间总数,单位是系统时钟节拍周期,范围为 1～0xFFFFFFFF。延迟时间的最大值在 portmacro.h 文件中有定义：

```
typedef uint32_t TickType_t;
#define portMAX_DELAY ( TickType_t )0xffffffffUL
```

即延迟时间的范围是 1～0xFFFFFFFF。

5. FreeRTOS 的绝对延时函数

函数原型：

```
void vTaskDelayUntil( TickType_t * pxPreviousWakeTime,const TickType_t xTimeIncrement );
```

功能：用于任务绝对延时。用户如果需要使用绝对延时函数需要将 FreeRTOSConfig.h 中的 INCLUDE_vTaskDelayUntil 宏定义为 1。调用 vTaskDelayUntil()后,任务会进入阻塞状态,将任务延迟到指定的时间。适用于周期性的任务,此函数可以保持稳定的周期。

参数描述：

pxPreviousWakeTime——指向一个变量的指针,该变量保存任务上次解除阻塞的时间。变量必须在第一次使用之前用当前时间初始化。在此之后,变量将在 vTaskDelayUntil()中自动更新。

xTimeIncrement——周期性延时时间。任务将在时间上被解除阻塞(* pxPreviousWakeTime + xTimeIncrement)。使用相同的 xTimeIncrement 参数值调用 vTaskDelayUntil 将导致任务以固定的间隔执行。

FreeRTOS 的相对延时函数与绝对延时函数的区别：

相对延时函数调用时至少延时给定的延时时间,而绝对延时函数刚好延时给定的延时时间。相对延时函数不适用于周期性任务,绝对延时函数更适合周期性任务和延时精度较高的任务。

6. FreeRTOS 的空闲任务回调函数

函数原型：

```
void vApplicationIdleHook(void);
```

vApplicationIdleHook()是用户启用空闲任务回调函数时定义的回调函数,在系统运行后,当没有用户任务运行时,空闲任务运行时会调用空闲任务回调函数。如果需要使用此功能,则需要将 FreeRTOSConfig.h 中的 configUSE_IDLE_HOOK 宏定义为 1。configUSE_IDLE_HOOK 是控制是否启用空闲任务回调函数。宏定义为 1 时启用,宏定义为 0 时不启用。空闲任务回调函数常用来实现低功耗模式的开启。使用空闲任务回调函数一定要切记不可以在空闲任务回调函数中使用任何能引起任务阻塞的函数。

参数描述：

无。

3.2.2 开发步骤

(1) 在 main.c 中创建 4 个任务：任务 vTaskLED 完成 LED 闪烁功能；任务 vTaskKEY 完成按键检测和打印功能；任务 vTaskDD 完成统计 vTaskDelay 延时时间的功能；任务 vTaskDUD 完成统计 vTaskDelayUntil 延时时间的功能。

```
void vTaskKEY(void * pvParameters)
{
    while(1)
    {
        if(!KEY0_Read)
        {
            printf("Idle tasks run %d times\n",IdleNumber);
        }
        if(!KEY1_Read)
        {
            printf("Delay of %d system beats\r\n",DataDelay);
        }
        if(!KEY2_Read)
        {
            printf("DelayUntil of %d system beats\r\n",DataDelayUntil);
        }
        vTaskDelay(30/portTICK_PERIOD_MS);
    }
}

void vTaskDD(void * pvParameters)
{
    TickType_t Data_Old = 0;
    TickType_t Data_New = 0;
    while(1)
    {
        Data_Old = xTaskGetTickCount();              // 获取系统当前运行的时钟节拍数
        vTaskDelay(20/portTICK_PERIOD_MS);
        Data_New = xTaskGetTickCount();              // 获取系统当前运行的时钟节拍数
        DataDelay = Data_New - Data_Old;             // 计算任务延时时间
    }
}

void vTaskDUD(void * pvParameters)
{
    TickType_t Data_Old = 0;
    TickType_t Data_New = 0;
    TickType_t xLastWakeTime;
    TickType_t xFrequency = 20;
    xLastWakeTime = xTaskGetTickCount();             // 获取系统当前运行的时钟节拍数
    while(1)
    {
        Data_Old = xTaskGetTickCount();              // 获取系统当前运行的时钟节拍数
        vTaskDelayUntil(&xLastWakeTime,xFrequency);
        Data_New = xTaskGetTickCount();              // 获取系统当前运行的时钟节拍数
```

```
            DataDelayUntil = Data_New - Data_Old;          // 计算任务延时时间
        }
    }

void vTaskLED(void * pvParameters)
{
    while(1)
    {
        LED1_OFF;
        LED2_ON;
        vTaskDelay(300/portTICK_PERIOD_MS);
        LED1_ON;
        LED2_OFF;
        vTaskDelay(300/portTICK_PERIOD_MS);
    }
}
```

（2）定义任务创建函数，代码如下：

```
void Task_Cerate(void)
{
    xTaskCreate(vTaskKEY,                              // 任务指针
                "vTaskKEY",                            // 任务描述
                100,                                   // 堆栈深度
                NULL,                                  // 给任务传递的参数
                4,                                     // 任务优先级
                &TaskKEY_Handle                        // 任务句柄
                );
    xTaskCreate(vTaskDD,                               // 任务指针
                "vTaskDD",                             // 任务描述
                100,                                   // 堆栈深度
                NULL,                                  // 给任务传递的参数
                3,                                     // 任务优先级
                &TaskDD_Handle                         // 任务句柄
                );
    xTaskCreate(vTaskDUD,                              // 任务指针
                "vTaskDUD",                            // 任务描述
                100,                                   // 堆栈深度
                NULL,                                  // 给任务传递的参数
                2,                                     // 任务优先级
                &TaskDUD_Handle                        // 任务句柄
                )
    xTaskCreate(vTaskLED,                              // 任务指针
                "vTaskLED",                            // 任务描述
                100,                                   // 堆栈深度
                NULL,                                  // 给任务传递的参数
                1,                                     // 任务优先级
                &TaskLED_Handle                        // 任务句柄
                );
}
```

（3）在 main()函数中调用任务创建函数和启动调度器函数，代码如下：

```
#include "FreeRTOS.h"
#include "task.h"
#include "bsp_uart.h"
#include "bsp_tim.h"
```

```
# include "bsp_key.h"
# include "Bsp_Led.h"

TaskHandle_t TaskKEY_Handle;                               // 定义任务句柄
TaskHandle_t TaskLED_Handle;                               // 定义任务句柄
TaskHandle_t TaskDD_Handle;                                // 定义任务句柄
TaskHandle_t TaskDUD_Handle;                               // 定义任务句柄

uint32_t DataDelay;
uint32_t DataDelayUntil;
uint32_t IdleNumber;

void vTaskLED(void * pvParameters);                        // 声明任务
void vTaskKEY(void * pvParameters);                        // 声明任务
void vTaskDD(void * pvParameters);                         // 声明任务
void vTaskDUD(void * pvParameters);                        // 声明任务
void Task_Cerate(void);

int main(void)
{
    LED_Init();
    KEY_Init();
    UART1_Init();
    TIM3_Init(50,84 - 1);
    Task_Cerate();
    vTaskStartScheduler();                                 // 启动调度器函数
    while(1);
}
```

（4）在空闲任务回调函数中统计空闲任务运行次数，代码如下：

```
// 空闲状态回调函数
void vApplicationIdleHook(void)
{
    IdleNumber++;     // 当用户任务都阻塞之后,空闲任务开始运行,统计空闲任务运行次数
}
```

（5）开启定时器3，对系统运行节拍数进行统计，代码如下：

```
volatile uint32_t ulHighFrequencyTimerTicks = 0UL;
TIM_HandleTypeDef TIM3_Handle;

void TIM3_Init(uint16_t arr,uint16_t psc)
{
    TIM3_Handle.Instance = TIM3;                                        // 定时器 3
    TIM3_Handle.Init.ClockDivision = TIM_CLOCKDIVISION_DIV1;           // 时钟分频因子
    TIM3_Handle.Init.CounterMode = TIM_COUNTERMODE_UP;                 // 计数方向
    TIM3_Handle.Init.Period = arr;                                     // 自动重装载值
    TIM3_Handle.Init.Prescaler = psc;                                 // 分频系数
    HAL_TIM_Base_Init(&TIM3_Handle);
    HAL_TIM_Base_Start_IT(&TIM3_Handle);
}

void HAL_TIM_Base_MspInit(TIM_HandleTypeDef * htim)
{
    if(htim -> Instance == TIM3)
    {
```

```
        __HAL_RCC_TIM3_CLK_ENABLE();
        HAL_NVIC_SetPriority(TIM3_IRQn,1,3);
        HAL_NVIC_EnableIRQ(TIM3_IRQn);
    }

}

void TIM3_IRQHandler(void)
{
    HAL_TIM_IRQHandler(&TIM3_Handle);
}


void HAL_TIM_PeriodElapsedCallback(TIM_HandleTypeDef * htim)
{
    ulHighFrequencyTimerTicks++;
}
```

（6）在 FreeRTOSConfig.h 中定义外部变量和时间统计函数，代码如下：

```
#ifdef __CC_ARM
    #include < stdint.h>
    extern uint32_t SystemCoreClock;
    extern volatile uint32_t ulHighFrequencyTimerTicks;              // 定义外部变量
#endif

/* Run time and task stats gathering related definitions.  */
#define configGENERATE_RUN_TIME_STATS 1
#define configUSE_STATS_FORMATTING_FUNCTIONS 1
#define portCONFIGURE_TIMER_FOR_RUN_TIME_STATS() (ulHighFrequencyTimerTicks = 0ul)
#define portGET_RUN_TIME_COUNTER_VALUE() ulHighFrequencyTimerTicks
```

3.2.3　运行结果

下载程序，LED 呈现流水灯状态，按下 KEY0 键后通过串口打印出空闲任务的运行次数，按下 KEY1 键后通过串口打印出 vTaskDelay 的延时时间，按下 KEY2 键后通过串口打印出 vTaskDelayUntil 的延时时间。

练习

（1）简述 FreeRTOS 的相对延时函数与绝对延时函数的区别。

（2）使用空闲任务函数时需要注意什么？

第 4 章

CHAPTER 4

FreeRTOS 任务栈

FreeRTOS 任务栈包括内存分配失败回调函数、堆栈溢出以及选择堆栈大小。

本章通过对 FreeRTOS 任务栈和相关原理的介绍,并以实例开发帮助读者掌握 FreeRTOS 任务栈的开发。

视频

4.1 内存分配失败回调函数

通过学习本节内容,读者应掌握 FreeRTOS 的内存分配失败回调函数的用法。

4.1.1 开发原理

函数原型:

```
void vApplicationMallocFailedHook(void);
```

vApplicationMallocFailedHook()是用户启用内存分配失败函数时定义的回调函数,在系统为任务、信号量、队列、软件定时器等申请内存时,若 FreeRTOS 堆栈中可用的空闲内存不足,则由内存申请函数调用。如果需要使用此功能,需要将 FreeRTOSConfig. h 中的 configUSE_MALLOC_FAILED_HOOK 宏定义为 1。configUSE_MALLOC_FAILED_HOOK 是控制是否启用内存分配失败回调函数。宏定义为 1 时启用,宏定义为 0 时不启用。内存分配失败回调函数常用来提示用户创建的任务、信号量、队列等需要的堆栈超过 FreeRTOS 堆栈中可用的空闲堆栈,导致创建失败。FreeRTOS 堆栈大小在 FreeRTOSConfig. h 中由 configTOTAL_HEAP_SIZE 宏定义。

4.1.2 开发步骤

(1) 在 main. c 中创建一个任务:任务 vTaskLED 完成 LED 闪烁功能。

```
void vTaskLED(void * pvParameters)              // 定义任务
{
    while(1)
    {
        LED1_OFF;
        LED2_ON;
        for(uint32_t i = 0;i < 0xfffff;i++);        // 自定义延时
        LED1_ON;
        LED2_OFF;
        for(uint32_t i = 0;i < 0xfffff;i++);        // 自定义延时
    }
}
```

（2）定义任务创建函数，代码如下：

```
void Task_Cerate(void)
{
    xTaskCreate(vTaskLED,                    // 任务指针
                "vTaskLed",                  // 任务描述
                TSD,                         // 堆栈深度
                NULL,                        // 给任务传递的参数
                2,                           // 任务优先级
                &TaskLED_Handle              // 任务句柄
                );
}
```

（3）在 main()函数中调用任务创建函数和启动调度器函数，代码如下：

```
# include "FreeRTOS.h"
# include "task.h"
# include "bsp_led.h"
# include "bsp_uart.h"


# define Task_Consumption 104                // 任务自身消耗
# define TSW 4                               // 任务堆栈宽度
# define TSD 246                             // 任务堆栈深度
# define SNTS 1976                           // 系统不允许分配给任务堆栈

size_t FreeHeapSize = 0;                     // 定义变量用来接收系统未分配的堆栈大小

TaskHandle_t TaskLED_Handle;                 // 定义任务句柄

void vTaskLED(void * pvParameters);          // 声明任务
void Task_Cerate(void);

int main(void)
{
    LED_Init();                              // LED 初始化
    UART1_Init();
    FreeHeapSize = xPortGetFreeHeapSize();   // 获取 FreeRTOS 未分配的堆栈大小
    Task_Cerate();
    vTaskStartScheduler();                   // 启动调度器函数
    while(1);
}
```

（4）在内存申请失败回调函数中调用打印函数，输出失败原因，代码如下：

```
// 内存分配失败回调函数
void vApplicationMallocFailedHook(void)
{
    printf("Freertos's remaining tasks can be applied for stack size of % d bytes\n",FreeHeapSize −
SNTS);
    printf("This task requires a % d bytes stack \n",TSD * TSW + Task_Consumption);
    printf("Inadequate memory application failed\n");
}
```

4.1.3　运行结果

下载程序，如果创建任务时申请内存成功，则 LED 灯闪烁，实现流水灯效果。如果创建任

务时申请内存失败,则 LED 灯不闪烁,通过串口打印出内存申请失败、当前任务需要的堆栈大小以及 FreeRTOS 可以分配给任务的堆栈大小。

练习

(1) 简述 FreeRTOS 的内存分配失败回调函数。
(2) 利用其他方法实现内存分配失败过程。

视频

4.2 任务栈溢出

通过学习本节内容,读者应掌握 FreeRTOS 的堆栈溢出回调函数的用法。

4.2.1 开发原理

简单地说,栈溢出就是用户分配的栈空间不够用了。下面用一个简单的实例来分析栈的生长方向从高地址向低地址生长。

图 4-1 中(1)的位置是 RTOS 的某个任务调用了函数 test() 前的 SP 栈指针位置。

```
void test (void);
{
int i;
int array[10];
// Code
}
```

图 4-1 中(2)的位置是调用函数 test() 所需要保存的返回地址的栈空间。这一步不是必需的,对于 Cortex-M3 和 Cortex-M4 内核是先将其保存到 LR 寄存器中,如果 LR 寄存器中保存了上一级函数的返回地址,则需要将 LR 寄存器中的内容先入栈。

图 4-1 中(3)的位置是局部变量 int i 和 int array[10] 占用的栈空间,但申请了栈空间后已

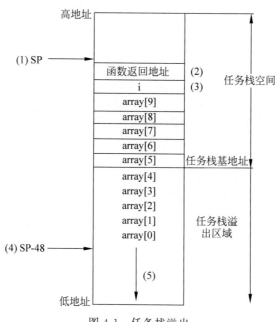

图 4-1 任务栈溢出

经越界了。这就是所谓的栈溢出了。如果用户在函数 test()中通过数组 array 修改了这部分越界区的数据,且这部分越界的栈空间暂时没有用到或者数据不是很重要,那么情况还不算严重,但是如果存储的是关键数据,则会直接导致系统崩溃。

图 4-1 中(4)的位置是局部变量申请了栈空间后,栈指针向下偏移(返回地址＋变量 i＋10个数组元素)×4＝48 个字节。

图 4-1 中(5)的位置可能是其他任务的栈空间,也可能是全局变量或者其他用途的存储区,如果 test()函数在使用中还有用到栈的地方就会从这里申请,这部分越界的空间暂时没有用到或者数据不是很重要,那么情况还不算严重,但是如果存储的是关键数据,则会直接导致系统崩溃。

FreeRTOS 的栈溢出回调函数

函数原型:

```
void vApplicationStackOverflowHook(xTaskHandle xTask, signed char * pcTaskName);
```

vApplicationStackOverflowHook()是用户启用任务堆栈溢出检测时定义的回调函数,在系统为任务分配内存后,任务在运行过程中,任务栈不足发生溢出情况时,系统会调用堆栈溢出回调函数。用户如果需要使用此功能需要将 FreeRTOSConfig.h 中的 configCHECK_FOR_STACK_OVERFLOW 宏定义为非 0。configCHECK_FOR_STACK_OVERFLOW 用于控制是否启用堆栈溢出回调函数。宏定义为非 0 时启用,宏定义为 0 时不启用。堆栈溢出有两种检测方法:宏定义为 1 时使用方法一,宏定义为 2 时使用方法二。堆栈溢出回调函数常用在开发或者测试阶段,开启堆栈溢出检测后会增大上下文切换的开销。注意,堆栈溢出检测是在任务切换的时候进行的。空闲任务的堆栈大小在 FreeRTOSConfig.h 中由 configMINIMAL_STACK_SIZE 宏定义。

堆栈溢出检测方法一:在任务切换时检测任务栈指针是否过界了,如果过界了,则在任务切换的时候会触发栈溢出回调函数。这种检测方法有弊端——若在任务运行过程中栈溢出,则在任务结束之前恢复溢出,这种方法检测不到。

堆栈溢出检测方法二:任务创建的时候将任务栈所有数据初始化为 0xa5,所以会检测末尾的 16 个字节是否都是 0xa5,通过这种方式来检测任务栈是否溢出了。这种检测方法的弊端是栈内数据未修改,溢出的数据修改了任务栈以外的数据而引起硬件异常的情况是检测不到的。

参数描述:

xTask——创建任务时的任务句柄,通过这个任务句柄去引用任务。

pcTaskName——创建任务时的任务名称。

4.2.2　开发步骤

(1) 在 main.c 中创建两个任务:任务 vTaskLED 执行 LED 闪烁,任务 vTaskOD 完成堆栈溢出功能。

```
void vTaskLED(void * pvParameters)              // 定义任务
{
    while(1)
    {
        LED1_OFF;
        LED2_ON;
```

```
            for(uint32_t i = 0;i < 0xfffff;i++);      // 延时
            LED1_ON;
            LED2_OFF;
            for(uint32_t i = 0;i < 0xfffff;i++);
        }
    }

void vTaskOD(void * pvParameters)                 // 定义任务
{
    uint32_t buff[100];
    uint32_t i = 0;
    while(1)
    {
        for(i = 100;i > 0;i -- )                  // 这里对数组逆顺序赋值,为了不引起硬件异常
        {
            buff[i] = 0x55;
        }
    }
}
```

(2) 定义任务创建函数,代码如下:

```
void Task_Cerate(void)
{
    xTaskCreate(vTaskLED,                         // 任务指针
                "vTaskLed",                       // 任务描述
                100,                              // 堆栈深度
                NULL,                             // 给任务传递的参数
                2,                                // 任务优先级
                &TaskLED_Handle                   // 任务句柄
                );
    xTaskCreate(vTaskOD,                          // 任务指针
                "vTaskOD",                        // 任务描述
                100,                              // 堆栈深度
                NULL,                             // 给任务传递的参数
                2,                                // 任务优先级
                &TaskOD_Handle                    // 任务句柄
                );
}
```

(3) 在 main()函数中调用任务创建函数和启动调度器函数,代码如下:

```
# include "FreeRTOS.h"
# include "task.h"
# include "bsp_led.h"
# include "bsp_uart.h"

TaskHandle_t TaskLED_Handle;                      // 定义任务句柄
TaskHandle_t TaskOD_Handle;                       // 定义任务句柄

void vTaskLED(void * pvParameters);               // 声明任务
void vTaskOD(void * pvParameters);                // 声明任务
void Task_Cerate(void);


int main(void)
{
    LED_Init();                                   // LED 初始化
```

```
    UART1_Init();
    Task_Cerate();
    vTaskStartScheduler();                  // 启动调度器函数
    while(1);
}
```

（4）在堆栈溢出回调函数中调用打印函数,打印溢出任务名,代码如下:

```
// 堆栈溢出回调函数
void vApplicationStackOverflowHook( TaskHandle_t xTask, char * pcTaskName )
{
    printf("Stack overflow of task % s",pcTaskName);
}
```

4.2.3　运行结果

下载程序,程序运行后会打印出 vTaskOD 任务栈溢出情况。

练习

（1）检测堆栈溢出的方法有哪些?
（2）使用堆栈溢出检测有哪些好处?

4.3　选择任务栈大小

通过学习本节内容,读者应掌握 FreeRTOS 计算任务栈大小的方法。

4.3.1　开发原理

1. 任务栈大小的计算

在 FreeRTOS 的应用设计中,每个任务都需要自己的栈空间,功能不同,每个任务需要的栈大小也是不同的。将如下几个选项简单地累加就可以得到一个粗略的栈大小。

1）函数的嵌套调用

针对每一级函数用到的栈空间有如下 4 项。

- 函数局部变量。
- 函数形参。一般情况下函数的形参是直接使用的 CPU 寄存器,不需要使用栈空间,但是这个函数中如果还嵌套了一个函数,那么这个存储了函数形参的 CPU 寄存器内容是要入栈的。所以建议大家也把这部分算在栈大小中。
- 函数返回地址。针对 Cortex-M3 和 Cortex-M4 内核的 MCU,一般函数的返回地址是专门保存到 LR(LinkRegister)寄存器中的,如果这个函数中还调用了一个函数,那么这个存储了函数返回地址的 LR 寄存器内容是要入栈的。所以建议大家也把这部分算在栈大小中。
- 函数内部的状态保存操作也需要额外的栈空间。

2）任务切换

任务切换时所有的寄存器都需要入栈,对于带 FPU 浮点处理单元的 Cortex-M4 内核 MCU 来说,FPU 寄存器也是需要入栈的。

3) 针对 Cortex-M3 内核和 Cortex-M4 内核的 MCU

在任务执行过程中,如果发生中断,那么 Cortex-M3 内核的 MCU 有 8 个寄存器是自动入栈的,这个栈是任务栈,进入中断以后其余寄存器入栈以及发生中断嵌套用的都是系统栈。

Cortex-M4 内核的 MCU 有 8 个通用寄存器和 18 个浮点寄存器是自动入栈的,这个栈是任务栈,进入中断以后其余通用寄存器和浮点寄存器入栈以及发生中断嵌套用的都是系统栈。

4) 进入中断以后使用的局部变量以及可能发生的中断嵌套用的都是系统栈

在实际应用中,将这些都加起来是一件非常麻烦的工作,上面这些栈空间加起来的总和只是栈的最小需求,实际分配的栈大小可以在最小栈需求的基础上乘以一个安全系数,一般取 1.5～2。上面的计算是用户可以确定的栈大小,项目应用中还存在无法确定的栈大小,例如,调用 printf()函数就很难确定实际的栈消耗。又例如,通过函数指针实现函数的间接调用,因为函数指针不是固定地指向一个函数进行调用,而是根据不同的程序设计指向不同的函数,这使得栈大小的计算变得比较麻烦。

还应注意一点,建议不要编写递归代码,因为我们不知道递归的层数,栈的大小也是不好确定的。

一般来说,用户可以事先给任务分配一个大的栈空间,然后将任务栈的使用情况打印出来,运行一段时间就会有个大概的范围了。这种方法更为简单和实用。

2. FreeRTOS 的获取任务未使用堆栈大小

函数原型:

```
UBaseType_t uxTaskGetStackHighWaterMark(TaskHandle_t xTask);
```

获取任务未使用的栈大小,返回的值为字数,而不是字节数。如果需要使用此功能,则需要将 FreeRTOSConfig.h 中的 include_uxTaskGetStackHighWaterMark 宏定义为 1。任务使用的堆栈将随着任务的执行和中断的处理而增大或缩小。uxTaskGetStackHighWaterMark()返回任务开始执行以来可用的最小剩余堆栈空间,即任务堆栈处于最大(最深)值时未使用的堆栈数量。这就是所谓的堆栈"高水位标记"。uxTaskGetStackHighWaterMark2() 是 uxTaskGetStackHighWaterMark()的另一个版本,它返回用户可定义类型,以消除 8 位体系结构上 UBaseType_t 类型的数据类型宽度限制。

参数描述:

xTask——任务句柄。NULL 表示查看当前任务的堆栈使用情况。

返回值:

返回最小剩余堆栈空间,以字为单位。例如,一个 32 位架构处理器,返回值为 1 表示有 4 字节堆栈空间没有使用过;如果返回值为 0,则任务很可能已经发生了堆栈溢出。

4.3.2 开发步骤

(1) 在 main.c 中创建任务 vTaskGD,实现获取任务剩余堆栈大小和打印信息功能。

```
void vTaskGD(void * pvParameters)                    // 定义任务
{
    uint32_t stackNum = 0;
    while(1)
    {
        stackNum = uxTaskGetStackHighWaterMark(NULL);    // 获取任务剩余堆栈大小
        printf("The remaining % d bytes of the current task stack\n",stackNum);
```

```
                                                        // 打印信息
        vTaskDelay(1000/portTICK_PERIOD_MS);
    }
}
```

（2）定义任务创建函数，代码如下：

```
void Task_Cerate(void)
{
    xTaskCreate(vTaskGD,                     // 任务指针
                "vTaskGD",                   // 任务描述
                100,                         // 堆栈深度
                NULL,                        // 给任务传递的参数
                2,                           // 任务优先级
                &TaskGD_Handle               // 任务句柄
                );
}
```

（3）在 main( )函数中调用任务创建函数和启动调度器函数，代码如下：

```
#include "FreeRTOS.h"
#include "task.h"
#include "bsp_uart.h"

TaskHandle_t TaskGD_Handle;                  // 定义任务句柄

void vTaskGD(void * pvParameters);           // 声明任务
void Task_Cerate(void);

int main(void)
{
    UART1_Init();
    Task_Cerate();
    vTaskStartScheduler();                   // 启动调度器函数
    while(1);
}
```

4.3.3 运行结果

下载程序，程序运行后会打印出任务 vTaskGD 堆栈剩余的大小。

练习

（1）任务栈大小是如何计算的？
（2）如何计算未使用的堆栈大小？

## 第 5 章

FreeRTOS 内存管理

FreeRTOS 内存管理包括内存的申请和释放以及内存分配。

本章通过对 FreeRTOS 内存管理和相关原理的介绍，并以实例开发帮助读者掌握 FreeRTOS 内存的管理。

视频

5.1 内存申请和释放

通过学习本节内容，读者应掌握 FreeRTOS 的内存申请和释放函数的用法。

5.1.1 开发原理

1. FreeRTOS 的内存申请函数

函数原型：

void * pvPortMalloc(size_t xWantedSize);

功能：从 FreeRTOS 堆栈申请内存。申请成功后会返回所申请内存的首地址；如果失败则会调用内存分配失败回调函数，并返回 NULL。内存申请函数会自动进行字节对齐，在对齐时只会增大申请的内存，不会减小。申请函数自身会消耗 8 字节大小的内存。

参数描述：

xWantedSize——申请的内存大小，单位是字节。函数会以 8 字节大小自动对齐。也就是说，此参数函数会自动计算成 8 字节的倍数。

返回值：

申请成功返回申请的内存首地址，申请失败返回 NULL。

2. FreeRTOS 的内存释放

函数原型：

void vPortFree(void * pv);

功能：从用户指定的内存地址开始释放内存。

参数描述：

pv——释放的内存首地址。

5.1.2 开发步骤

（1）在 main.c 中创建一个任务：任务 vTaskGD 完成按键检测和打印任务信息功能。

void vTaskGD(void * pvParameters)   // 定义任务

```
{
    while(1)
    {
        if(!Key0_Read)
        {
            printf ( " The remaining unused memory in the current system is  % d \ n",
xPortGetFreeHeapSize());                         // 打印当前 FreeRTOS 系统未使用的堆栈大小
        }
        if(!Key1_Read)
        {
            Memory_AOA = (uint32_t * )pvPortMalloc(16);     // 申请内存
            // 打印申请指定大小内存后 FreeRTOS 系统未使用的堆栈大小
            printf("The remaining % d bytes of memory in the system\n",xPortGetFreeHeapSize());
            vPortFree(Memory_AOA);                          // 释放内存
        }
        if(!Key2_Read)
        {
            Memory_AOA = (uint32_t * )pvPortMalloc(32);     // 申请内存
            // 打印申请指定大小内存后 FreeRTOS 系统未使用的堆栈大小
            printf("The remaining % d bytes of memory in the system\n",xPortGetFreeHeapSize());
            vPortFree(Memory_AOA);                          // 释放内存
        }
        vTaskDelay(10/portTICK_PERIOD_MS);
    }
}
```

（2）定义任务创建函数，代码如下：

```
void Task_Cerate(void)
{
    xTaskCreate(vTaskGD,                        // 任务指针
            "vTaskGD",                          // 任务描述
            100,                                // 堆栈深度
            NULL,                               // 给任务传递的参数
            3,                                  // 任务优先级
            &TaskGD_Handle                      // 任务句柄
            );
}
```

（3）在 main()函数中调用任务创建函数和启动调度器函数，代码如下：

```
# include "FreeRTOS. h"
# include "task. h"
# include "bsp_clock. h"
# include "Bsp_Key. h"
# include "bsp_uart. h"

uint32_t * Memory_AOA;                          // 存储申请内存的首地址

TaskHandle_t TaskGD_Handle;                     // 定义任务句柄

void vTaskGD(void * pvParameters);              // 声明任务
void Task_Cerate(void);

int main(void)
{
    CLOCLK_Init();
```

```
        Key_Init();
        UART1_Init();
        Task_Cerate();
        vTaskStartScheduler();                          // 启动调度器函数
        while(1);
}
```

5.1.3 运行结果

下载程序,按下 KEY0 键后通过串口打印出当前 FreeRTOS 系统剩余未使用的堆栈大小。按下 KEY1 键后通过串口打印出申请 16 字节内存后 FreeRTOS 系统剩余未使用的堆栈大小。按下 KEY2 键后通过串口打印出申请 32 字节内存后 FreeRTOS 系统剩余未使用的堆栈大小。

练习

(1) 简述内存申请函数的功能。
(2) 如果每次申请完内存不释放会出现什么结果?

5.2 内存分配

通过学习本节内容,读者应掌握 FreeRTOS 内存分配原理。

1. 动态内存管理介绍

FreeRTOS 操作系统将内核与内存管理分开实现。操作系统内核仅规定了必要的内存管理函数原型,而不关心这些内存管理函数是如何实现的。这样做大有好处——可以增加系统的灵活性,不同的应用场合可以采用不同的内存分配实现,选择对自己更有利的内存管理策略。例如,对于安全型的嵌入式系统,通常不允许动态内存分配,那么可以采用非常简单的内存管理策略,一经申请的内存,甚至不允许被释放。在满足设计要求的前提下,系统越简单越容易做得更安全。再例如一些复杂应用,要求动态地申请、释放内存操作,那么也可以设计出相对复杂的内存管理策略,允许动态分配和动态释放。

FreeRTOS 内核规定的几个内存管理函数原型如下:

```
void * pvPortMalloc(size_t xSize)                   // 内存申请函数
void vPortFree(void * pv)                           // 内存释放函数
void vPortInitialiseBlocks(void)                    // 初始化内存堆函数
size_t xPortGetFreeHeapSize(void)                   // 获取当前未分配的内存堆大小
size_t xPortGetMinimumEverFreeHeapSize(void)        // 获取未分配的内存堆历史最小值
```

FreeRTOS 提供了 5 种内存管理方案,有简单的也有复杂的,可以应用于绝大多数场合。它们位于下载包目录...\FreeRTOS\Source\portable\MemMang 中,文件名分别为 heap_1.c、heap_2.c、heap_3.c、heap_4.c、heap_5.c。FreeRTOS 提供的内存管理都是基于内存堆进行的。默认情况下,FreeRTOS 内核创建任务、队列、信号量、事件组、软件定时器都是借助内存管理函数从内存堆中分配内存。FreeRTOS v9.0.0 以上的版本可以完全使用静态内存分配方法,也就是不使用任何内存堆。对于 heap_1.c、heap_2.c 和 heap_4.c 这 3 种内存管理方案,内存堆实际上是一个很大的数组,定义为:

```
static uint8_t ucHeap[configTOTAL_HEAP_SIZE];
```

其中,宏 configTOTAL_HEAP_SIZE 用来定义内存堆的大小,这个宏在 FreeRTOSConfig.h 中设置。

heap_3.c 只是简单地包装了标准库中的 malloc()和 free()函数,包装后的 malloc()和 free()函数具备线程保护。因此,内存堆需要通过编译器或者启动文件设置堆空间。

heap_5.c 比较有趣,它允许程序设置多个非连续内存堆,例如,需要快速访问的内存堆设置在片内 RAM,稍微慢速访问的内存堆设置在外部 RAM。每个内存堆的起始地址和大小由应用程序设计者定义。

2. 动态内存管理方案 1——heap_1

这是所有实现中最简单的一个。一旦分配内存之后,它甚至不允许释放分配的内存。尽管这样,heap_1.c 还是适用于大部分嵌入式应用程序。这是因为大多数深度嵌入式(deeply embedded)应用只是在系统启动时创建所有任务、队列、信号量等,并且直到程序结束都会一直使用它们,永远不需要删除。当需要分配 RAM 时,这个内存分配方案只是简单地将一个大数组细分出一个子集来。大数组的容量大小通过 FreeRTOSConfig.h 文件中的 configTOTAL_HEAP_SIZE 宏来设置。API 函数 xPortGetFreeHeapSize()返回未分配的堆栈空间总大小,可以通过这个函数返回值对 configTOTAL_HEAP_SIZE 进行合理的设置。

heap_1 功能简介:

(1) 用于从不会删除任务、队列、信号量、互斥量等的应用程序(实际上大多数使用 FreeRTOS 的应用程序都符合这个条件)。

(2) 执行时间是确定的并且不会产生内存碎片。

(3) 实现和分配过程非常简单,需要的内存是从一个静态数组中分配的,意味着这种内存分配通常只是适用于那些不进行动态内存分配的应用。

3. 动态内存管理方案 2——heap_2

这个内存分配方案使用一个最佳匹配算法,它允许释放之前分配的内存块。它不会把相邻的空闲块合成一个更大的块(换句话说,这会造成内存碎片)。有效的堆栈空间大小由位于 FreeRTOSConfig.h 文件中的 configTOTAL_HEAP_SIZE 宏来定义。API 函数 xPortGetFreeHeapSize()返回剩下的未分配堆栈空间的大小(可用于优化设置 configTOTAL_HEAP_SIZE 宏的值),但是不能提供未分配内存的碎片细节信息。

heap_2 功能简介:

(1) 可以用于重复地分配和删除具有相同堆栈空间的任务、队列、信号量、互斥量等,并且不考虑内存碎片的应用程序。

(2) 不能用在分配和释放随机字节堆栈空间的应用程序。

(3) 如果一个应用程序动态地创建和删除任务,并且分配给任务的堆栈空间总是同样大小,那么大多数情况下 heap_2.c 是可以使用的。但是,如果分配给任务的堆栈不总是相等,那么释放的有效内存可能碎片化,形成很多小的内存块。最后会因为没有足够大的连续堆栈空间而造成内存分配失败。应用程序直接调用 pvPortMalloc()和 vPortFree()函数,而不仅是通过 FreeRTOS API 间接调用。

(4) 如果应用程序中的队列、任务、信号量、互斥量等以人无法预测的顺序存在,则可能会导致内存碎片问题,虽然这是小概率事件,但必须牢记。不具有确定性,但是它比标准库中的 malloc()函数具有高得多的效率。heap_2.c 适用于需要动态创建任务的大多数小型实时(small real time)系统。

4. 动态内存管理方案 3——heap_3

heap_3. c 简单地包装了标准库中的 malloc()和 free()函数,包装后的 malloc()和 free()函数具备线程保护功能。

heap_3.c 功能简介:

(1) 需要链接器设置一个堆栈,并且编译器库提供 malloc()和 free()函数。

(2) 不具有确定性。

(3) 可能明显地增大 RTOS 内核的代码大小。

(4) 注意,使用 heap_3 时,FreeRTOSConfig. h 文件中的 configTOTAL_HEAP_SIZE 宏定义没有作用。

5. 动态内存管理方案 4——heap_4

这个方案使用一个最佳匹配算法。和动态内存管理方案 2 不同的是,它会将相邻的空闲内存块合并成一个更大的块(包含一个合并算法)。有效的堆栈空间大小由位于 FreeRTOSConfig. h 文件中的 configTOTAL_HEAP_SIZE 来定义。API 函数 xPortGetFreeHeapSize()返回剩下的未分配堆栈空间的大小(可用于优化设置 configTOTAL_HEAP_SIZE 宏的值),但是不能提供未分配内存的碎片细节信息。

heap_4.c 功能简介:

(1) 可用于重复分配、删除任务、队列、信号量、互斥量等的应用程序。

(2) 可以用于分配和释放随机字节内存的情况,并不像 heap_2.c 那样产生严重碎片。

(3) 不具有确定性,但是它比标准库中的 malloc()函数具有高得多的效率。

(4) heap_4. c 还特别适用于移植层代码,可以直接使用 pvPortMalloc()和 vPortFree()函数来分配和释放内存。

6. 动态内存管理方案 5——heap_5

有时候我们希望 FreeRTOSConfig. h 文件中定义的 heap 空间可以采用不连续的内存区,例如,我们希望可以将其定义在内部 SRAM 一部分、外部 SRAM 一部分,此时就可以采用 heap_5 动态内存管理方式。这个方案同样实现了动态内存管理方案 4 中的合并算法,并且允许堆栈跨越多个非连续的内存区。heap_5 通过调用 vPortDefineHeapRegions()函数实现初始化,在内存初始化函数执行完成前不允许使用内存分配和释放。创建 RTOS 对象(任务、队列、信号量等)会隐含地调用 pvPortMalloc(),因此必须注意,使用 heap_5 创建任何对象前,要先执行 vPortDefineHeapRegions()函数。

5 种动态内存管理方案总结。

(1) heap_1: 5 种方式里面最简单的,但是申请的内存不允许释放。

(2) heap_2: 支持动态内存的申请和释放,但是不支持内存碎片的处理,并将其合并成一个大的内存块。

(3) heap_3: 将编译器自带的 malloc()和 free()函数进行简单的封装,以支持线程安全,即支持多任务调用。

(4) heap_4: 支持动态内存的申请和释放,支持内存碎片处理,支持将动态内存设置在一个固定的地址。

(5) heap_5: 在 heap_4 的基础上支持将动态内存设置在不连续的区域上。

第6章 FreeRTOS 任务间通信

CHAPTER 6

FreeRTOS 任务间通信包括消息队列、二进制信号量、计数信号量、互斥信号量、递归互斥信号量、任务通知以及事件组。

本章通过对 FreeRTOS 任务间通信和相关原理的介绍，并以实例开发帮助读者掌握 FreeRTOS 任务间的通信。

6.1 消息队列

视频

通过学习本节内容，读者应掌握 FreeRTOS 消息队列的用法与原理。

6.1.1 开发原理

1. 消息队列

消息队列是主要的任务间通信方式。可以在任务与任务间、中断与任务间传送消息。大多数情况下，队列用于具有线程保护的 FIFO 缓冲区：先放入队列的数据先被取出。

2. 创建队列

函数原型：

```
QueueHandle_t xQueueCreate(UBaseType_t uxQueueLength,UBaseType_t uxItemSize);
```

功能：创建新的队列。为新队列分配存储空间并返回队列句柄。如果需要使用此函数，则需要将 FreeRTOSConfig.h 中 configSUPPORT_DYNAMIC_ALLOCATION 的宏定义为 1。每个队列都需要 RAM 来保存队列状态，并保存队列中包含的项（队列储存区）。如果使用此函数创建队列，则从 FreeRTOS 堆中自动分配所需的 RAM。如果使用 xQueueCreateStatic()创建队列，则编译器将提供 RAM，这样函数的参数将更复杂，但是允许在编译时静态分配 RAM。

参数描述：

uxQueueLength——队列可以容纳的最大项目数。

uxItemSize——保持队列中每个项所需的大小（以字节为单位）。项是通过复制（而不是通过引用）入队的，因此这是要为每个入队项复制的字节数。队列中的每个项必须大小相同。

返回值：

如果成功地创建了队列，则返回创建队列的句柄。如果无法分配创建队列所需的内存，则返回 NULL。

3. 向队列投递队列项

函数原型：

```
BaseType_t xQueueSend (QueueHandle_t xQueue, const void * pvItemToQueue, TickType_t
xTicksToWait);
```

功能：向队列尾投递一个队列项,相当于 xQueueSendToBack()。在队列中发布一个项目,该项目是通过复制而不是引用。此函数不可以在中断中调用。

参数描述：

xQueue——目标队列的句柄。

pvItemToQueue——指向要放置在队列中的项的指针。队列所包含的项的大小是在创建队列时定义的,因此这些字节将从 pvItemToQueue 复制到队列存储区域。

xTicksToWait——队列阻塞时间。要接收的项目队列为空时,允许的任务最大阻塞时间。如果设置该参数为 0,则表示即使队列为空也立即返回。阻塞时间的单位是系统节拍周期,宏 portTICK_RATE_MS 可辅助计算真实阻塞时间。如果 INCLUDE_vTaskSuspend 设置成 1,并且阻塞时间设置成 portMAX_DELAY,将会引起任务无限阻塞(不会有超时)。

返回值：

如果投递成功则返回 pdTRUE,否则返回 errQUEUE_FULL。

4. 中断中向队列投递队列项

函数原型：

```
BaseType_t xQueueSendFromISR(QueueHandle_t xQueue,const void * pvItemToQueue, BaseType_t *
pxHigherPriorityTaskWoken);
```

功能：在中断里向队列尾投递队列项,相当于 xQueueSendToBackFromISR()。将一项投递到队列的后面。在中断服务例程中使用此功能是安全的。队列项是通过复制而不是引用入队的,所以最好只入队小项目,特别是当从 ISR 调用时。在大多数情况下,最好是存储指向正在入队的项的指针。

参数描述：

xQueue——目标队列的句柄。

pvItemToQueue——指向要放置在队列中的项的指针。队列所包含的项的大小是在创建队列时定义的,因此这些字节将从 pvItemToQueue 复制到队列存储区域。

pxHigherPriorityTaskWoken——如果入队导致一个任务解锁,并且解锁的任务优先级高于当前运行的任务,则该函数将 * pxHigherPriorityTaskWoken 设置成 pdTRUE。如果 xQueueSendFromISR()设置这个值为 pdTRUE,则中断退出前需要一次上下文切换。从 FreeRTOS v7.3.0 起,pxHigherPriorityTaskWoken 称为一个可选参数,并可以设置为 NULL。

返回值：

如果投递成功则返回 pdTRUE,否则返回 errQUEUE_FULL。

5. 向队列尾投递队列项

函数原型：

```
BaseType_t xQueueSendToBack (QueueHandle_t xQueue, const void * pvItemToQueue, TickType_t
xTicksToWait);
```

功能：向队列尾投递队列项。该项目是通过复制而不是引用入队的。不能从中断服务例程调用此函数。

参数描述：

xQueue——目标队列的句柄。

pvItemToQueue——指向要放置在队列中的项的指针。队列所包含的项的大小是在创建队列时定义的,因此这些字节将从 pvItemToQueue 复制到队列存储区域。

xTicksToWait——队列阻塞时间。要接收的项目队列为空时,允许的任务最大阻塞时间。如果设置该参数为 0,则表示即使队列为空也立即返回。阻塞时间的单位是系统节拍周期,宏 portTICK_RATE_MS 可辅助计算真实阻塞时间。如果 INCLUDE_vTaskSuspend 设置成 1,并且阻塞时间设置成 portMAX_DELAY,将会引起任务无限阻塞(不会有超时)。

返回值:

如果投递成功则返回 pdTRUE,否则返回 errQUEUE_FULL。

6. 向队列头投递队列项

函数原型:

```
BaseType_t xQueueSendToFront(QueueHandle_t xQueue, const void * pvItemToQueue, TickType_t xTicksToWait);
```

功能:向队列头投递队列项。该项目是通过复制而不是引用入队的。不能从中断服务例程调用此函数。

参数描述:

xQueue——目标队列的句柄。

pvItemToQueue——指向要放置在队列中的项的指针。队列所包含的项的大小是在创建队列时定义的,因此这些字节将从 pvItemToQueue 复制到队列存储区域。

xTicksToWait——队列阻塞时间。要接收的项目队列为空时,允许的任务最大阻塞时间。如果设置该参数为 0,则表示即使队列为空也立即返回。阻塞时间的单位是系统节拍周期,宏 portTICK_RATE_MS 可辅助计算真实阻塞时间。如果 INCLUDE_vTaskSuspend 设置成 1,并且阻塞时间设置成 portMAX_DELAY,将会引起任务无限阻塞(不会有超时)。

返回值:

如果投递成功则返回 pdTRUE,否则返回 errQUEUE_FULL。

7. 从队列获取队列项

函数原型:

```
BaseType_t xQueueReceive(QueueHandle_t xQueue, void * pvBuffer, TickType_t xTicksToWait);
```

功能:从队列中读取一个队列项并把该队列项从队列中删除。读取队列项是以复制的形式,而不是以引用的形式完成的,因此必须提供足够大的缓冲区以便容纳队列项。不可以用在中断中。

参数描述:

xQueue——目标队列句柄。

pvBuffer——指向将接收到的项复制到其中的缓冲区的指针。

xTicksToWait——要接收的项目队列为空时,允许的任务最大阻塞时间。如果设置该参数为 0,则表示即使队列为空也立即返回。阻塞时间的单位是系统节拍周期,宏 portTICK_RATE_MS 可辅助计算真实阻塞时间。如果 INCLUDE_vTaskSuspend 设置成 1,并且阻塞时间设置成 portMAX_DELAY,将会引起任务无限阻塞(不会有超时)。

返回值:

如果获取成功则返回 pdTRUE,否则返回 errQUEUE_FULL。

8. 在中断中从队列获取队列项

函数原型:

```
BaseType_t xQueueReceiveFromISR (QueueHandle_t xQueue, void * pvBuffer, BaseType_t *
pxHigherPriorityTaskWoken);
```

功能:在中断中从队列中读取一个队列项并把该队列项从队列中删除。读取队列项是以复制的形式,而不是以引用的形式完成的,因此必须提供足够大的缓冲区以便容纳队列项。

参数描述:

xQueue——目标队列句柄。

pvBuffer——指向将接收到的项复制到其中的缓冲区的指针。

pxHigherPriorityTaskWoken——任务可能会被阻塞,等待队列中可用的空间。如果 xQueueReceiveFromISR,则导致这样的任务解除阻塞 * pxHigherPriorityTaskWoken 将被设置为 pdTRUE,否则 * pxHigherPriorityTaskWoken 将保持不变。在 FreeRTOS v7.3.0 中,pxHigherPriorityTaskWoken 是一个可选参数,可以设置为 NULL。

返回值:

如果获取成功则返回 pdTRUE,否则返回 errQUEUE_FULL。

6.1.2 开发步骤

(1) 在 main.c 中创建两个任务:任务 vTaskLED 完成 LED 闪烁、从队列获取队列项、打印信息功能;任务 vTaskKEY 完成按键检测和向队列投递队列项功能。

```
void vTaskKEY(void * pvParameters)
{
    while(1)
    {
        if(!KEY0_Read)
        {
            xQueueSend(Queue1,&KEY0_Num,0);              // 向队列投递队列项
            vTaskDelay(100/portTICK_PERIOD_MS);
        }
        if(!KEY1_Read)
        {
            xQueueSend(Queue1,&KEY1_Num,0);              // 向队列投递队列项
            vTaskDelay(100/portTICK_PERIOD_MS);
        }
    }
}

void vTaskLED(void * pvParameters)
{
    while(1)
    {
        xQueueReceive(Queue1,&Num,portMAX_DELAY);        // 从队列获取队列项
        if(Num != 0)
        {
            printf("Key %d is triggered\n",Num);
            Num = 0;
        }
        LED1_ON;
        LED2_ON;
```

```
        vTaskDelay(100/portTICK_PERIOD_MS);
        LED1_OFF;
        LED2_OFF;
        vTaskDelay(100/portTICK_PERIOD_MS);
    }
}
```

（2）定义任务创建函数，代码如下：

```
void Task_Cerate(void)
{
    xTaskCreate(vTaskLED,                           // 任务指针
                "vTaskLED",                         // 任务描述
                100,                                // 堆栈深度
                NULL,                               // 给任务传递的参数
                3,                                  // 任务优先级
                &TaskLED_Handle                     // 任务句柄
                );
    xTaskCreate(vTaskKEY,                           // 任务指针
                "vTaskKEY",                         // 任务描述
                100,                                // 堆栈深度
                NULL,                               // 给任务传递的参数
                2,                                  // 任务优先级
                &TaskKEY_Handle                     // 任务句柄
                );
}
```

（3）在 main() 函数中调用任务创建函数、队列创建函数和启动调度器函数，代码如下：

```
# include "FreeRTOS.h"
# include "task.h"
# include "queue.h"
# include "bsp_uart.h"
# include "bsp_tim.h"
# include "bsp_key.h"
# include "Bsp_Led.h"
# include "bsp_clock.h"

TaskHandle_t TaskKEY_Handle;                        // 定义任务句柄
TaskHandle_t TaskLED_Handle;                        // 定义任务句柄
QueueHandle_t Queue1;

uint8_t KEY0_Num = 1;
uint8_t KEY1_Num = 2;
uint8_t KEY2_Num = 3;
uint8_t Num = 0;
void vTaskLED(void * pvParameters);                 // 声明任务
void vTaskKEY(void * pvParameters);                 // 声明任务
void Task_Cerate(void);
void Queue_Create(void);

int main(void)
{
    CLOCLK_Init();
    LED_Init();
    KEY_Init();
    UART1_Init();
```

```
Queue_Create();
Task_Cerate();
vTaskStartScheduler();                            // 启动调度器函数
while(1);
}
```

(4) 在 main.c 中定义队列创建函数,代码如下:

```
void Queue_Create(void)
{
    Queue1 = xQueueCreatc(10,sizeof(uint8_t));   // 创建一个队列项为10、队列项大小为1字节的
                                                 // 队列
}
```

(5) 在 main.c 中定义中断处理公用函数,完成向队列投递队列项功能,代码如下:

```
/* 中断服务函数调用了 FreeRTOS 的 API 函数,所以此中断的优先级要小于 FreeRTOS 管理的优先级,按
键中断的优先级数要大于 5 */
void HAL_GPIO_EXTI_Callback(uint16_t GPIO_Pin)
{
    if(GPIO_Pin == GPIO_PIN_2)
        xQueueSendFromISR(Queue1,&KEY2_Num,NULL);     // 向队列投递队列项目
}
```

6.1.3 运行结果

下载程序,LED 灯不闪烁,按下 KEY0 键后向队列投递队列项。按下 KEY1 键后向队列投递队列项。按下 KEY2 键后向队列投递队列项。当队列不为空时,LED 闪烁并通过串口打印出当前触发的按键。

练习

(1) 简述什么是消息队列。
(2) 简述中断中向队列投递队列项的实现过程。

6.2 二进制信号量

通过学习本节内容,读者应掌握 FreeRTOS 二进制信号量的用法与原理。

6.2.1 开发原理

1. 信号量

信号量(semaphore)是 20 世纪 60 年代中期由 Edgser Dijkstra 发明的。使用信号量的最初目的是给共享资源建立一个标志,该标志表示该共享资源的被占用情况。FreeRTOS 的信号量有二进制信号量、计数信号量、互斥信号量、递归互斥信号量 4 种。二进制信号量用于互斥和同步目的。计数信号量用于事件管理和资源管理。互斥信号量用于共享资源单一访问。

2. 二进制信号量

二进制信号量既可以用于互斥功能,也可以用于同步功能。二进制信号量和互斥量非常相似,但是有一些细微差别:互斥量包含一个优先级继承机制,二进制信号量则没有这个机制。这使得二进制信号量更好地用于实现同步(任务间或任务和中断间),互斥量更好地用于

实现简单互斥。

信号量 API 函数允许指定一个阻塞时间。当任务企图获取一个无效信号量时,任务进入阻塞状态,阻塞时间用来确定任务进入阻塞的最大时间,阻塞时间单位为系统节拍周期时间。如果有多个任务阻塞在同一个信号量上,那么当信号量有效时,具有最高优先级别的任务最先解除阻塞。可以将二进制信号量看作只有一个项目(item)的队列,因此这个队列只能为空或满(因此称为二进制)。任务和中断使用队列无须关注谁控制队列,只需要知道队列是空还是满。利用这个机制可以在任务和中断之间进行同步。

3. 创建二进制信号量

函数原型:

```
SemaphoreHandle_t xSemaphoreCreateBinary(void);
```

功能:创建二进制信号量,并返回可以引用的信号量句柄。用户如果需要使用此函数需要将 FreeRTOSConfig. h 中的 configSUPPORT_DYNAMIC_ALLOCATION 宏定义为 1。使用此函数创建二进制信号量,所需的 RAM 将自动从 FreeRTOS 堆中分配。当信号量为空时,必须先用函数 xSemaphoreGive()给出信号量,才能用函数 xSemaphoreTake()获取到信号量。二进制信号量和互斥量非常相似,但有一些细微的区别:互斥信号量包含优先级继承机制,二进制信号量没有。二进制信号量在使用中,一般由一个任务获取信号量由另一个任务给出信号量。当低优先级任务拥有互斥量的时候,如果另一个高优先级任务也企图获取这个信号量,则低优先级任务的优先级会被临时提高,提高到和高优先级任务相同的优先级。这意味着必须释放互斥量,否则高优先级任务将不能获取这个互斥量,并且低优先级任务永远不会被剥夺所拥有的互斥量,这就是操作系统中的优先级翻转。

参数描述:

无。

返回值:

如果返回 NULL,则表示无法分配容纳信号量所需的 RAM 导致信号量创建失败。如果返回其他值,则表示信号量创建成功,这个返回值存储着信号量句柄。

4. 释放信号量

函数原型:

```
xSemaphoreGive(SemaphoreHandle_t xSemaphore);
```

功能:释放一个信号量。信号量必须是 API 函数 xSemaphoreCreateBinary( )、xSemaphoreCreateCounting()或 xSemaphoreCreateMutex() 创建的。必须使用 API 函数 xSemaphoreTake()获取这个信号量。这个函数绝不可以在中断服务例程中使用。

参数描述:

xSemaphore——目标信号量句柄。

返回值:

如果信号量释放成功则返回 pdTRUE,否则返回 pdFALSE。

5. 在中断中释放信号量

函数原型:

```
xSemaphoreGiveFromISR(SemaphoreHandle_t xSemaphore,signed BaseType_t * pxHigherPriorityTaskWoken);
```

功能:在中断中释放一个信号量。信号量必须是通过 API 函数 xSemaphoreCreateBinary( )

或 xSemaphoreCreateCounting()创建的。

参数描述:

xSemaphore——目标信号量句柄。

pxHigherPriorityTaskWoken——如果 * pxHigherPriorityTaskWoken 为 pdTRUE,则需要在中断退出前请求一次上下文切换。从 FreeRTOS v7.3.0 开始,该参数为可选参数,并可以设置为 NULL。

返回值:

如果释放信号量成功则返回 pdTRUE,否则返回 errQUEUE_FULL。

6. 获取信号量

函数原型:

```
xSemaphoreTake(SemaphoreHandle_t xSemaphore, TickType_t xTicksToWait);
```

功能:获取一个信号量。信号量必须是通过 API 函数 xSemaphoreCreateBinary()、xSemaphoreCreateCounting()或 xSemaphoreCreateMutex()预先创建过的。不用在中断服务程序中使用该函数。

参数描述:

xSemaphore——目标信号量的句柄。

xTicksToWait——信号量无效时,任务最多等待的时间,单位是系统节拍周期个数。使用宏 portTICK_PERIOD_MS 可以辅助将系统节拍个数转化为实际时间(以毫秒为单位)。如果设置为 0,则表示不设置等待时间。如果 INCLUDE_vTaskSuspend 设置为 1,并且参数 xTickToWait 为 portMAX_DELAY,则可以无限等待。

返回值:

如果成功获取到信号量则返回 pdTRUE,否则返回 pdFALSE。

6.2.2　开发步骤

(1) 在 main.c 中创建两个任务:任务 vTaskLED 完成 LED 闪烁、从队列获取信号量、打印信息功能;任务 vTaskKEY 完成按键检测和给出信号量功能。

```
void vTaskKEY(void * pvParameters)
{
    while(1)
    {
        if(!KEY0_Read)
        {
            xSemaphoreGive(xSemaphore);              // 释放信号量
            vTaskDelay(100/portTICK_PERIOD_MS);
        }
    }
}

void vTaskLED(void * pvParameters)
{
    while(1)
    {
        xSemaphoreTake(xSemaphore,portMAX_DELAY);    // 获取信号量
        printf("Obtained semaphore!\n");
```

5

```
        LED1_ON;
        LED2_ON;
        vTaskDelay(100/portTICK_PERIOD_MS);
        LED1_OFF;
        LED2_OFF;
        vTaskDelay(100/portTICK_PERIOD_MS);
    }
}
```

（2）定义任务创建函数，代码如下：

```
void Task_Cerate(void)
{
    xTaskCreate(vTaskLED,                    // 任务指针
                "vTaskLED",                  // 任务描述
                100,                         // 堆栈深度
                NULL,                        // 给任务传递的参数
                3,                           // 任务优先级
                &TaskLED_Handle              // 任务句柄
                );
    xTaskCreate(vTaskKEY,                    // 任务指针
                "vTaskKEY",                  // 任务描述
                100,                         // 堆栈深度
                NULL,                        // 给任务传递的参数
                2,                           // 任务优先级
                &TaskKEY_Handle              // 任务句柄
                );
}
```

（3）在 main()函数中调用任务创建函数、信号量创建函数和启动调度器函数，代码如下：

```
# include "FreeRTOS.h"
# include "task.h"
# include "semphr.h"                        // 引用信号量头文件
# include "bsp_uart.h"
# include "bsp_tim.h"
# include "bsp_key.h"
# include "Bsp_Led.h"
# include "bsp_clock.h"

TaskHandle_t TaskKEY_Handle;                 // 定义任务句柄
TaskHandle_t TaskLED_Handle;                 // 定义任务句柄
SemaphoreHandle_t xSemaphore;                // 定义变量接收创建信号量时返回的句柄

void vTaskLED(void * pvParameters);          // 声明任务
void vTaskKEY(void * pvParameters);          // 声明任务
void Task_Cerate(void);
void Semaphore_Create(void);                 // 信号量创建函数声明

int main(void)
{
    CLOCLK_Init();
    LED_Init();
    KEY_Init();
    UART1_Init();
    Semaphore_Create();
    Task_Cerate();
```

```
        vTaskStartScheduler();                          // 启动调度器函数
        while(1);
}
```

（4）在 main.c 中定义信号量创建函数,代码如下:

```
void Semaphore_Create(void)
{
        xSemaphore = xSemaphoreCreateBinary();          // 创建二进制信号量
}
```

在 main.c 中定义中断处理公用函数,完成向队列投递队列项功能,代码如下:

```
/* 中断服务函数里调用了 FreeRTOS 的 API 函数,所以此中断的优先级要小于 FreeRTOS 管理的优先级,
按键中断的优先级数要大于 5 */
void HAL_GPIO_EXTI_Callback(uint16_t GPIO_Pin)
{
        if(GPIO_Pin == GPIO_PIN_2)
            xSemaphoreGiveFromISR(xSemaphore,NULL);     // 中断中释放信号量
}
```

6.2.3　运行结果

下载程序,LED 灯不闪烁,按下 KEY0 键后释放信号量。按下 KEY2 键后从中断中释放信号量。当信号量不为空时,LED 闪烁并通过串口打印信息。

练习

（1）如何创建二进制信号量?
（2）简述释放信号和释放中断信号量的异同。

视频

6.3　计数信号量

通过学习本节内容,读者应掌握 FreeRTOS 计数信号量的用法与原理。

6.3.1　开发原理

正如二进制信号量可以被看作长度为 1 的队列一样,计数信号量可以被认为是长度大于 1 的队列。计数信号量常用于事件计数和资源管理中,事件计数是指在这种应用场合,每当事件发生,事件处理程序会"产生"一个信号量(信号量计数值会递增),每当处理任务处理事件,会取走一个信号量(信号量计数值会递减)。因此,事件发生或者事件被处理后,计数值是会变化的。资源管理是指在这种应用场合下,计数值表示有效资源的数目。为了获得资源,任务首先要获得一个数据——递减信号量计数值。当计数值为 0 时,表示没有可用的资源。当占有资源的任务完成,它会释放这个资源,相应的信号量计数值会增 1。计数值达到初始值(最大值)表示所有资源都可用。

创建计数信号量

函数原型:

```
SemaphoreHandle_t xSemaphoreCreateCounting(UBaseType_t uxMaxCount,UBaseType_t uxInitialCount);
```

功能:创建计数信号量,并返回可以引用的信号量句柄。用户如果需要使用此函数需要

将 FreeRTOSConfig. h 中的 configSUPPORT_DYNAMIC_ALLOCATION 和 configUSE_
COUNTING_SEMAPHORES 宏定义为 1。使用此函数创建计数信号量,所需的 RAM 将自
动从 FreeRTOS 堆中分配。

参数描述:

uxMaxCount——最大计数值,当信号到达这个值后,就不再增长了。

uxInitialCount——创建信号量时的初始值。

返回值:

如果返回 NULL,则表示无法分配容纳信号量所需的 RAM 导致信号量创建失败。如果
返回其他值,则表示信号量创建成功,这个返回值存储着信号量句柄。

6.3.2　开发步骤

(1) 在 main. c 中创建两个任务:任务 vTaskLED 完成 LED 闪烁、从队列获取信号量、打
印信息功能,任务 vTaskKEY 完成按键检测和给出信号量功能。

```c
void vTaskKEY(void * pvParameters)
{
    while(1)
    {
        if(!KEY0_Read)
        {
            xSemaphoreGive(xSemaphore);              // 释放信号量
            vTaskDelay(100/portTICK_PERIOD_MS);
        }
    }
}


void vTaskLED(void * pvParameters)
{
    while(1)
    {
        xSemaphoreTake(xSemaphore,portMAX_DELAY);   // 获取信号量
        printf("Obtained semaphore!\n");
        LED1_ON;
        LED2_ON;
        vTaskDelay(100/portTICK_PERIOD_MS);
        LED1_OFF;
        LED2_OFF;
        vTaskDelay(100/portTICK_PERIOD_MS);
    }
}
```

(2) 定义任务创建函数,代码如下:

```c
void Task_Cerate(void)
{
    xTaskCreate(vTaskLED,                        // 任务指针
                "vTaskLED",                      // 任务描述
                100,                             // 堆栈深度
                NULL,                            // 给任务传递的参数
                3,                               // 任务优先级
                &TaskLED_Handle                  // 任务句柄
                );
```

```
xTaskCreate(vTaskKEY,                        // 任务指针
            "vTaskKEY",                      // 任务描述
            100,                             // 堆栈深度
            NULL,                            // 给任务传递的参数
            2,                               // 任务优先级
            &TaskKEY_Handle                  // 任务句柄
            );
}
```

（3）在 main()函数中调用任务创建函数、信号量创建函数，调用启动调度器函数，代码如下：

```
# include "FreeRTOS.h"
# include "task.h"
# include "semphr.h"                    // 引用信号量头文件
# include "bsp_uart.h"
# include "bsp_tim.h"
# include "bsp_key.h"
# include "Bsp_Led.h"
# include "bsp_clock.h"

TaskHandle_t TaskKEY_Handle;            // 定义任务句柄
TaskHandle_t TaskLED_Handle;            // 定义任务句柄
SemaphoreHandle_t xSemaphore;           // 定义变量接收创建信号量时返回的句柄

void vTaskLED(void * pvParameters);     // 声明任务
void vTaskKEY(void * pvParameters);     // 声明任务
void Task_Cerate(void);
void Semaphore_Create(void);            // 信号量创建函数声明

int main(void)
{
    CLOCLK_Init();
    LED_Init();
    KEY_Init();
    UART1_Init();
    Semaphore_Create();
    Task_Cerate();
    vTaskStartScheduler();              // 启动调度器函数
    while(1);
}
```

（4）在 main.c 中定义信号量创建函数，代码如下：

```
void Semaphore_Create(void)
{
    xSemaphore = xSemaphoreCreateCounting(1,0);    // 创建信号量
}
```

（5）在 main.c 中定义中断处理公用函数，完成向队列投递队列项功能，代码如下：

```
void HAL_GPIO_EXTI_Callback(uint16_t GPIO_Pin)
{
    if(GPIO_Pin == GPIO_PIN_2)
        xSemaphoreGiveFromISR(xSemaphore,NULL);    // 中断中释放信号量
}
```

6.3.3　运行结果

下载程序,LED 灯不闪烁,按下 KEY0 键后释放信号量。按下 KEY2 键后从中断中释放信号量。当信号量不为空时,LED 闪烁并通过串口打印信息。用计数信号量实现二进制信号量。

练习

(1) 简述计数信号量运行原理。

(2) 如何创建计数信号量?

6.4　互斥信号量

通过学习本节内容,读者应掌握 FreeRTOS 互斥信号量的用法与原理。

6.4.1　开发原理

互斥信号量主要用于对资源实现互斥访问,二进制信号量也可以实现此功能,但二者有区别。互斥量具有优先级继承机制,二进制信号量没有这个机制。这使得二进制信号量更适合用于同步(任务之间或者任务和中断之间),互斥信号量更适合互锁。一旦获得二进制信号量后就不需要恢复,任务或中断将不断地产生信号,而另一个任务不断地取走这个信号,通过这样的方式来实现同步。低优先级任务拥有互斥信号量的时候,如果另一个高优先级任务也企图获取这个信号量,则低优先级任务的优先级会被临时提高,提高到和高优先级任务相同的优先级。这意味着必须释放互斥信号量,否则高优先级任务将不能获取这个互斥信号量,并且低优先级任务也永远不会被剥夺所拥有的互斥信号量,这就是操作系统中的优先级翻转。

创建互斥信号量

函数原型:

SemaphoreHandle_t xSemaphoreCreateMutex(void);

功能:创建互斥信号量,并返回可以引用的信号量句柄。用户如果需要使用此函数需要将 FreeRTOSConfig.h 中的 configSUPPORT_DYNAMIC_ALLOCATION 和 configUSE_MUTEXES 宏定义为 1。使用此函数创建互斥信号量,所需的 RAM 将自动从 FreeRTOS 堆中分配。此函数创建的信号量不可以使用在中断中,也不可以用 xSemaphoreTakeRecursive() 和 xSemaphoreGiveRecursive()访问。

参数描述:

无。

返回值:

如果返回 NULL,则表示无法分配容纳信号量所需的 RAM 导致信号量创建失败。如果返回其他值,则表示信号量创建成功,这个返回值储存着信号量句柄。互斥信号量和二进制信号量都是 SemaphoreHandle_t 类型,并且可以用于任何具有这类参数的 API 函数中。

6.4.2　开发步骤

(1) 在 main.c 中创建两个任务:任务 vTaskMsgPro1 完成 LED 闪烁、从队列获取信号量、打印信息功能,任务 vTaskMsgPro2 完成 LED 闪烁、从队列获取信号量、打印信息功能。

```
void vTaskMsgPro2(void * pvParameters)
{
    while(1)
    {
        xSemaphoreTake(xSemaphore,portMAX_DELAY);    // 获取信号量
        printf("The TaskMsgPro2 is running!\n");
        LED1_Toggle;
        xSemaphoreGive(xSemaphore);
        vTaskDelay(100/portTICK_PERIOD_MS);
    }
}

void vTaskMsgPro1(void * pvParameters)
{
    while(1)
    {
        xSemaphoreTake(xSemaphore,portMAX_DELAY);    // 获取信号量
        printf("The TaskMsgPro1 is running!\n");
        LED2_Toggle;
        xSemaphoreGive(xSemaphore);
        vTaskDelay(100/portTICK_PERIOD_MS);
    }
}
```

(2) 定义任务创建函数,代码如下:

```
void Task_Cerate(void)
{
    xTaskCreate(vTaskMsgPro1,                    // 任务指针
                "TaskMsgPro1",                   // 任务描述
                100,                             // 堆栈深度
                NULL,                            // 给任务传递的参数
                3,                               // 任务优先级
                &TaskMsgPro1_Handle              // 任务句柄
                );
    xTaskCreate(vTaskMsgPro2,                    // 任务指针
                "TaskMsgPro2",                   // 任务描述
                100,                             // 堆栈深度
                NULL,                            // 给任务传递的参数
                2,                               // 任务优先级
                &TaskMsgPro2_Handle              // 任务句柄
                );
}
```

(3) 在 main()函数中调用任务创建函数、信号量创建函数和启动调度器函数,代码如下:

```
# include "FreeRTOS.h"
# include "task.h"
# include "semphr.h"                            // 引用信号量头文件
# include "bsp_uart.h"
# include "bsp_tim.h"
# include "Bsp_Led.h"
# include "bsp_clock.h"
```

```
TaskHandle_t TaskKEY_Handle;                        // 定义任务句柄
TaskHandle_t TaskLED_Handle;                        // 定义任务句柄
SemaphoreHandle_t xSemaphore;                        // 定义变量接收创建信号量时返回的句柄

void vTaskLED(void * pvParameters);                 // 声明任务
void vTaskKEY(void * pvParameters);                 // 声明任务
void Task_Cerate(void);
void Semaphore_Create(void);                         // 信号量创建函数声明

int main(void)
{
    CLOCLK_Init();
    LED_Init();
    UART1_Init();
    Semaphore_Create();
    Task_Cerate();
    vTaskStartScheduler();                          // 启动调度器函数
    while(1);
}
```

（4）在 main.c 中定义信号量创建函数，代码如下：

```
void Semaphore_Create(void)
{
    xSemaphore = xSemaphoreCreateMutex();           // 创建信号量
}
```

6.4.3　运行结果

下载程序，通过串口打印出任务运行情况，两个任务共同访问打印资源，通过互斥信号量完成互斥功能。

练习

（1）如何创建互斥信号量？
（2）简述互斥信号量的应用。

6.5　递归互斥信号量

视频

通过学习本节内容，读者应掌握 FreeRTOS 递归互斥信号量的用法与原理。

6.5.1　开发原理

用户可以反复使用递归互斥信号量。除非所有者对每个成功的 xSemaphoreTakeRecursive() 请求调用了 xSemaphoreGiveRecursive()，否则互斥体不会再次可用。这种类型的信号量使用优先级继承机制，因此"接收"信号量的任务必须总是在不再需要的信号量之后"给"回信号量。递归互斥信号量不可以在中断中使用。

1. 创建递归互斥信号量
函数原型：

```
SemaphoreHandle_t xSemaphoreCreateRecursiveMutex(void);
```

功能：创建递归互斥信号量，并返回可以引用的信号量句柄。用户如果需要使用此函数需要将 FreeRTOSConfig. h 中的 configSUPPORT _ DYNAMIC _ ALLOCATION 和 configUSE_RECURSIVE_MUTEXES 宏定义为1。使用此函数创建信号量，所需的 RAM 将自动从 FreeRTOS 堆中分配。递归互斥被使用函数 xSemaphoreTakeRecursive()获取信号量，使用函数 xSemaphoreGiveRecursive()释放信号量，不能使用 xSemaphoreTake() 和 xSemaphoreGive()。与非递归互斥信号量相反，任务可以多次获取递归互斥信号量，而递归互斥信号量只有在保持任务指定互斥对象的次数之后才会被释放。此函数创建的信号量不可以使用在中断中。与非递归互斥信号量一样，递归互斥信号量实现了优先级继承算法。如果另一个优先级较高的任务试图获得同一信号量，则已经获取信号量的任务的优先级将被临时提高，拥有互斥锁的任务被提高到与高优先级任务相同的优先级。这意味着互斥信号量必须总是释放，否则优先级较高的任务将永远无法获得信号量，而优先级较低的任务将一直获取互斥信号量。

参数描述：

无。

返回值：

如果返回 NULL，则表示无法分配容纳信号量所需的 RAM 导致信号量创建失败。如果返回其他值，则表示信号量创建成功，这个返回值存储着信号量句柄。

2. 获取递归互斥信号量

函数原型：

```
SemaphoreHandle_t xSemaphoreTakeRecursive(SemaphoreHandle_t xMutex,TickType_t xTicksToWait);
```

功能：获取递归互斥信号量。互斥信号量必须是函数 xSemaphoreCreateRecursiveMutex() 的调用来创建的。用户如果需要使用此函数需要将 FreeRTOSConfig. h 中的 configUSE_ RECURSIVE_MUTEXES 宏定义为1。在所有者为每个获取成功的请求之前调用函数 xSemaphoreGiveRecursive()，互斥锁不再可用。

参数描述：

xMutex——目标递归互斥信号量的句柄。

xTicksToWait——信号量无效时，任务最多等待的时间，单位是系统节拍周期个数。使用宏 portTICK_PERIOD_MS 可以辅助将系统节拍个数转化为实际时间(以毫秒为单位)。如果设置为 0，则表示不是设置等待时间。如果 INCLUDE_vTaskSuspend 设置为 1，并且参数 xTickToWait 为 portMAX_DELAY，则可以无限等待。

返回值：

如果获取成功则返回 pdTRUE，如果等待超时则返回 pdFALSE。

3. 释放递归互斥信号量

函数原型：

```
SemaphoreHandle_t xSemaphoreGiveRecursive(SemaphoreHandle_t xMutex);
```

功能：释放递归互斥信号量。信号量必须是函数 xSemaphoreCreateRecursiveMutex()的调用来创建的。用户如果需要使用此函数需要将 FreeRTOSConfig. h 中的 configUSE_ RECURSIVE_MUTEXES 宏定义为1。用户可以反复使用递归使用的互斥对象。在所有者为每个获取成功的请求之前调用此函数，互斥锁不再可用。

参数描述：

xMutex——目标递归互斥信号量的句柄。

返回值：

如果成功地返回信号量，则返回 pdTRUE。

6.5.2　开发步骤

（1）在 main.c 中创建两个任务：任务 vTaskMsgPro1 完成 LED 闪烁、从队列获取信号量、打印信息功能；任务 vTaskMsgPro2 完成 LED 闪烁、从队列获取信号量、打印信息功能。

```
void vTaskMsgPro2(void * pvParameters)
{
    while(1)
    {
        xSemaphoreTakeRecursive(xSemaphore,portMAX_DELAY);            // 获取信号量
        {
            printf("Task vTask MsgPro2 is running. Layer 1 is protected. Users can add protected
resources here\r\n");
            xSemaphoreTakeRecursive(xSemaphore,portMAX_DELAY);        // 获取信号量
            {
                printf("Task vTask MsgPro2 is running. Layer 2 is protected. Users can add
protected resources here\r\n");
                xSemaphoreTakeRecursive(xSemaphore,portMAX_DELAY);   // 获取信号量
                {
                    printf("Task vTask MsgPro2 is running. Layer 3 is protected. Users can add
protected resources here\r\n\r\n");
                    LED2_Toggle;
                }
                xSemaphoreGiveRecursive(xSemaphore);                 // 释放信号量
            }
            xSemaphoreGiveRecursive(xSemaphore);                     // 释放信号量
        }
        xSemaphoreGiveRecursive(xSemaphore);                         // 释放信号量
        vTaskDelay(300/portTICK_PERIOD_MS);
    }
}

void vTaskMsgPro1(void * pvParameters)
{
    while(1)
    {
        xSemaphoreTakeRecursive(xSemaphore,portMAX_DELAY);            // 获取信号量
        {
            printf("Task vTask MsgPro1 is running. Layer 1 is protected. Users can add protected
resources here\r\n");
            xSemaphoreTakeRecursive(xSemaphore,portMAX_DELAY);        // 获取信号量
            {
                printf("Task vTask MsgPro1 is running. Layer 2 is protected. Users can add
protected resources here\r\n");
                xSemaphoreTakeRecursive(xSemaphore,portMAX_DELAY);   // 获取信号量
                {
                    printf("Task vTask MsgPro1 is running. Layer 3 is protected. Users can add
protected resources here\r\n");
                    LED2_Toggle;
```

```
                    }
                    xSemaphoreGiveRecursive(xSemaphore);              // 释放信号量
                }
                xSemaphoreGiveRecursive(xSemaphore);                  // 释放信号量
            }
            xSemaphoreGiveRecursive(xSemaphore);                      // 释放信号量
            vTaskDelay(300/portTICK_PERIOD_MS);
        }
    }
```

(2) 定义任务创建函数,代码如下:

```
void Task_Cerate(void)
{
    xTaskCreate(vTaskMsgPro1,               // 任务指针
                "TaskMsgPro1",              // 任务描述
                100,                        // 堆栈深度
                NULL,                       // 给任务传递的参数
                3,                          // 任务优先级
                &TaskMsgPro1_Handle         // 任务句柄
                );
    xTaskCreate(vTaskMsgPro2,               // 任务指针
                "TaskMsgPro2",              // 任务描述
                100,                        // 堆栈深度
                NULL,                       // 给任务传递的参数
                2,                          // 任务优先级
                &TaskMsgPro2_Handle         // 任务句柄
                );
}
```

(3) 在 main()函数中调用任务创建函数、信号量创建函数和启动调度器函数,代码如下:

```
# include "FreeRTOS.h"
# include "task.h"
# include "semphr.h"                        // 引用信号量头文件
# include "bsp_uart.h"
# include "bsp_tim.h"
# include "Bsp_Led.h"
# include "bsp_clock.h"


TaskHandle_t TaskKEY_Handle;                // 定义任务句柄
TaskHandle_t TaskLED_Handle;                // 定义任务句柄
SemaphoreHandle_t xSemaphore;               // 定义变量接收创建信号量时返回的句柄

void vTaskLED(void * pvParameters);         // 声明任务
void vTaskKEY(void * pvParameters);         // 声明任务
void Task_Cerate(void);
void Semaphore_Create(void);                // 信号量创建函数声明

int main(void)
{
    CLOCLK_Init();
    LED_Init();
    UART1_Init();
    Semaphore_Create();
    Task_Cerate();
```

```
vTaskStartScheduler();                          // 启动调度器函数
while(1);
}
```

（4）在 main.c 中定义信号量创建函数，代码如下：

```
void Semaphore_Create(void)
{
    xSemaphore = xSemaphoreCreateRecursiveMutex();  // 创建信号量
}
```

6.5.3 运行结果

下载程序，通过串口打印出任务运行情况，两个任务共同访问打印资源，通过递归互斥信号量完成互斥功能。

练习

（1）如何创建、获取以及释放递归互斥量？
（2）简述互斥信号量的应用。

6.6 任务通知

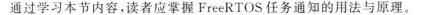

视频

通过学习本节内容，读者应掌握 FreeRTOS 任务通知的用法与原理。

6.6.1 开发原理

FreeRTOS 每个已经创建的任务都有一个任务控制块（task control block）。任务控制块就是一个结构体变量，用于记录任务的相关信息。结构体变量中有一个专门用于任务通知的 32 位的变量成员 ulNotifiedValue。

通过任务通知方式可以实现计数信号量、二进制信号量、事件标志组和消息邮箱（消息邮箱就是消息队列长度为 1 的情况）。以任务通知方式实现的计数信号量、二进制信号量、事件标志组和消息邮箱是通过修改变量 ulNotifiedValue 实现的，设置接收任务控制块中的变量 ulNotifiedValue 可以实现消息邮箱。如果接收任务控制块中的变量 ulNotifiedValue 还没有被其接收到，则可以用新数据覆盖原有数据，这就是覆盖方式的消息邮箱。设置接收任务控制块中的变量 ulNotifiedValue 的 bit0～bit31 可以实现事件标志组。设置接收任务控制块中的变量 ulNotifiedValue 数值进行加 1 或者减 1 操作可以实现计数信号量和二进制信号量。根据官方的测试数据，唤醒由信号量和事件标志组而处于阻塞态的任务，速度提升了 45%，而且这种方式需要的 RAM 空间更小。但以这种方式实现信号量和事件标志组也有它的局限性，主要表现在两个方面：任务通知方式仅可以用在只有一个任务等待信号量、消息邮箱或者事件标志组的情况，实际项目中这种情况也是最多的。使用任务通知方式实现的消息邮箱替代消息队列时，发送消息的任务不支持超时等待，即消息队列中的数据已经满了，需要等待消息队列有空间才可存入新的数据，而任务通知方式实现的消息邮箱不支持超时等待。

1. 任务二进制信号量

我们对二进制信号量已经有了了解，二进制信号量只有 0 和 1 两种数值。任务二进制信号量与二进制信号量要实现的功能是一样的，不同的是调用的函数和使用的计数变量，任务二进制信号量是通过任务控制块中的一个 32 位变量 ulNotifiedValue 实现计数的。二进制信号量创建后会有自己的计数变量。任务二进制信号量通过函数 ulTaskNotifyTake() 替代函数 xSemaphoreTake() 实现资源获取,即对二进制信号量数值进行清零操作。任务二进制信号量通过函数 xTaskNotifyGive() 和 vTaskNotifyGiveFromISR() 替代函数 xSemaphoreGive() 和 xSemaphoreGiveFromISR() 实现资源释放,即对二进制信号量的数值进行加 1 操作。多次调用函数 xTaskNotifyGive() 难免会出现计数值大于 1 的情况,用作任务二进制信号量时,可以将所有大于 1 的计数理解为一种情况,即二进制信号量管理的资源可用。因此,不管当前的计数是多少,大于 0 的计数在通过函数 ulTaskNotifyTake() 获取二进制信号量的时候统一清零,这样就实现了二进制信号量的功能。

2. 任务计数信号量

我们对计数信号量已经有了了解,计数信号量就是对一个变量进行计数,变量的范围是从 0 到用户创建计数信号量时所设置的大小。当计数变量大于 0 的时候计数信号量管理的资源才可以使用,计数变量的具体数值就是可用的资源大小。任务计数信号量与计数信号量要实现的功能是一样的,不同的是调用的函数和使用的计数变量,任务计数信号量是通过任务控制块中的一个 32 位变量 ulNotifiedValue 实现计数的。计数信号量创建后会有自己的计数变量。任务计数信号量是通过函数 ulTaskNotifyTake() 替代函数 xSemaphoreTake() 实现资源获取,即对计数信号量数值进行减 1 操作。任务计数信号量是通过函数 xTaskNotifyGive() 和 vTaskNotifyGiveFromISR() 替代函数 xSemaphoreGive() 和 xSemaphoreGiveFromISR() 实现资源释放,即对计数信号量的数值进行加 1 操作。

3. 任务事件标志组

我们对事件标志组已经有了了解。任务事件标志组与事件标志组要实现的功能是一样的,不同的是调用的函数和支持的事件标志个数,任务事件标志组支持 32 个事件标志设置,而事件标志组支持 24 个事件标志设置。任务事件标志组的事件标志位是通过任务控制块中的一个 32 位变量 ulNotifiedValue 实现的。事件标志组创建后会有自己可以设置的事件标志位。任务事件标志组通过函数 xTaskNotifyWait() 替代函数 xEventGroupWaitBits() 实现等待事件标志位的设置。任务事件标志组通过函数 xTaskNotify() 和 xTaskNotifyFromISR() 替代函数 xEventGroupSetBits() 和 xEventGroupSetBitsFromISR() 实现对事件标志位的设置。函数 xEventGroupSetBitsFromISR() 是通过给 Daemon 任务(定时器任务)发消息,在定时器任务中执行实际的操作,而函数 xTaskNotifyFromISR() 是直接在中断服务程序里面执行操作,效率要高很多。

4. 任务消息邮箱

我们对消息队列已经有了了解,而消息邮箱就是将消息队列的长度设置为 1 的情况。任务消息邮箱与消息队列长度是 1 时要实现的功能是一样的,不同的是调用的函数和消息存储的位置:任务消息邮箱是通过任务控制块中的一个 32 位变量 ulNotifiedValue 对数据进行存取的,消息队列创建后会有自己可以存取数据的空间。任务消息邮箱通过函数 xTaskNotifyWait() 替代函数 xQueueReceive() 实现从消息邮箱获取数据。任务消息邮箱通过函数 xTaskNotify() 和 xQueueSendFromISR() 替代函数 xQueueSend() 和 xEventGroupSetBitsFromISR() 实现向消息邮箱存入数据。任务消息邮箱通过函数 xTaskNotify() 向消息邮箱中发送数据时,如果消息邮箱中上次的数据还没有处理,不支持超时等待,而消息队列的函数 xQueueSend() 是支持超时等待的。

5．发送任务通知（模拟信号量）

函数原型：

`BaseType_t xTaskNotifyGive(TaskHandle_t xTaskToNotify);`

功能：发送任务通知。每个 RTOS 任务都有一个 32 位的通知值，在创建 RTOS 任务时将其初始化为零。RTOS 任务通知是一个直接发送给任务的事件，它可以解除接收任务的阻塞，并可选择更新接收任务的通知值。xTaskNotifyGive()是一个宏定义，任务通知值作为二进制或计数信号量选项时使用函数 xTaskNotifyGive()释放信号量。当任务通知值被用作二进制或计数信号量时，被通知的任务应该使用函数 ulTaskNotifyTake()而不是函数 xTaskNotifyWait()等待通知。此函数不可以用于中断中。

参数描述：

xTaskToNotify：通知目标任务的句柄，并使其通知值增加。要获得任务的句柄，使用 xTaskCreate()创建任务是使用的参数 pxCreatedTask，或者使用 xTaskCreateStatic()创建任务并存储返回的值，或者在调用 xTaskGetHandle()时使用任务的名称。当前执行的任务的句柄由函数 xTaskGetCurrentTaskHandle()返回。

返回值：

xTaskNotifyGive()是一个宏定义，它调用 xTaskNotify()，将 eAction 参数设置为 eIncrement，如果失败，则返回 pdPASS。

6．中断中发送任务通知（模拟信号量）

函数原型：

`void vTaskNotifyGiveFromISR(TaskHandle_t xTaskToNotify,BaseType_t * pxHigherPriorityTaskWoken);`

功能：从中断中发送任务通知。可以从中断服务（ISR）中调用的 xTaskNotifyGive()函数。每个 RTOS 任务都有一个 32 位的通知值，在创建 RTOS 任务时将其初始化为零。RTOS 任务通知是直接发送给任务的事件，该事件可以解除接收任务的阻塞，并可选择更新接收任务的通知值。vTaskNotifyGiveFromISR()是一个函数，当任务通知值作为二进制信号量或计数信号量替代选项时，使用函数 vTaskNotifyGiveFromISR()从中断中释放信号量。FreeRTOS 信号量是使用函数 xSemaphoreGiveFromISR()从中断中提供的，vTaskNotifyGiveFromISR()相当于使用接收 RTOS 任务的通知值。不可以在任务中调用。

参数描述：

xTaskToNotify——通知目标任务的句柄。

pxHigherPriorityTaskWoken——必须将 pxHigherPriorityTaskWoken 初始化为 0。如果发送通知导致任务解除阻塞，则 vTaskNotifyGiveFromISR()将 * pxHigherPriorityTaskWoken 设置为 pdTRUE，并且未阻塞任务的优先级高于当前正在运行的任务。如果 vTaskNotifyGiveFromISR()将此值设置为 pdTRUE，则应该在中断退出之前请求上下文切换。pxHigherPriorityTaskWoken 是一个可选参数，可以设置为 NULL。

7．获取任务通知（模拟信号量）

函数原型：

`uint32_t ulTaskNotifyTake(BaseType_t xClearCountOnExit,TickType_t xTicksToWait);`

功能：获取任务通知。每个 RTOS 任务都有一个 32 位的通知值，在创建任务时将其初始化为 0。任务通知是一个直接发送给任务的事件，它可以解除接收任务的阻塞，并可选择更新接收任务的通知值。任务通知作为二进制信号量或计数信号量替代方案时使用函数ulTaskNotifyTake()获取信号量。FreeRTOS信号量是使用函数xSemaphoreTake()获取信号量的,ulTaskNotifyTake()获取任务通知相当于获取信号量。当任务通知值作为二进制信号量或计数信号量时,其他任务和中断应使用xTaskNotifyGive()宏或xTaskNotify()函数将该函数的eAction参数设置为ecrement(两者等效)发送通知它。ulTaskNotifyTake()可以在退出时将任务的通知值清除为0,在这种情况下,通知值充当二进制信号量,或者在退出时减少任务的通知值。在这种情况下,通知值更像是计数信号量。任务可以使用ulTaskNotifyTake()获取任务通知,阻塞任务,直到通知值为非0。任务处于阻塞状态时不会占用任何CPU时间。其中,当通知挂起时,xTaskNotifyWait()将返回,当任务的通知值不是0时,ulTaskNotifyTake()将返回,在任务返回之前减少或清空任务的通知值。

参数描述:

xClearCountOnExit——如果接收到任务通知并将xClearCountOnExit设置为pdFALSE,则在ulTaskNotifyTake()退出之前,任务的通知值将减少。这相当于通过成功调用xSemaphoreTake()减少计数信号量的值。如果接收到任务通知,并将xClearCountOnExit设置为pdTRUE,则在ulTaskNotifyTake()退出之前将RTOS任务的通知值重置为0。这相当于在成功调用xSemaphoreTake()之后,二进制信号量清零。

xTicksToWait——在调用ulTaskNotifyTake()时,如果尚未挂起通知,则在阻塞状态下等待接收通知的最长时间。当RTOS任务处于阻塞状态时,它不会占用任何CPU时间。时间是在实时操作系统刻度周期中指定的。pdMS_TO_TICKS()宏定义可用于将指定的时间(以毫秒为单位)转换为以滴答为单位的时间。

返回值:

任务的通知值在减少或清除之前的值。

8. 发送任务通知

函数原型:

```
BaseType_t xTaskNotify( TaskHandle_t xTaskToNotify,uint32_t ulValue,eNotifyAction eAction );
```

功能:发送任务通知。每个实时操作系统任务都有一个32位的通知值。通知值在创建任务时将其初始化为0。xTaskNotify()用于直接向任务发送事件,并可能解RTOS任务的阻塞,可选择将32位数字写入通知值、添加一个通知值(增量)、在通知值中设置一个或多个位、保持通知值不变4种方式更新接收任务的通知值。不能从中断中调用此函数。

参数描述:

xTaskToNotify——通知目标任务的句柄。

ulValue——用于更新目标任务的通知值。

eAction——设置任务通知模式,有以下5个选项:

(1) eNoAction用于接收此消息的任务,其任务控制块中的变量ulNotifiedValue没有变化,即函数xTaskNotify()第2个参数ulValue没有用上。

(2) eSetBits用于接收此消息的任务,其任务控制块中的变量ulNotifiedValue与函数xTaskNotify()第2个参数ulValue实现或操作,例如ulValue=0x01,那么变量的ulNotifiedValue的bit0=1,ulValue=0x08,变量的ulNotifiedValue的bit3=1,通过这种方式就实现了任务事件标志组。

(3) eIncrement用于接收此消息的任务,其任务控制块中的变量ulNotifiedValue实现加

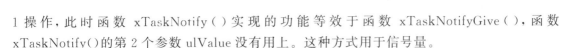

1 操作,此时函数 xTaskNotify( )实现的功能等效于函数 xTaskNotifyGive( ),函数 xTaskNotify( )的第 2 个参数 ulValue 没有用上。这种方式用于信号量。

(4) eSetValueWithOverwrite 用于接收此消息的任务,其任务控制块中的变量 ulNotifiedValue 被设置为函数 xTaskNotify( )第 2 个参数 ulValue 的数值,即使等待此消息的任务还没有收到上一次的数值,即数值被覆盖了。这种方式用于消息邮箱,相当于消息队列覆盖方式函数 xQueueOverwrite( )。

(5) eSetValueWithoutOverwrite 用于接收此消息的任务,其任务控制块中的变量 ulNotifiedValue 已经被更新,但由于接收此消息的任务还处于阻塞态等待此消息,那么变量 ulNotifiedValue 不可以被更新为函数 xTaskNotify( )第 2 个参数 ulValue 的数值,此时函数 xTaskNotify( )会返回 pdFALSE。如果接收此消息的任务,其任务控制块中的变量 ulNotifiedValue 还没有被更新,那么变量 ulNotifiedValue 会被设置为 xTaskNotify( )第 2 个参数 ulValue 的数值。这种方式用于消息邮箱,相当于消息队列长度为 1 时调用函数 xQueueSend( )。

返回值:

根据上面第 3 个参数的说明,将其设置为 eSetValueWithoutOverwrite,有可能返回 pdFALSE,其余所有情况都返回值 pdPASS。

9. 在中断中发送任务通知

函数原型:

```
BaseType_t xTaskNotifyFromISR (TaskHandle_t xTaskToNotify, uint32_t ulValue, eNotifyAction
eAction, BaseType_t * pxHigherPriorityTaskWoken);
```

功能:在中断中发送任务通知。xTaskNotify( )的中断版本。每个实时操作系统任务都有一个 32 位通知值。通知值在创建任务时将其初始化为 0。xTaskNotify( )用于直接向任务发送事件,并可能解 RTOS 任务的阻塞,可选择将 32 位数字写入通知值、添加一个通知值(增量)、在通知值中设置一个或多个位、保持通知值不变 4 种方式更新接收任务的通知值。不能用于任务中。

参数描述:

xTaskToNotify——通知目标任务的句柄。

ulValue——用于更新目标任务的通知值。

eAction——设置任务通知模式,有以下 5 个选项:

(1) eNoAction 用于接收此消息的任务,其任务控制块中的变量 ulNotifiedValue 没有变化,即函数 xTaskNotify( )第 2 个参数 ulValue 没有用上。

(2) eSetBits 用于接收此消息的任务,其任务控制块中的变量 ulNotifiedValue 与函数 xTaskNotify( )第 2 个参数 ulValue 实现或操作,例如 ulValue = 0x01,那么变量的 ulNotifiedValue 的 bit0=1,ulValue=0x08,变量的 ulNotifiedValue 的 bit3=1,通过这种方式就实现了任务事件标志组。

(3) eIncrement 用于接收此消息的任务,其任务控制块中的变量 ulNotifiedValue 实现加一操作,此时函数 xTaskNotify 实现的功能等效于函数 xTaskNotifyGive( ),函数 xTaskNotify( )的第 2 个参数 ulValue 没有用上。这种方式用于信号量。

(4) eSetValueWithOverwrite 用于接收此消息的任务,其任务控制块中的变量 ulNotifiedValue 被设置为函数 xTaskNotify( )第 2 个参数 ulValue 的数值,即使等待此消息的任务还没有收到上一次的数值,即数值被覆盖了。这种方式用于消息邮箱,相当于消息队列覆盖方式函数 xQueueOverwrite()。

(5) eSetValueWithoutOverwrite 用于接收此消息的任务,其任务控制块中的变量 ulNotifiedValue 已经被更新,但由于接收此消息的任务还处于阻塞态等待此消息,那么变量 ulNotifiedValue 不可以被更新为函数 xTaskNotify() 第 2 个参数 ulValue 的数值,此时函数 xTaskNotify() 会返回 pdFALSE。如果接收此消息的任务,其任务控制块中的变量 ulNotifiedValue 还没有被更新,那么变量 ulNotifiedValue() 会被设置为 xTaskNotify() 第 2 个参数 ulValue 的数值。这种方式用于消息邮箱,相当于消息队列长度为 1 时调用函数 xQueueSend()。

pxHigherPriorityTaskWoken——保存是否有高优先级任务准备就绪。如果函数执行完毕后,此参数的数值是 pdTRUE,说明有高优先级任务要执行,否则没有。

返回值:

根据上面第 3 个参数的说明,将其设置为 eSetValueWithoutOverwrite,有可能返回 pdFALSE,其余所有情况都返回值 pdPASS。

10. 接收任务通知

函数原型:

```
BaseType_t xTaskNotifyWait(uint32_t ulBitsToClearOnEntry,uint32_t ulBitsToClearOnExit,uint32_
t * pulNotificationValue,TickType_t xTicksToWait);
```

功能:接收任务通知。每个 RTOS 任务都有一个 32 位的通知值,在创建任务时将其初始化为 0。任务通知是一个直接发送到任务的事件,该任务可以解除接收任务的阻塞,并且可以选择以多种不同的方式更新接收任务的通知值。xTaskNotifyWait() 使用可选超时等待调用任务接收通知。如果接收任务已被阻塞,则等待通知到达时,接收任务将从阻塞状态中移除,通知被清除。

参数描述:

ulBitsToClearOnEntry——在 ulBitsToClearOnEntry 中设置的任何位都将在调用任务的通知值中在 xTaskNotifyWait() 函数输入时(在任务等待新通知之前)清除,前提是在调用 xTaskNotifyWait() 时通知尚未挂起。例如,如果 ulBitsToClearOnEntry 为 0x01,则任务通知值的位 0 将在函数输入时清除。将 ulBitsToClearOnEntry 设置为 0xffffffff(Ulong_MAX)将清除任务通知值中的所有位,从而有效地将值清除为 0。

ulBitsToClearOnExit——如果收到通知,那么 ulBitsToClearOnExit 中设置的任何位都将在 xTaskNotifyWait() 函数退出之前清除调用任务的通知值。在任务的通知值保存在 * pulNotificationValue 中后,将清除这些位。例如,如果 ulBitsToClearOnExit 为 0x03,则在函数退出之前将清除任务通知值的位 0 和位 1。将 ulBitsToClearOnExit 设置为 0xffffffff (Ulong_MAX)将清除任务通知值中的所有位,从而有效地将值清除为 0。

pulNotificationValue——用于传递任务的通知值。复制到 * pulNotificationValue 的值是任务的通知值,就像 ulsToClearOnExit 用于设置清除任何位一样。如果不需要通知值,则将 pulNotificationValue 设置为 NULL。

xTicksToWait——在调用 xTaskNotifyWait() 时,如果通知尚未挂起,则在阻塞状态下等待接收通知的最长时间。当 RTOS 任务处于阻塞状态时,它不会占用任何 CPU 时间。时间是在实时操作系周期中指定的。pdMS_TO_TICKS() 宏可用于将指定的时间(以毫秒为单位)转换为以滴答为单位的时间。

6.6.2　开发步骤

(1) 在 main.c 中创建 5 个任务：任务 vTaskMsgPro1 完成开启 LED1、关闭 LED2、模拟计数信号量接收任务通知、打印信息功能；任务 vTaskMsgPro2 完成开启 LED2、关闭 LED1、模拟二进制信号量接收任务通知、打印信息功能；任务 vTaskMsgPro3 完成开启 LED1 和 LED2、模拟事件标志组接收任务通知、打印信息功能；任务 vTaskMsgPro4 完成关闭 LED1 和 LED2、模拟消息邮箱接收任务通知、打印信息功能；任务 vTaskKEY 完成按键扫描、向任务发送通知功能。

```
void vTaskMsgPro1(void * pvParameters)
{
    uint32_t ulNotifiedValue;
    while(1)
    {
        ulNotifiedValue = ulTaskNotifyTake(pdFALSE,portMAX_DELAY);// 模拟计数信号量接收任务通知
        if(ulNotifiedValue > 0)
        {
            printf("Task vTaskMsgPro1 receives the message and the analog counting semaphore is
successful!\n");
            LED1_ON;
            LED2_OFF;
        }
    }
}

void vTaskMsgPro2(void * pvParameters)
{
    while(1)
    {
        ulTaskNotifyTake(pdTRUE,portMAX_DELAY);            // 模拟二进制信号量接收任务通知
        printf("Task  vTaskMsgPro2  receives  messages  and  simulates  binary  semaphores
successfully!\n");
        LED2_ON;
        LED1_OFF;
    }
}

void vTaskMsgPro3(void * pvParameters)
{
    BaseType_t xResult;
    uint32_t ulValue;
    while(1)
    {
        xResult = xTaskNotifyWait(0x00000000,0xFFFFFFFF,&ulValue,portMAX_DELAY);
                                            // 模拟事件标志组接收任务通知
        if(xResult == pdPASS)
        {
            printf("Task vTaskMsgPro3 receives messages and simulates the event marker to make
it successful!\n");
            LED1_ON;
            LED2_ON;
        }
```

```c
        }
    }

    void vTaskMsgPro4(void * pvParameters)
    {
        BaseType_t xResult;
        uint32_t ulValue;
        while(1)
        {
            xResult = xTaskNotifyWait(0x00000000,0xFFFFFFFF,&ulValue,portMAX_DELAY);
                                                    // 模拟消息邮箱接收任务通知

            if(xResult == pdPASS)
            {
                printf("Task vTaskMsgPro4 receives messages and simulates message mailbox success!\n");
                LED1_OFF;
                LED2_OFF;
            }
        }
    }


    void vTaskKEY(void * pvParameters)
    {
        while(1)
        {
            if(!KEY0_Read)
            {
                xTaskNotifyGive(TaskMsgPro1_Handle);        // 模拟计数信号量向任务 vTaskMsgPro1
                                                            // 发送任务通知
                for(uint32_t i = 0;i < 0xfffff;i++);        // 自定义延时用来按键除抖
            }
            if(!KEY1_Read)
            {
                xTaskNotifyGive(TaskMsgPro2_Handle);        // 模拟二进制信号量向任务 vTaskMsgPro2
                                                            // 发送任务通知
                for(uint32_t i = 0;i < 0xfffff;i++);        // 自定义延时用来按键除抖
            }
            if(!KEY2_Read)
            {
                xTaskNotify(TaskMsgPro3_Handle,BIT_0,eSetBits); // 模拟事件标志组向任务
                                                                // vTaskMsgPro3 发送任务通知
                for(uint32_t i = 0;i < 0xfffff;i++);            // 自定义延时用来按键除抖
            }
        }
    }
```

(2) 定义任务创建函数,代码如下:

```c
void Task_Cerate(void)
{
    xTaskCreate(vTaskMsgPro1,                       // 任务指针
                "TaskMsgPro1",                      // 任务描述
                100,                                // 堆栈深度
                NULL,                               // 给任务传递的参数
                4,                                  // 任务优先级
                &TaskMsgPro1_Handle                 // 任务句柄
                );
```

```
    xTaskCreate(vTaskMsgPro2,                          // 任务指针
                "TaskMsgPro2",                         // 任务描述
                100,                                   // 堆栈深度
                NULL,                                  // 给任务传递的参数
                4,                                     // 任务优先级
                &TaskMsgPro2_Handle                    // 任务句柄
                );
    xTaskCreate(vTaskMsgPro3,                          // 任务指针
                "TaskMsgPro3",                         // 任务描述
                100,                                   // 堆栈深度
                NULL,                                  // 给任务传递的参数
                3,                                     // 任务优先级
                &TaskMsgPro3_Handle                    // 任务句柄
                );
    xTaskCreate(vTaskMsgPro4,                          // 任务指针
                "TaskMsgPro4",                         // 任务描述
                100,                                   // 堆栈深度
                NULL,                                  // 给任务传递的参数
                3,                                     // 任务优先级
                &TaskMsgPro4_Handle                    // 任务句柄
                );
    xTaskCreate(vTaskKEY,                              // 任务指针
                "TaskKEY",                             // 任务描述
                100,                                   // 堆栈深度
                NULL,                                  // 给任务传递的参数
                2,                                     // 任务优先级
                &TaskKEY_Handle                        // 任务句柄
                );
}
```

（3）在 main()函数中调用任务创建函数、信号量创建函数和启动调度器函数,代码如下:

```
# include "FreeRTOS.h"
# include "task.h"
# include "bsp_uart.h"
# include "bsp_tim.h"
# include "bsp_key.h"
# include "Bsp_Led.h"
# include "bsp_clock.h"

# define BIT_0 (1 << 0)

TaskHandle_t TaskMsgPro1_Handle;                       // 定义任务句柄
TaskHandle_t TaskMsgPro2_Handle;                       // 定义任务句柄
TaskHandle_t TaskMsgPro3_Handle;                       // 定义任务句柄
TaskHandle_t TaskMsgPro4_Handle;                       // 定义任务句柄
TaskHandle_t TaskKEY_Handle;                           // 定义任务句柄

void vTaskMsgPro1(void * pvParameters);                // 声明任务
void vTaskMsgPro2(void * pvParameters);                // 声明任务
void vTaskMsgPro3(void * pvParameters);                // 声明任务
void vTaskMsgPro4(void * pvParameters);                // 声明任务
void vTaskKEY(void * pvParameters);                    // 声明任务
void Task_Cerate(void);

static uint32_t ucCount;
BaseType_t xHigherPriorityTaskWoken = pdFALSE;
```

```
int main(void)
{
    CLOCLK_Init();
    LED_Init();
    KEY_Init();
    UART1_Init();
    Task_Cerate();
    vTaskStartScheduler();                            // 启动调度器函数
    while(1);
}
```

(4) 在 main. c 中定义中断处理公用函数,完成向任务发送通知功能,代码如下:

```
void HAL_GPIO_EXTI_Callback(uint16_t GPIO_Pin)
{
    if(GPIO_Pin == GPIO_PIN_0)
    {
xTaskNotifyFromISR(TaskMsgPro4_Handle,ucCount,eSetValueWithoutOverwrite,&xHigherPriorityTaskWoken);
                                    // 模拟消息邮箱向任务 vTaskMsgPro4 发送任务通知
    }
}
```

6.6.3   运行结果

下载程序,按下 KEY0 键后向任务 vTaskMsgPro1 发送任务通知,并通过串口打印出信息。按下 KEY1 键后向任务 vTaskMsgPro2 发送任务通知,并通过串口打印出信息。按下 KEY2 键后向任务 vTaskMsgPro3 发送任务通知,并通过串口打印出信息。按下 WK_UP 键后向任务 vTaskMsgPro4 发送任务通知,并通过串口打印出信息。

练习

(1) FreeRTOS 任务通知有哪些方式?
(2) 简述任务事件标志组与子事件标志组的区别。

6.7   事件组

通过学习本节内容,读者应掌握 FreeRTOS 事件组的用法与原理。

6.7.1   开发原理

1. 事件标志位

事件标志位用于指示事件是否已发生。

2. 事件标志组

事件组是一组事件标志位。事件标志组是实现多任务同步的有效机制之一。事件标志组与全局变量相比主要有 3 个优点:

- 使用事件标志组可以让 RTOS 内核有效地管理任务,而全局变量是无法做到的,任务的超时等机制需要用户自己去实现。
- 使用了全局变量就要防止多任务的访问冲突,而使用事件标志组则处理好了这个问题,用户无须担心。

- 使用事件标志组可以有效地解决中断服务程序和任务之间的同步问题。

3. 事件组标志组和事件标志位数据类型

事件组由类型为 EventGroupHandle_t 的变量引用。在 FreeRTOSConfig.h 中将 configUSE_16_BIT_TICKS 宏定义为 1,事件组中存储的标志位个数为 8。如果将 configUSE_16_BIT_TICKS 宏定义为 0,事件组中存储的标志位个数为 24。事件标志组中的所有事件标志位都存储在类型为 EventBits_t 的单个无符号变量中,事件标志位 0 存储在位置 0,事件标志位 1 存储在位置 1,以此类推。如图 6-1 所示的 24 位事件组,它使用 3 位来保存已经描述的 3 个示例事件。

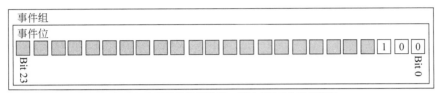

包含24个事件位的事件组,其中只有3个正在使用

图 6-1　24 位事件组

任务事件标志组的实现是指各个任务之间使用事件标志组来实现任务的通信或者同步机制。通过如图 6-2 所示为 FreeRTOS 事件标志的实现。

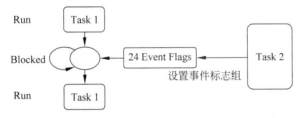

图 6-2　FreeRTOS 事件标志的实现(一)

中断事件标志组的实现是指需要在中断函数和 FreeRTOS 任务之间使用事件标志。通过如图 6-3 所示的 FreeRTOS 事件标志的实现。

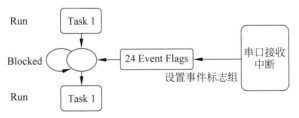

图 6-3　FreeRTOS 事件标志的实现(二)

4. 事件标志组创建

函数原型:

```
EventGroupHandle_t xEventGroupCreate(void);
```

功能:创建一个新的事件标志组,并返回一个可以引用的句柄。使用此函数需要将 FreeRTOSConfig.h 中的 configSUPPORT_DYNAMIC_ALLOCATION 宏定义为 1,则文件 event_groups.c 必须包含在工程内。每个事件组需要少量的 RAM,用于保存事件组的状态。使用 xEventGroupCreate() 创建事件组,所需的 RAM 从 FreeRTOS 堆自动分配。事件组存储在 EventBits_t 类型的变量中。如果 configUSE_16_bit_ticks 宏定义为 1,则在事件组中实

现的位数为 8；如果 configUSE_16_bit_ticks 设置为 0，则为 24。

参数描述：

无。

返回值：

如果创建成功,此函数返回事件标志组的句柄,如果 FreeRTOS 堆栈不足导致的创建失败会返回 NULL。

5. 设置指定的事件标志位

函数原型：

```
EventBits_t xEventGroupSetBits(EventGroupHandle_t xEventGroup,const EventBits_t uxBitsToSet);
```

功能：设置指定事件标志位。在事件组中设置位将自动解除阻塞的任务。要使用此函数,文件 event_groups.c 必须包含在工程内。此函数不可以用于中断中。

参数描述：

xEventGroup——目标事件组。事件组必须是使用函数 xEventGroupCreate()创建的。

uxBitsToSet——24 个可设置的事件标志位。EventBits_t 是定义的 32 位变量,低 24 位用于事件标志设置。变量 uxBitsToSet 的低 24 位的某个位设置为 1,那么被设置的事件标志的相应位就设置为 1。变量 uxBitsToSet 设置为 0 的位对事件标志的相应位没有影响。例如,设置变量 uxBitsToSet =0x0003 就表示将事件标志的位 0 和位 1 设置为 1,其余位没有变化。

返回值：

返回当前的事件标志组数值。返回的值可能被清除了参数 uxBitsToSet 指定的位,原因有两个：

(1) 调用此函数的过程中,其他高优先级的任务就绪了,并且也修改了事件标志,此函数返回的事件标志位会发生变化。

(2) 调用此函数的任务是一个低优先级任务,通过此函数设置了事件标志后,让一个等待此事件标志的高优先级任务就绪了,会立即切换到高优先级任务去执行,相应的事件标志位会被函数 xEventGroupWaitBits()清除掉,等从高优先级任务返回到低优先级任务后,函数 xEventGroupSetBits()的返回值已经被修改。

6. 在中断中设置指定的事件标志位

函数原型：

```
BaseType_t xEventGroupSetBitsFromISR (EventGroupHandle_t xEventGroup, const EventBits_t uxBitsToSet, BaseType_t * pxHigherPriorityTaskWoken);
```

功能：在中断中设置指定的事件标志位。可以从中断中调用 xEventGroupSetBits()函数。在事件组中设置位将自动解除阻塞的任务。在事件组中设置位是一种不确定的操作,因为可能有一些未知的任务正在等待设置的位。FreeRTOS 不允许在中断或关键部分执行不确定的操作。因此,xEventGroupSetBitFromISR()向守护进程任务发送一条消息,以便在守护进程任务的上下文中执行设置操作,其中使用调度程序锁代替关键部分。从 ISR 中设置位将把 SET 操作推迟到守护进程任务(也称为计时器服务任务)。与任何其他任务一样守护进程任务按照其优先级进行调度。因此,如果 SET 操作必须立即完成(在应用程序创建的任务执行之前),那么守护进程任务的优先级必须高于使用事件组的任何应用程序任务的优先级。守护进程任务的优先级由 FreeRTOSConfig.h 中的 configTIMER_TUST_PREVERY 定义设置。如果需要使用此函数,则需要将 FreeRTOSConfig.h 中的 INCLUDE_xEventGroupSetBitFromISR、configUSE_TIMERS 和 INCLUDE_xTimerPendFunctionCall 宏定义为 1,文件 event_groups.c 必须包含在工程内。

参数描述:

xEventGroup——目标事件组。事件组必须是使用函数 xEventGroupCreate()创建的。

uxBitsToSet——24 个可设置的事件标志位。EventBits_t 是定义的 32 位变量,低 24 位用于事件标志设置。变量 uxBitsToSet 的低 24 位的某个位设置为 1,那么被设置的事件标志组的相应位就设置为 1。变量 uxBitsToSet 设置为 0 的位对事件标志相应位没有影响。例如,设置变量 uxBitsToSet=0x0003 就表示将事件标志的位 0 和位 1 设置为 1,其余位没有变化。

pxHigherPriorityTaskWoken——调用此函数将导致向守护进程任务发送消息。如果守护进程任务的优先级高于当前正在运行的任务(中断的任务)的优先级,则 xEventGroupSetBitsFromISR() 将 * pxHigherPriorityTaskWoken 设置为 pdTRUE,表明在中断退出之前应该请求上下文切换。因此,必须将 * pxHigherPriorityTaskWoken 初始化为 pdFALSE。

返回值:

消息被发送到 RTOS 守护进程任务,然后返回 pdPASS,否则返回 pdFAIL。如果计时器服务队列已满,则返回 pdFAIL。

7. 等待标志位被设置

函数原型:

```
EventBits_t xEventGroupWaitBits(const EventGroupHandle_t xEventGroup, const EventBits_t
uxBitsToWaitFor,const BaseType_t xClearOnExit,const BaseType_t xWaitForAllBits, TickType_t
xTicksToWait);
```

功能:等待事件标志组标志位被设置。在事件标志组中读取位,可以选择进入阻塞状态以等待一位或一组标志位被设置。此函数不能在中断中调用。文件 event_groups.c 必须包含在工程内。

参数描述:

xEventGroup——目标事件标志组。事件组必须是使用函数 xEventGroupCreate()创建的。

uxBitsToWaitFor——24 个事件标志位中的指定标志,EventBits_t 是定义的 32 位变量,低 24 位用于事件标志设置。例如,设置变量 uxBitsToWaitFor=0x0003 就表示等待事件标志的位 0 和位 1 设置为 1。此参数切不可设置为 0。

xClearOnExit——选择是否清除已经被置位的事件标志,如果这个参数设置为 pdTRUE,且函数 xEventGroupWaitBits()在参数 xTicksToWait 设置的溢出时间内返回,那么相应被设置的事件标志位会被清零。如果这个参数设置为 pdFALSE,那么对已经被设置的事件标志位没有影响。

xWaitForAllBits——选择是否等待所有的标志位都被设置,如果这个参数设置为 pdTRUE,那么要等待参数 uxBitsToWaitFor 所指定的标志位全部被置 1,函数才可以返回。当然,超出了在参数 xTicksToWait 设置的溢出时间也是会返回的。如果这个参数设置为 pdFALSE,那么参数 uxBitsToWaitFor 所指定的任何标志位被置 1,函数都会返回,超出溢出时间也会返回。

xTicksToWait——设置等待时间,单位时钟节拍周期。如果设置为 portMAX_DELAY,

表示永久等待。

返回值:

由于设置的时间超时或者指定的事件标志位被置 1,导致函数退出时返回的事件标志组数值。

6.7.2 开发步骤

(1) 在 main.c 中创建两个任务:任务 vTaskMsgPro1 完成 LED 闪烁、等待标志位被设置、打印信息功能;任务 vTaskKEY 完成按键扫描、设置事件组标志位功能。

```c
void vTaskKEY(void * pvParameters)
{
    while(1)
    {
        if(!KEY0_Read)
        {
            xEventGroupSetBits(xCreatedEventGroup, BIT_0);        // 标志位置位
            for(uint32_t i = 0;i < 0xffff;i++);                  // 自定义延时用来按键除抖
        }
    }
}


void vTaskMsgPro(void * pvParameters)
{
    while(1)
    {
xEventGroupWaitBits(xCreatedEventGroup,BIT_0,pdTRUE,pdTRUE,portMAX_DELAY);
                                                        // 等待标志位被设置
        printf("Receive message that both bit0 are set!\n");
        LED1_ON;
        LED2_ON;
        vTaskDelay(100/portTICK_PERIOD_MS);
        LED1_OFF;
        LED2_OFF;
        vTaskDelay(100/portTICK_PERIOD_MS);
    }
}
```

(2) 定义任务创建函数,代码如下:

```c
void Task_Cerate(void)
{
    xTaskCreate(vTaskMsgPro,                 // 任务指针
                "TaskMsgPro",                // 任务描述
                100,                         // 堆栈深度
                NULL,                        // 给任务传递的参数
                3,                           // 任务优先级
                &TaskMsgPro_Handle           // 任务句柄
                );
    xTaskCreate(vTaskKEY,                    // 任务指针
                "vTaskKEY",                  // 任务描述
                100,                         // 堆栈深度
                NULL,                        // 给任务传递的参数
                2,                           // 任务优先级
                &TaskKEY_Handle              // 任务句柄
                );
}
```

（3）在 main()函数中调用任务创建函数、事件标志组创建函数和启动调度器函数，代码如下：

```
# include "FreeRTOS.h"
# include "task.h"
# include "event_groups.h"                    // 引用事件标志组头文件
# include "bsp_uart.h"
# include "bsp_tim.h"
# include "bsp_key.h"
# include "Bsp_Led.h"
# include "bsp_clock.h"

# define BIT_0 (1 << 0)
# define BIT_1 (1 << 1)
# define BIT_ALL (BIT_0 | BIT_1)

TaskHandle_t TaskKEY_Handle;                  // 定义任务句柄
TaskHandle_t TaskMsgPro_Handle;               // 定义任务句柄
EventGroupHandle_t xCreatedEventGroup;        // 定义变量接收创建事件标志组时返回的句柄

void vTaskMsgPro(void * pvParameters);        // 声明任务
void vTaskKEY(void * pvParameters);           // 声明任务
void Task_Cerate(void);
void EventGroup_Create(void);                 // 事件标志组创建函数声明

int main(void)
{
    CLOCLK_Init();
    LED_Init();
    KEY_Init();
    UART1_Init();
    EventGroup_Create();
    Task_Cerate();
    vTaskStartScheduler();                    // 启动调度器函数
    while(1);
}
```

（4）在 main.c 中定义事件标志组创建函数，代码如下：

```
void EventGroup_Create(void)
{
    xCreatedEventGroup = xEventGroupCreate();  // 创建事件标志组
}
```

6.7.3　运行结果

下载程序，按下 KEY0 键设置标志位，任务 vTaskMsgPro 等待标志被设置完成后通过串口打印出信息。

练习

（1）简述事件组标志组和事件标志位数据类型。
（2）简述设置指定事件标志位的过程。

## 第7章

FreeRTOS 定时器与低功耗

本章通过对 FreeRTOS 定时器与低功耗和相关原理的介绍,并以实例开发帮助读者掌握 FreeRTOS 定时器以及低功耗的开发。

7.1 定时器

视频

通过学习本节内容,读者应掌握 FreeRTOS 软件定时器的用法与原理。

7.1.1 开发原理

1. 软件定时器

FreeRTOS 软件定时器组的时基是基于系统时钟节拍实现的。之所以叫软件定时器,是因为它的实现不需要使用任何硬件定时器,而且可以创建很多个,综合这些因素,就被称为软件定时器组。FreeRTOS 提供的软件定时器支持单次模式和周期性模式,单次模式就是在用户创建定时器并启动了定时器后,定时时间到也不再重新执行,这就是单次模式软件定时器的含义;周期模式就是此定时器会按照设置的时间周期重复去执行,这就是周期模式软件定时器的含义。另外,单次模式或者周期模式的定时时间到后会调用定时器的回调函数,用户可以在回调函数中加入需要执行的工程代码。为了更好地管理 FreeRTOS 的定时器组件,专门创建了一个定时器任务,或者称之为 Daemon 任务。FreeRTOS 定时器组的大部分函数都是通过消息队列给定时器任务发消息,在定时器任务中执行实际的操作。在实际应用中,切不可在定时器回调函数中调用任何将定时器任务挂起的函数,例如 vTaskDelay()、vTaskDelayUntil()以及非零延迟的消息队列和信号量相关的函数。将定时器任务挂起,会导致定时器任务负责的相关功能都不能正确执行。

2. 创建软件定时器

函数原型:

```
TimerHandle_t xTimerCreate(const char * const pcTimerName, const TickType_t xTimerPeriod, const
UBaseType_t uxAutoReload, void * const pvTimerID, TimerCallbackFunction_t pxCallbackFunction);
```

功能:创建一个新的软件定时器,并返回一个可以引用的句柄。如果需要使用此函数,则需要将 FreeRTOSConfig. h 中的 configUSE_ TIMERS 和 configSUPPORT_ DYNAMIC_ ALLOCATION 宏定义为 1,文件 timers. c 必须包含在工程内。每个软件定时器都需要少量的 RAM,用于保持软件定时器的状态。使用 xTimerCreate()创建软件定时器,所需的 RAM 从 FreeRTOS 堆自动分配。定时器是在休眠状态下创建的,函数 xTimerStart(), xTimerReset()、xTimerStartFromISR()、xTimerResetFromISR()、xTimerChangeperiod()和 xTimerChangeperiodFromISR()都可以用于将计时器转换为活动状态。

参数描述：

pcTimerName——定时器名称，在协助调试时使用。内核本身只通过句柄来引用计时器，而从不按其名称引用。

xTimerPeriod——定时器的周期，单位是系统时钟节拍。

uxAutoReload——模式设置。如果参数为 pdTRUE，那么定时器将以周期性模式运行；如果参数为 pdFALSE，那么定时器将以单次模式运行。

pvTimerID——定时器的 ID，当创建多个定时器时，都调用了相同的回调函数，在回调函数中通过 ID 来区别定时器。

pxCallbackFunction——定时器的回调函数，回调函数必须具有 TimerCallbackFunction_t 定义的原型，如下所示。

```
void vCallbackFunction(TimerHandle_t xTimer);
```

返回值：

如果成功地创建了定时器，则返回新创建的计时器句柄。如果由于没有足够的 FreeRTOS 堆来分配计时器结构，或者定时器周期设置为 0，则无法创建定时器，返回 NULL。

3. 启动软件定时器

函数原型：

```
BaseType_t xTimerStart(TimerHandle_t xTimer,TickType_t xBlockTime);
```

功能：启动指定的软件定时器。用户如果需要使用此函数需要将 FreeRTOSConfig.h 中的 configUSE_TIMERS 宏定义为 1。软件定时器为定时器服务或者守护进程任务提供了功能。许多公共 FreeRTOS 计时器函数通过一个名为 Timer 命令队列的队列向定时器服务任务发送命令。定时器命令队列是 RTOS 内核本身私有的，应用程序代码不能直接访问它。定时器命令队列的长度由 configTIMER_QUEUE_LENGTH 控制。xTimerStart()启动前如果定时器已经启动并且已经处于活动状态，则 xTimerStart()具有与 xTimerReset()同样的功能。启动定时器可以确保定时器处于活动状态。如果定时器在同一时间内未处于停止、删除或重置状态，则与定时器相关的回调函数将在 xTimerStart()被调用后被调用 n 次，其中 n 是定义的定时器周期。在 RTOS 调度程序启动之前调用 xTimerStart()是有效的，但这样做，定时器在 RTOS 调度程序启动之前实际上不会启动，而计时器过期时间与 RTOS 调度程序启动的时间有关，而不是与函数 xTimerStart()调用的时间有关。

参数描述：

xTimer——目标定时器的句柄。

xBlockTime——成功启动定时器前等待的最大时间。单位系统时钟节拍，定时器组的大部分函数不是直接运行的，而是通过消息队列给定时器任务发消息来实现的，此参数设置的等待时间就是当消息队列已经满的情况下，等待消息队列有空间时的最大等待时间。

返回值：

返回 pdFAIL 表示此函数向消息队列发送消息失败，返回 pdPASS 表示此函数向消息队列发送消息成功。定时器任务实际执行消息队列发来的命令依赖于定时器任务的优先级，如果定时器任务是高优先级，则会及时得到执行；如果是低优先级，则要等待其余高优先级任务释放 CPU 才可以得到执行。

4. 获取软件定时器的 ID

函数原型:

```
void * pvTimerGetTimerID(TimerHandle_t xTimer);
```

功能:用于获取软件定时器的 ID。如果将相同的回调函数分配给多个定时器,则可以在回调函数中调用此函数获取 ID 分辨定时器。获取的定时器 ID 还可用于定时器的回调函数中,调用期间将数据存储在定时器中。

参数描述:

xTimer——目标定时器。

返回值:

目标定时器的 ID。

7.1.2 开发步骤

(1) 在 main.c 中创建一个任务——任务 vTaskMsgPro1 完成关闭 LED 功能。

```
void vTaskMsgPro(void * pvParameters)
{
    while(1)
    {
        LED1_OFF;
        LED2_OFF;
        vTaskDelay(1000/portTICK_PERIOD_MS);
    }
}
```

(2) 在 main()函数中调用任务创建函数、软件定时器创建函数和启动调度器函数,代码如下:

```
# include "FreeRTOS.h"
# include "task.h"
# include "timers.h"                    // 引用定时器头文件
# include "bsp_uart.h"
# include "bsp_tim.h"
# include "Bsp_Led.h"
# include "bsp_clock.h"

TaskHandle_t TaskMsgPro_Handle;         // 定义任务句柄
TimerHandle_t xTimers[2];               // 定义变量接收创建软件定时器时返回的句柄

void vTaskMsgPro(void * pvParameters);  // 声明任务
void Task_Cerate(void);
void Timer_Create(void);                // 软件定时器创建函数声明

int main(void)
{
    CLOCLK_Init();
    LED_Init();
    UART1_Init();
    Timer_Create();
    Task_Cerate();
```

```
    vTaskStartScheduler();                    // 启动调度器函数
    while(1);
}
```

（3）在 main.c 中定义软件定时器创建函数，代码如下：

```
void Timer_Create(void)
{
    uint8_t i;
    const TickType_t xTimerPer[2] = {1000, 1000};
    /*
    1. 创建定时器,如果在 RTOS 调度开始前初始化定时器,那么系统启动后才会执行。
    2. 统一初始化两个定时器,它们使用共同的回调函数,在回调函数中通过定时器 ID 来区分
    是哪个定时器的时间到。当然,使用不同的回调函数也是没问题的。
    */
    for(i = 0; i < 2; i++)
    {
        xTimers[i] = xTimerCreate("Timer",xTimerPer[i],pdTRUE,(void *)i,vTimerCallback);
        if(xTimers[i] == NULL)
        {
            /* 没有创建成功,用户可以在这里加入创建失败的处理机制 */
            printf("Failed to create timer!");
        }
        else
        {
            /* 启动定时器,系统启动后才开始工作 */
            if(xTimerStart(xTimers[i], 100) != pdPASS)
            {
                /* 定时器还没有进入激活状态 */
                printf("Timer inactivated!");
            }
        }
    }
}
```

（4）在 main.c 中定义定时器回调函数，完成获取定时器 ID、打印信息和控制 LED 功能，代码如下：

```
void vTimerCallback(xTimerHandle pxTimer)
{
    uint32_t ulTimerID;
    configASSERT(pxTimer);
    /* 获取哪个定时器时间到 */
    ulTimerID = (uint32_t)pvTimerGetTimerID(pxTimer);
    /* 处理定时器 0 任务 */
    if(ulTimerID == 0)
    {
        printf("Timer 0 trigger callback function!\n");
        LED1_ON;
    }
    /* 处理定时器 1 任务 */
    if(ulTimerID == 1)
    {
        printf("Timer 1 trigger callback function!\n");
        LED2_ON;
    }
}
```

7.1.3　运行结果

下载程序,LED 灯闪烁,通过串口打印出信息。

练习

(1) 简述如何创建、启动软件定时器。
(2) 简述软件定时的原理。

视频

7.2　低功耗

通过学习本节内容,读者应掌握 FreeRTOS 低功耗模式的用法与原理。

7.2.1　开发原理

1. 睡眠模式

执行 WFI(等待中断)或 WFE(等待事件)指令即可进入睡眠模式。根据 Cortex-M4F 系统控制寄存器中 SLEEPONEXIT 位的设置,可以选择如下两种方案选择睡眠模式进入机制。

(1) 立即睡眠:如果 SLEEPONEXIT 位清 0,那么 MCU 将在执行 WFI 或 WFE 指令时立即进入睡眠模式。

(2) 退出时睡眠:如果 SLEEPONEXIT 位置 1,那么 MCU 将在退出优先级最低的 ISR 时立即进入睡眠模式。

在实际应用中,采用 WFI 指令进入睡眠模式,这里采用的是立即睡眠机制。因为系统复位上电后 SLEEPONEXIT 位是被清除的,所以这个位也不需要专门设置。另外,在睡眠模式下,所有的 I/O 引脚都保持它们在运行模式时的状态。

由于是采用指令 WFI 进入睡眠模式,所以任意一个被嵌套向量中断控制器 NVIC 响应的外设中断都能将系统从睡眠模式唤醒。该模式所需的唤醒时间最短,因为没有时间损失在中断的进入或退出上。在 FreeRTOS 系统中,主要是周期性执行的系统滴答定时器中断来将系统从睡眠模式唤醒,当然,其他的任意中断都可以将系统从睡眠模式唤醒。

要进入低功耗模式,需要调用指令 WFI 或 WFE。STM32 支持多个低功耗模式,这些模式可以禁止 CPU 时钟或降低 CPU 功耗。内核不允许在调试期间关闭 FCLK 或 HCLK,因为调试期间需要使用它们调试连接,因此必须保持激活状态。STM32 集成了特殊方法,允许用户在低功耗模式下调试软件。为实现这一功能,调试器必须先设置一些配置寄存器来改变低功耗模式的特性。在睡眠模式下,调试器必须先置位 DBGMCU_CR 寄存器的 DBG_SLEEP 位。这将为 HCLK 提供与 FCLK(由代码配置的系统时钟)相同的时钟。调用库函数 DBGMCU_Config(DBGMCU_SLEEP,ENABLE)即可。

要有效降低睡眠模式下的功耗,主要从以下几方面着手:

(1) 关闭可以关闭的外设时钟。

(2) 降低系统主频。

(3) 注意 I/O 的状态,因为睡眠模式下,所有的 I/O 引脚都保持它们在运行模式时的状态。如果此 I/O 口带上拉电阻,那么应设置为高电平输出或者高阻态输入;如果此 I/O 口带下拉电阻,那么应设置为低电平输出或者高阻态输入。

（4）注意 I/O 和外设 IC 的连接。

（5）测试低功耗的时候，一定不要连接调试器，更不能边调试边测电流。

2. 停机模式

在 FreeRTOS 系统中，让 STM32 进入停机模式比较容易，只需调用固件库函数 PWR_EnterSTOPMode 即可，不过要注意，为了进入停机模式，所有 EXTI 线挂起位［在挂起寄存器（EXTI_PR）中］、RTC 闹钟（闹钟 A 和闹钟 B）、RTC 唤醒、RTC 入侵和 RTC 时间戳标志必须复位，否则停机模式的进入流程将会被跳过，程序继续运行。

由于是采用 WFI 指令进入停机模式，所以设置任一外部中断线 EXTI 为中断模式并且在 NVIC 中必须使能相应的外部中断向量，就可以使用此中断唤醒停机模式。在开发板上面是将实体按键对应的引脚设置为中断方式触发，按下此按键会将系统从停机模式唤醒。

使用停机模式时应注意进入停机模式前，一定要关闭滴答定时器。实际测试发现滴答定时器中断也能唤醒停机模式和当一个中断或唤醒事件导致退出停机模式时，HSI RC 振荡器被选为系统时钟，这个时候用户要根据需要重新配置时钟。如果使用 HSE 时钟，那么要重新配置并使能 HSE 和 PLL。

要有效降低睡眠模式下的功耗，主要从以下几方面着手：

（1）注意 I/O 的状态。因为在停机状态下，所有的 I/O 引脚都保持它们在运行模式时的状态。如果此 I/O 口带上拉电阻，那么应设置为高电平输出或者高阻态输入；如果此 I/O 口带下拉电阻，那么应设置为低电平输出或者高阻态输入。

（2）注意 I/O 和外设 IC 的连接。

（3）测试低功耗的时候，一定不要连接调试器，更不能边调试边测电流。

3. 待机模式

在系统或电源复位以后，微控制器处于运行状态。当 CPU 不需继续运行时，可以利用多种低功耗模式来节省功耗，例如等待某个外部事件时。用户需要根据最低电源消耗、最快速启动时间和可用的唤醒源等条件，选定一个最佳的低功耗模式。待机模式下可达到最低功耗。待机模式基于 Cortex-M4F 深度睡眠模式，其中调压器被禁止，因此 1.2 V 域断电。PLL、HSI 振荡器和 HSE 振荡器也将关闭。除备份域 RTC 寄存器、RTC 备份寄存器和备份 SRAM 和待机电路中的寄存器外，SRAM 和寄存器内容都将丢失。

在 FreeRTOS 系统中，让 STM32 进入待机模式比较容易，只需调用固件库函数 PWR_EnterSTANDBYMode 即可。

让 STM32 从待机模式唤醒可以通过外 WKUP 引脚上升沿、RTC 闹钟（闹钟 A 和闹钟 B）、RTC 唤醒事件、RTC 入侵事件、RTC 时间戳事件、NRST 引脚外部复位和 IWDG 复位，唤醒后除了电源控制/状寄存器，所有寄存器被复位。从待机模式唤醒后的代码执行等同于复位后的执行。电源控制/状态寄存器（PWR_CSR）将会指示内核由待机状态退出。

使用待机模式时应注意以下问题：

（1）将选择的待机模式唤醒源（RTC 闹钟 A、RTC 闹钟 B、RTC 唤醒、RTC 入侵或 RTC 时间戳标志）对应的 RTC 标志清零，防止无法正常进入待机模式。

（2）待机模式下的 I/O 状态。

（3）复位引脚（仍可用）。

（4）RTC_AF1 引脚（PC13）（如果针对入侵、时间戳、RTC 闹钟输出或 RTC 时钟校准输出进行了配置）。

（5）WKUP 引脚（PA0）（如果使能）。

4. tickless 模式

tickless 低功耗机制是当前小型 RTOS 所采用的通用低功耗方法，例如，embOS、RTX 和 μC/OS-Ⅲ（类似方法）都有这种机制，FreeRTOS 的低功耗也是采用的这种方式。我们知道，当用户任务都被挂起或者阻塞时，最低优先级的空闲任务会得到执行。那么 STM32 支持的睡眠模式、停机模式就可以放在空闲任务中实现。为了实现低功耗最优设计，不能直接把睡眠或者停机模式直接放在空闲任务中。进入空闲任务后，首先要计算可以执行低功耗的最大时间，也就是求出下一个要执行的高优先级任务还剩多少时间。然后将低功耗的唤醒时间设置为这个求出的时间，到时间后系统会从低功耗模式被唤醒，继续执行多任务。这就是所谓的 tickless 模式。实现 tickless 模式最麻烦的是如何获取低功耗可以执行的时间。关于这个问题，FreeRTOS 已经为我们解决了。

对于 Cortex-M3 和 Cortex-M4 内核来说，FreeRTOS 已经提供了 tickless 低功耗代码的实现，通过调用指令 WFI 实现睡眠模式，具体代码的实现就在 port.c 文件中，用户只需在 FreeRTOSConfig.h 文件中配置宏定义 configUSE_TICKLESS_IDLE 为 1 即可。如果配置此参数为 2，那么用户可以自定义 tickless 低功耗模式的实现。当用户将宏定义 configUSE_TICKLESS_IDLE 配置为 1 且系统运行满足以下两个条件时，第一，当前空闲任务正在运行，所有其他的任务处在挂起状态，或者阻塞状态；第二，根据用户配置 config 区 PECTED_IDIE_TIME_BEFORE_SLEEP 的大小，只有当系统可运行于低功耗模式的时钟节拍数大于或等于这个参数时，系统才可进入到低功耗模式。

系统内核会自动地调用低功耗宏定义函数 portSUPPRESS_TICKS_AND_SLEEP()。此函数是 FreeRTOS 实现 tickless 模式的关键，此函数被空闲任务调用，其定义在 portmacro.h 文件中。

对于 Cortex-M3 和 Cortex-M4 内核的微控制器来说，实时操作系统一般都是采用滴答定时器做系统时钟，FreeRTOS 也不例外。SysTick 滴答定时器是一个 24bit 的递减计数器，有两种时钟源可选择：一个是系统主频，另一个是系统主频的八分频，FreeRTOS 的 port.c 文件默认使用系统主频。这里根据这两种时钟源来分析配置上的不同。如果滴答定时器选择系统主频，那么需要配置 configSYSTICK_CLOCK_HZ 等于 configCPU_CLOCK_HZ，这种关系已经在 port.c 文件中进行默认配置了，如下所示。

```
# ifndef configSYSTICK_CLOCK_HZ
# define configSYSTICK_CLOCK_HZ configCPU_CLOCK_HZ
/* Ensure the SysTick is clocked at the same frequency as the core. */
# define portNVIC_SYSTICK_CLK_BIT ( 1UL << 2UL )
# else
/* The way the SysTick is clocked is not modified in case it is not the same
as the core. */
# define portNVIC_SYSTICK_CLK_BIT ( 0 )
# endif
```

其中，系统主频 configCPU_CLOCK_HZ 是在 FreeRTOSConfig.h 文件中进行定义的。SysTick 滴答定时器时钟源选择系统主频的八分频。在这种情况下，需要用户在 FreeRTOSConfig.h 文件中专门配置 configSYSTICK_CLOCK_HZ 为实际的频率，即系统主频的八分频大小。

FreeRTOS 自带的低功耗模式是通过指令 WFI 让系统进入睡眠模式，如果想让系统进入

停机模式,又该怎么修改呢?FreeRTOS 为我们提供了两个函数:

```
configPRE_SLEEP_PROCESSING( xExpectedIdleTime )
configPOST_SLEEP_PROCESSING( xExpectedIdleTime )
```

这两个函数的定义是在 FreeRTOS.h 文件中:

```
#ifndef configPRE_SLEEP_PROCESSING
#define configPRE_SLEEP_PROCESSING( x )
#endif
#ifndef configPOST_SLEEP_PROCESSING
#define configPOST_SLEEP_PROCESSING( x )
#endif
```

如果需要实际执行代码需要用户在 FreeRTOSConfig.h 文件中重新进行宏定义,将其映射到一个实际的函数中。另外,这两个函数是在 port.c 文件中被函数 vPortSuppressTicksAndSleep() 调用的,具体位置如下:

```
/* Sleep until something happens. configPRE_SLEEP_PROCESSING() can
set its parameter to 0 to indicate that its implementation contains
its own wait for interrupt or wait for event instruction, and so wfi
should not be executed again. However, the original expected idle
time variable must remain unmodified, so a copy is taken. */
xModifiableIdleTime = xExpectedIdleTime;
configPRE_SLEEP_PROCESSING( xModifiableIdleTime );
if( xModifiableIdleTime > 0 )
{
__dsb( portSY_FULL_READ_WRITE );
__wfi();
__isb( portSY_FULL_READ_WRITE );
}
configPOST_SLEEP_PROCESSING( xExpectedIdleTime );
```

这两个函数位于指令 WFI 的前面和后面,实现其他低功耗方式的关键就在这两个函数中:

```
configPRE_SLEEP_PROCESSING( xExpectedIdleTime )
```

在执行低功耗模式前,用户可以在这个函数中关闭外设时钟来进一步降低系统功耗。设置其他低功耗方式也是在这个函数中,用户只需设置参数 xExpectedIdleTime＝0 即可屏蔽掉默认的 WFI 指令执行方式,因为退出这个函数后会通过 if 语句检测此参数是否大于 0,如上面的代码所示。因此,如果用户想实现其他低功耗模式还是比较方便的,配置好其他低功耗模式后,设置参数 xExpectedIdleTime＝0 即可,但切不可将此参数随意设置为 0 以外的其他数值。

```
configPOST_SLEEP_PROCESSING ( xExpectedIdleTime )
```

退出低功耗模式后,此函数会得到调用,可以在此函数里面重新打开之前在 configPRE_SLEEP_PROCESSING 中关闭的外设时钟,让系统恢复到正常运行状态。

7.2.2 开发步骤

(1) 在 main.c 中创建一个任务——任务 vTaskKEY 完成按键检测和进入低功耗模式功能。

```
void vTaskKEY(void * pvParameters)
{
    while(1)
    {
        if(!KEY0_Read)
        {
            /*实现待机模式*/
            printf("Enter standby mode and press KEY_UP to wake up!\n");
            __HAL_RCC_PWR_CLK_ENABLE();                    // 使能 PWR 时钟
            __HAL_PWR_CLEAR_FLAG(PWR_FLAG_WU);             // 清除 Wake_UP 标志
            HAL_PWR_EnableWakeUpPin(PWR_WAKEUP_PIN1);      // 设置 WKUP 用于唤醒
            HAL_PWR_EnterSTANDBYMode();                    // 进入待机模式
            vTaskDelay(150/portTICK_PERIOD_MS);
        }
        if(!KEY1_Read)
        {
            /*实现停机模式*/
            printf("Enter shutdown status, press reset to wake up!\n");
HAL_PWR_EnterSTOPMode(PWR_LOWPOWERREGULATOR_ON,PWR_STOPENTRY_WFE);
            CLOCLK_Init();
            vTaskDelay(150/portTICK_PERIOD_MS);
        }
    }
}
```

(2) 在 main()函数中调用任务创建函数和启动调度器函数,代码如下:

```
# include "FreeRTOS. h"
# include "task. h"
# include "bsp_uart. h"
# include "bsp_tim. h"
# include "bsp_key. h"
# include "Bsp_Led. h"
# include "bsp_clock. h"
# include "stm32f4xx. h"

TaskHandle_t TaskKEY_Handle;                    // 定义任务句柄

void vTaskKEY(void * pvParameters);             // 声明任务
void Task_Cerate(void);


int main(void)
{
    CLOCLK_Init();
    LED_Init();
    KEY_Init();
    UART1_Init();
    Task_Cerate();
    vTaskStartScheduler();                      // 启动调度器函数
    while(1);
}
```

(3) 在 main. c 中定义任务创建函数,代码如下:

```
void Task_Cerate(void)
{
```

```
    xTaskCreate(vTaskKEY,                    // 任务指针
                "TaskKEY",                   // 任务描述
                100,                         // 堆栈深度
                NULL,                        // 给任务传递的参数
                3,                           // 任务优先级
                &TaskKEY_Handle              // 任务句柄
                );
}
```

7.2.3　运行结果

下载程序,LED常亮。按下KEY0键后通过串口打印出信息并进入待机模式,LED熄灭,按下KEY_UP键可恢复,LED恢复亮的状态。按下KEY1键后通过串口打印出信息并进入停机模式,按下复位键可恢复。

练习

(1) 低功耗有哪些模式?

(2) 简述睡眠模式以及待机模式的原理。

## 第 8 章

命令行界面

　　命令行界面(Command-Line Interface,CLI)是在图形用户界面得到普及之前使用最为广泛的用户界面,它通常不支持鼠标,用户通过键盘输入指令,计算机接收到指令后,予以执行。也有人称之为字符用户界面(CUI)。

　　本章通过对 FreeRTOS + CLI 和相关原理的介绍,并以实例开发帮助读者掌握FreeRTOS+CLI 的开发能力。

8.1　FreeRTOS+CLI 移植

　　通过学习本节内容,读者应了解什么是命令行界面,在 FreeRTOS 中如何使用命令行界面以及如何移植 CLI。

8.1.1　开发原理

　　通常认为,命令行界面没有图形用户界面(GUI)那么便于操作。因为在命令行界面中通常需要用户记住操作命令,但是,由于其本身的特点,命令行界面要较图形用户界面节约计算机系统的资源。在熟记命令的前提下,使用命令行界面往往要较使用图形用户界面的操作速度要快。所以,在图形用户界面的操作系统中,都保留着可选的命令行界面。

　　虽然许多计算机系统都提供了图形化的操作方式,但都没有因此停止提供文字模式的命令行操作方式,相反地,许多系统反而加强了这部分的功能,例如 Windows 就不只加强了操作命令的功能和数量,也一直在改善 Shell Programming 的方式。之所以要加强、改善命令行操作方式,自然是因为不够好;操作系统的图形化操作方式对单一客户端的操作已经相当方便,但如果是一组客户端,或者是 24 小时运作的服务器,图形化操作方式有时会力有未逮,所以需要不断增强命令行接口的脚本语言和宏命令来提供丰富的控制与自动化的系统管理能力,例如 Linux 系统的 Bash 或是 Windows 系统的 Windows PowerShell。

　　FreeRTOS+CLI 提供了一种简单、小巧、可扩展且 RAM 高效的方法,使 FreeRTOS 应用程序能够处理命令行输入。

8.1.2　开发步骤

　　(1) 基于 STM32F407 移植 FreeRTOS v10.3.0 系统并实现串口通信。

　　在 FreeRTOS-Plus\Source 中找到 FreeRTOS-Plus-CLI 文件夹并复制到创建工程的Libraries 目录中,如图 8-1 所示。

进入 FreeRTOS-Plus\Demo\Common\FreeRTOS_Plus_CLI_Demos 文件夹中将 Sample-CLI-commands.c 以及 UARTCommandConsole.c 复制到工程目录中的 FreeRTOS-Plus-CLI 文件夹中。

将 FreeRTOS\Demo\Common\include 文件夹中的 serial.h 复制到工程目录中的 FreeRTOS-Plus-CLI 文件夹中。

将 FreeRTOS\Demo\CORTEX_STM32F103_Keil\serial 文件夹中的 serial.c 复制到工程目录中的 FreeRTOS-Plus-CLI 文件夹中。

最终效果如图 8-2 所示。

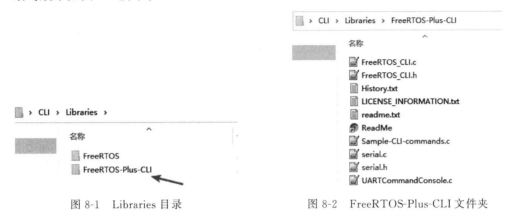

图 8-1 Libraries 目录　　　　　　图 8-2 FreeRTOS-Plus-CLI 文件夹

（2）启动工程创建编译目录并添加 FreeRTOS-Plus-CLI 文件夹中.c 源文件,如图 8-3 所示。

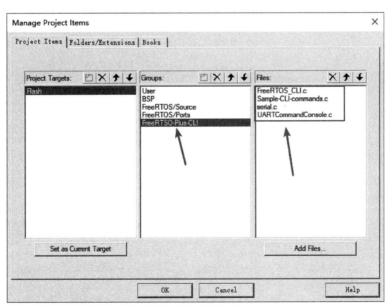

图 8-3 添加源文件

（3）添加头文件路径,如图 8-4 所示。

（4）编译时会出现 3 个错误,如图 8-5 所示。

进行逐一修改,首先定义输出大小,在 FreeRTOS_CLI.h 中定义 configCOMMAND_INT_MAX_OUTPUT_SIZE 的大小。

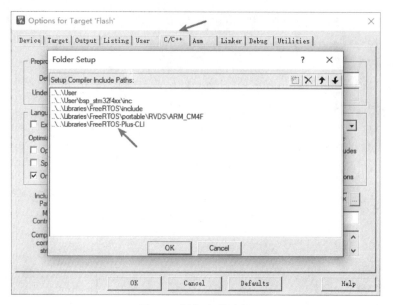

图 8-4　添加文件路径

```
[\serial.c(38): error:  #5: cannot open source input file "stm32f10x_lib.h": No such file or directory

[\serial.c: 0 warnings, 1 error
.
[\UARTCommandConsole.c(161): error:  #20: identifier "configCOMMAND_INT_MAX_OUTPUT_SIZE" is undefined
_CLIProcessCommand( cInputString, pcOutputString, configCOMMAND_INT_MAX_OUTPUT_SIZE );
[\UARTCommandConsole.c: 0 warnings, 1 error

[\FreeRTOS_CLI.c(97): error:  #20: identifier "configCOMMAND_INT_MAX_OUTPUT_SIZE" is undefined
onfigCOMMAND_INT_MAX_OUTPUT_SIZE ];
[\FreeRTOS_CLI.c: 0 warnings, 1 error
or(s), 0 Warning(s).
```

图 8-5　编译结果

＃define configCOMMAND_INT_MAX_OUTPUT_SIZE 1024

　　在 serial.c 中将"＃include "stm32f10x_lib.h""删掉,并调用"＃include "bsp_uart.h""头文件,接下来要对 serial.c 文件中的部分函数进行修改。

　　xSerialPortInitMinimal()函数中包含了对串口的配置以及接收中断配置,我们将配置函数删除,删除后如下:

```
xComPortHandle xSerialPortInitMinimal ( unsigned long ulWantedBaud, unsigned portBASE_TYPE
uxQueueLength )
{
    xComPortHandle xReturn;
    /* Create the queues used to hold Rx/Tx characters. */
    xRxedChars = xQueueCreate( uxQueueLength, ( unsigned portBASE_TYPE ) sizeof( signed char ) );
    xCharsForTx = xQueueCreate( uxQueueLength + 1, ( unsigned portBASE_TYPE ) sizeof( signed char ) );

    /* If the queue/semaphore was created correctly then setup the serial port
    hardware. */
    if( ( xRxedChars != serINVALID_QUEUE ) && ( xCharsForTx != serINVALID_QUEUE ) )
    {
    }
    else
    {
        xReturn = ( xComPortHandle ) 0;
    }
```

```
    /* This demo file only supports a single port, but we have to return
    something to comply with the standard demo header file. */
    return xReturn;
}
```

（5）接下来对 xSerialPutChar（）函数进行修改，由原函数可知这个函数主要用于输出数据，这里需要将获取消息队列中的数据使用串口轮询的方式发送出去，代码修改如下：

```
signed portBASE_TYPE xSerialPutChar( xComPortHandle pxPort, signed char cOutChar, TickType_t
xBlockTime )
{
signed portBASE_TYPE xReturn;

    if( xQueueSend( xCharsForTx, &cOutChar, xBlockTime ) == pdPASS )
    {
        xReturn = pdPASS;

        /* 修改：发送队列中有数据，通过轮询方式发送出去 */
        if(xQueueReceive(xCharsForTx, &abuffer, 0) == pdTRUE)
        {
            if((HAL_UART_GetState(&UART1_Handler) & HAL_UART_STATE_BUSY_TX) != HAL_UART_
STATE_BUSY_TX)
            {
                HAL_UART_Transmit(&UART1_Handler, &abuffer, 1, 100);  // 轮询方式将数据发送出去
            }
        }
    }
    else
    {
        xReturn = pdFAIL;
    }

    return xReturn;
}
```

（6）将 vUARTInterruptHandler（）函数修改为 USART1_IRQHandler（）中断函数，且实现接收中断，修改如下：

```
void USART1_IRQHandler( void )
{
    portBASE_TYPE xHigherPriorityTaskWoken = pdFALSE;

    if( __HAL_UART_GET_FLAG( &UART1_Handler, UART_FLAG_RXNE ) == SET )
    {
        abuffer = (uint8_t)UART1_Handler.Instance->DR;
        __HAL_UART_CLEAR_FLAG(&UART1_Handler, UART_FLAG_RXNE);    // 清除标志位
        xQueueSendFromISR( xRxedChars, &abuffer, &xHigherPriorityTaskWoken );
    }
    portEND_SWITCHING_ISR( xHigherPriorityTaskWoken );
}
```

（7）再次编译会出现没有定义 vTaskList（）函数的提示，需要使能 FreeRTOSConfig.h 中的两个宏：configUSE_TRACE_FACILITY 和 configUSE_STATS_FORMATTING_FUNCTIONS。

这时编译就没有错误了。

（8）在 main.c 中调用命令注册函数 vRegisterSampleCLICommands（）以及处理控制台

任务函数 vUARTCommandConsoleStart(300，2)。具体代码如下：

```
void vTask_CLI(void * pvParameters);                    // 声明任务
void Task_Cerate(void);

extern void vRegisterSampleCLICommands( void );
extern void vUARTCommandConsoleStart( uint16_t usStackSize, UBaseType_t uxPriority );

int main(void)
{
    CLOCLK_Init();

    UART1_Init();
    vRegisterSampleCLICommands();

    Task_Cerate();
    vTaskStartScheduler();                              // 启动调度器函数
    while(1);
}
// CLI 任务
void vTask_CLI(void * pvParameters)
{
    vUARTCommandConsoleStart(300 , 2);
    vTaskDelete( NULL );
}
// 创建任务
void Task_Cerate(void)
{
    xTaskCreate(vTask_CLI, "vTask_CLI", 500, NULL, 4, NULL);
}
```

8.1.3　运行结果

编译并下载，连接串口并配置好波特率，输入 help 命令会回应结果，如图 8-6 所示。

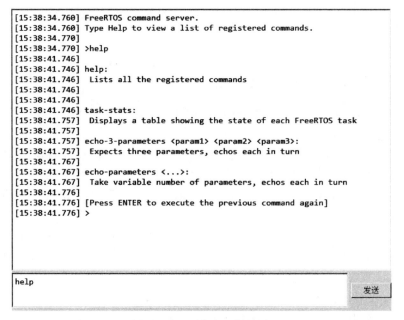

图 8-6　help 命令运行结果

输入 task-stats 会显示每个 FreeRTOS 任务的状态,如图 8-7 所示。

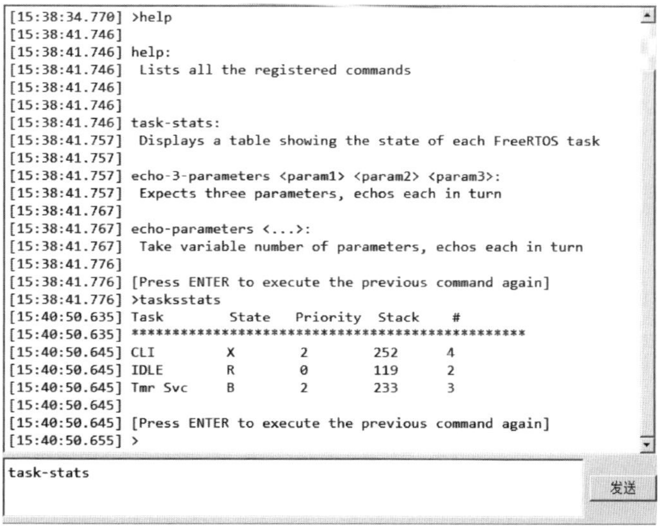

```
[15:38:34.770] >help
[15:38:41.746]
[15:38:41.746] help:
[15:38:41.746]  Lists all the registered commands
[15:38:41.746]
[15:38:41.746]
[15:38:41.746] task-stats:
[15:38:41.757]  Displays a table showing the state of each FreeRTOS task
[15:38:41.757]
[15:38:41.757] echo-3-parameters <param1> <param2> <param3>:
[15:38:41.757]  Expects three parameters, echos each in turn
[15:38:41.767]
[15:38:41.767] echo-parameters <...>:
[15:38:41.767]  Take variable number of parameters, echos each in turn
[15:38:41.776]
[15:38:41.776] [Press ENTER to execute the previous command again]
[15:38:41.776] >tasksstats
[15:40:50.635] Task          State  Priority  Stack   #
[15:40:50.635] *************************************************
[15:40:50.645] CLI           X      2         252     4
[15:40:50.645] IDLE          R      0         119     2
[15:40:50.645] Tmr Svc       B      2         233     3
[15:40:50.645]
[15:40:50.645] [Press ENTER to execute the previous command again]
[15:40:50.655] >
```

task-stats   发送

图 8-7   返回 FreeRTOS 任务状态

练习

(1) 使用串口+DMA 的方式实现 CLI。
(2) 使用串口发送中断方式代替串口轮询方式。

8.2   FreeRTOS+CLI 配置和使用

通过学习本节内容,读者应熟悉 FreeRTOS+CLI 的实现过程以及实现。

8.2.1   开发原理

1. 实现命令

FreeRTOS+CLI 是一个可扩展的框架,允许应用程序编写器定义和注册自己的命令行输入命令。

实现用户定义命令行为的函数必须具有以下接口(原型):

```
BaseType_t xFunctionName(int8_t * pcWriteBuffer, size_t xWriteBufferLen, const int8_t *
pcCommandString);
```

以下是调用函数时将传递到函数中的参数的说明,以及必须返回的值。

pcWriteBuffer——这是一个缓冲区,任何生成的输出都应该被写入其中。例如,如果这个函数只是要返回固定的字符串 "Hello World",那么这个字符串将被写入 pcWriteBuffer。输出必须总是以空值结尾。

xWriteBufferLen——这是 pcWriteBuffer 参数所指向的缓冲区的大小。向 pcWriteBuffer 写入超过 xWriteBufferLen 的字符将导致缓冲区溢出。

pcCommandString——一个指向整个命令字符串的指针。有了对整个命令字符串的访问权,如果有命令参数,那么函数实现就可以提取命令参数。FreeRTOS+CLI 提供了接收命令字符串并返回命令参数的辅助函数,所以不需要明确的字符串解析。

返回值：

执行某些命令将导致生成多行输出。例如,文件系统 dir(或 ls)命令将为目录中的每个文件生成一行输出。如果目录中有 3 个文件,则输出可能如下所示：

```
file1.txt
file2.txt
file3.txt
```

为了尽量减少 RAM 的使用,并确保 RAM 的使用是确定的,FreeRTOS+CLI 允许实现命令行为的函数一次只输出一行。函数的返回值用来指示输出行是否是输出的终点,或者是否还有更多的行要生成。

如果返回的输出结果为最后一行,即没有更多的行要生成,并且命令执行完毕,则返回 pdFALSE。

如果返回的输出结果不是输出的终点,并且在命令执行完成之前还有一行或多行要生成,则返回 pdTRUE。

要通过 dir 命令输出 3 个文件名：

- 在第一次调用实现 dir 命令的函数时,有可能只输出第一行(file1.txt)。如果这样做,则该函数必须返回 pdTRUE,表示后面还有更多的行。
- 第二次调用实现 dir 命令的函数时,有可能只输出第二行(file2.txt)。如果这样做,则该函数必须再次返回 pdTRUE,以表示后面还有更多的行。
- 第三次调用实现 dir 命令的函数时,将只输出第三行(file3.txt)。这一次,没有更多的行要输出,所以该函数必须返回 pdFALSE。

另外,如果有足够的 RAM,并且在 xWriteBufferLen 中传递的值足够大,所有都可以一次返回,那么在这种情况下该函数必须在第一次执行时返回 pdFALSE。

每次执行命令时,FreeRTOS+CLI 将重复调用实现命令行为的函数,直到该函数返回 pdFALSE。

2. 命令参数

有些命令需要参数。例如,一个文件系统的复制命令需要源文件的名称和目标文件的名称。FreeRTOS_CLIGetParameter()为其中之一的辅助函数,它由 FreeRTOS+CLI 提供,使输入参数的解析变得简单。

FreeRTOS_CLIGetParameter()将完整的命令字符串和所要求的参数位置作为输入,并产生一个指向所要求的参数指针和参数字符串的长度(字节)作为输出。

函数原型：

```
const uint8_t * FreeRTOS_CLIGetParameter ( const char * pcCommandString, UBaseType_t
uxWantedParameter, BaseType_t * pxParameterStringLength )
```

参数描述：

pcCommandString——指向整个命令字符串的指针,由用户输入。

ucWantedParameter——所请求的参数在命令字符串中的位置。例如,假定输入的命令是"copy [source_file] [destination_file]",若将 ucWantedParameter 设为 1,则要求提供 source_file 参数的名称和长度;若将 ucWantedParameter 设置为 2,则要求提供 destination_file 参数的名称和长度。

pucParameterStringLength——被请求的参数的字符串长度在 * pucParameterStringLength

中返回。例如,如果参数文本是 "filename. txt",那么 * pucParameterStringLength 将被设置为 12,因为该字符串中有 12 个字符。

返回值:

将返回一个指向被请求的参数起始点的指针。例如,如果完整的命令字符串是 "copy file1. txt file2. txt",并且 ucWantedParameter 是 2,那么 FreeRTOS_CLIGetParameter()将返回一个指向 "file2. txt "的 "f "的指针。

3. 注册一个命令

函数原型:

```
BaseType_t FreeRTOS_CLIRegisterCommand( CLI_Command_Definition_t * pxCommandToRegister )
```

FreeRTOS_CLIRegisterCommand()是用来向 FreeRTOS+CLI 注册命令的 API 函数。一个命令的注册是通过将实现命令行为的函数与一个文本字符串联系起来,并告诉 FreeRTOS+CLI 关于这个联系;然后,FreeRTOS+CLI 将在每次输入命令文本字符串时自动运行该函数。

注意:代码中出现的 FreeRTOS_CLIRegisterCommand()原型采取一个指向 CLI_Command_Definition_t 类型的 const 结构的常数指针。

参数描述:

pxCommandToRegister——被注册的命令,由 CLI_Command_Definition_t 类型的结构定义。

返回值:

如果该命令被成功注册,则返回 pdPASS。

如果命令不能被注册,因为没有足够的 FreeRTOS 堆来创建一个新的列表项,则返回 pdFAIL。

4. 命令处理

函数原型:

```
BaseType_t FreeRTOS_CLIProcessCommand ( int8_t * pcCommandInput, int8_t * pcWriteBuffer, size_t
xWriteBufferLen )
```

FreeRTOS+CLI 是一个可扩展的框架,允许应用程序编写者定义和注册他们自己的命令行输入命令。

FreeRTOS_CLIProcessCommand()是一个 API 函数,它接收用户在命令提示符下输入的字符串,如果该字符串与注册的命令相匹配,则执行实现该命令行为的函数。

参数描述:

pcCommandInput——完整的输入字符串,与用户在命令提示符(可能是一个 UART 控制台、键盘、telnet 客户端或其他用户输入客户端)上输入的内容完全一致。

pcWriteBuffer——如果 pcCommandInput 不包含正确格式的命令,那么 FreeRTOS_CLIProcessCommand()将输出一个空结束的错误信息到 pcWriteBuffer 缓冲区;如果 pcCommandInput 包含一个格式正确的命令,那么 FreeRTOS_CLIProcessCommand()将执行实现命令行为的函数,它将把其产生的输出放到 pcWriteBuffer 缓冲区中。

xWriteBufferLen——由 pcWriteBuffer 参数指向的缓冲区的大小。向 pcWriteBuffer 写入超过 xWriteBufferLen 的字符将导致缓冲区溢出。

返回值:

FreeRTOS_CLIProcessCommand()执行一个实现命令行为的函数,并返回其执行的函数所返回的值。

8.2.2 开发步骤

(1) 打开 Sample-CLI-commands. c 编写实现代码如下:

```
static BaseType_t prvTestCommand( char * pcWriteBuffer, size_t xWriteBufferLen, const char *
pcCommandString )
{
const char * const pcHeader = " Congratulations \r\n Successful test \r\n";
    /* Remove compile time warnings about unused parameters, and check the
    write buffer is not NULL. NOTE - for simplicity, this example assumes the
    write buffer length is adequate, so does not check for buffer overflows. */
    ( void ) pcCommandString;
    ( void ) xWriteBufferLen;
    configASSERT( pcWriteBuffer );

    strcpy( pcWriteBuffer, pcHeader );

        /* There is no more data to return after this single string, so return
        pdFALSE. */
        return pdFALSE;
}
```

(2) 声明命令行命令的结构代码如下:

```
// 声明命令行命令的结构
static const CLI_Command_Definition_t xTest =
{
    "test", /* The command string to type. */
    "\r\ntest\r\n Mainly for test use\r\n",
    prvTestCommand, /* The function to run. */
    0 /* No parameters are expected. */
};
```

(3) 注册一个命令,代码如下:

```
void vRegisterSampleCLICommands( void )
{
    /* Register all the command line commands defined immediately above. */
    FreeRTOS_CLIRegisterCommand( &xTaskStats );
    FreeRTOS_CLIRegisterCommand( &xThreeParameterEcho );
    FreeRTOS_CLIRegisterCommand( &xParameterEcho );
    FreeRTOS_CLIRegisterCommand( &xTest );                    // 测试

    #if( configGENERATE_RUN_TIME_STATS == 1 )
    {
        FreeRTOS_CLIRegisterCommand( &xRunTimeStats );
    }
    #endif

    #if( configINCLUDE_QUERY_HEAP_COMMAND == 1 )
    {
        FreeRTOS_CLIRegisterCommand( &xQueryHeap );
    }
    #endif
```

```
#if( configINCLUDE_TRACE_RELATED_CLI_COMMANDS == 1 )
{
    FreeRTOS_CLIRegisterCommand( &xStartStopTrace );
}
#endif
}
```

8.2.3　运行结果

编译并下载，输入 help 命令后可以看到新注册的 test 指令，如图 8-8 所示。

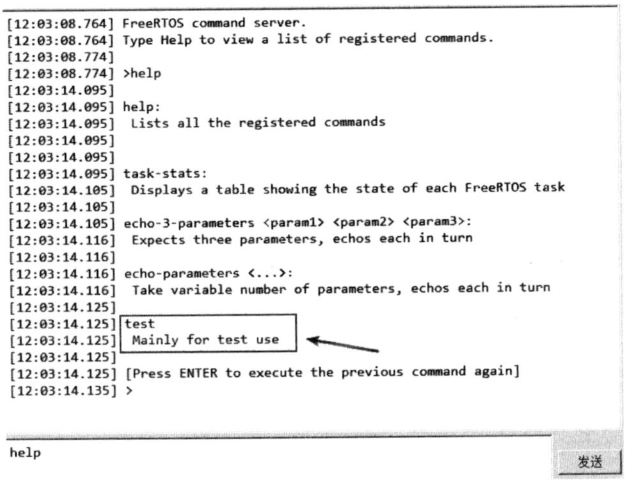

图 8-8　help 命令运行结果

输入 test 命令并单击"发送"按钮，执行 test 实现代码，如图 8-9 所示。

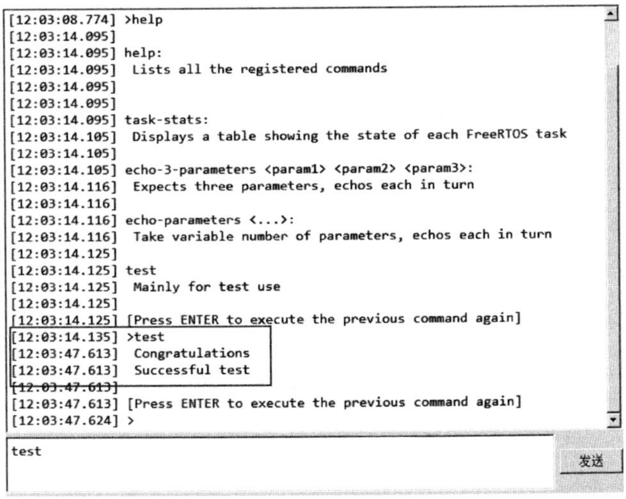

图 8-9　输入 test 命令

练习

（1）自定义命令实现输入两个变量的操作。

（2）创建一个与 help 命令类似的命令，它包含在 help 命令中且这个命令可完成一些其他的操作。

## 第 9 章

嵌入式文件系统开发

FAT(File Allocation Table)即文件配置表,是一种由微软发明并拥有部分专利的文件系统,供 MS-DOS 使用,也是所有非 NT 核心的 Windows 使用的文件系统。

FAT 文件系统考虑当时计算机的性能有限,所以未被复杂化,因此几乎所有个人计算机的操作系统都支持它。这一特性使它成为理想的软盘和存储卡文件系统,也适合用作不同操作系统中的数据交流。现在,一般所讲的 FAT 专指 FAT32。

本章通过对 FreeRTOS+FAT 文件系统的移植、目录/文件夹的创建、文件读写逐一展开叙述,并以实例开发帮助读者掌握 FreeRTOS+FAT 文件系统的开发。

9.1 FreeRTOS+FAT 移植

通过学习本节内容,读者应掌握如何移植 FAT 文件系统、挂载 SD 卡。

9.1.1 开发原理

FreeRTOS+FAT 是一个开源的、线程支持的、可扩展的 FAT12/FAT16/FAT32 DOS/Windows 兼容的嵌入式 FAT 文件系统,提供了一组标准 C 库风格的 API,包括创建文件夹、打开文件、读写文件等。

FreeRTOS+FAT 文件系统具有如下特点:
- 完全线程支持。
- 可扩展。
- 可选的长文件名支持。
- 可选目录名使用散列法以提高速度。
- 支持 FAT12、FAT16 和 FAT32。
- 特定于任务的工作目录。
- 特定任务的 errno 支持。
- 额外的综合错误报告。
- 标准和综合 API。

从 FreeRTOS 源码中将 FAT 文件包复制到工程 Libraries 文件夹中。将 FreeRTOSv10.2.1_191129\FreeRTOS-Labs\Source\FreeRTOS-Plus-FAT 整个复制到工程中。FreeRTOS-Plus-FAT\portable 文件夹中其他用不到的架构文件夹可以删除,如图 9-1 所示,最后留下 common 和 STM32F4xx 文件夹,如图 9-2 所示。

最后的 FreeRTOS-Plus-FAT 文件结构如图 9-3 所示。

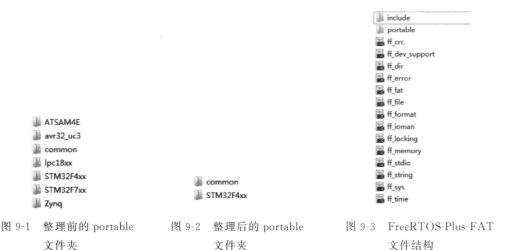

图 9-1 整理前的 portable 文件夹   图 9-2 整理后的 portable 文件夹   图 9-3 FreeRTOS-Plus-FAT 文件结构

（1）在工程中新建 FreeRTOS-Plus-FAT 文件夹，添加所需的 C 文件：

图 9-3 中所有 ff_xx.c（ff_locking.org 删除不需要）。

\portable\common\ff_ramdisk.c。

\portable\STM32F4xx\ff_sddisk.c 和 stm32f4xx_hal_sd.c（使用提供的 HAL 库 SD 文件，替换工程 hal_sd 文件，版本不同函数会不同，所以用提供的就行）。

（2）添加头文件路径如图 9-4 所示。

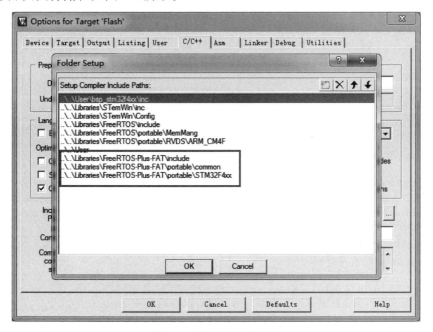

图 9-4 添加头文件路径

（3）工程中的文件如图 9-5 所示。

（4）文件添加完编译会出现提示，如图 9-6 所示。

官方提供 FreeRTOSFATConfigDefaults.h 默认配置（/include 文件夹中），需要新建 FreeRTOSFATConfig.h 添加自己的配置，主要是一些宏定义。这些配置在官网中有介绍，并

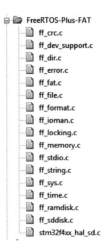

图 9-5 工程文件

```
error: #5: cannot open source input file "FreeRTOSFATConfig.h": No such file or directory
```

图 9-6 编译结果

且都需要添加配置。网址为 https://www.freertos.org/FreeRTOSPlus/FreeRTOS_Plus_FAT/Embedded_File_System_Configuration.html。

（5）工程中新建 FreeRTOSFATConfig.h，添加这些宏定义配置，具体如下：

```
#ifndef FF_FATCONFIG_H
#define FF_FATCONFIG_H
/* Must be set to either pdFREERTOS_LITTLE_ENDIAN or pdFREERTOS_BIG_ENDIAN, depending on the
endian of the architecture on which FreeRTOS is running. */
// 大小端
#define ffconfigBYTE_ORDER     pdFREERTOS_LITTLE_ENDIAN

/* Set to 1 to maintain a current working directory (CWD) for each task that accesses the file
system, allowing relative paths to be used. Set to 0 not to use a CWD, in which case full paths must
be used for each file access. */
// 维护当前目录
#define ffconfigHAS_CWD   1

/* Set to an index within FreeRTOS's thread local storage array that is free for use by FreeRTOS +
FAT. FreeRTOS + FAT will use two consecutive indexes from this that set by ffconfigCWD_THREAD_LOCAL_
INDEX. The number of thread local storage pointers provided by FreeRTOS is set by configNUM_THREAD_
LOCAL_STORAGE_POINTERS in FreeRTOSConfig.h. */
// 本地线程数组索引
#define ffconfigCWD_THREAD_LOCAL_INDEX   0

/* Set to 1 to include long file name support. Set to 0 to exclude long file name support. If long
file name support is excluded then only 8.3 file names can be used. Long file names will be
recognised, but ignored. Users should familiarise themselves with any patent issues that may
potentially exist around the use of long file names in FAT file systems before enabling long file
name support. */
// 长文件名
#define ffconfigLFN_SUPPORT   1

/* Only used when ffconfigLFN_SUPPORT is set to 1. Set to 1 to include a file's short name when
listing a directory, i.e. when calling findfirst()/findnext(). The short name will be stored in the
```

'pcShortName' field of FF_DIRENT. Set to 0 to only include a file's long name. * /
// 短文件名
define ffconfigINCLUDE_SHORT_NAME   1

/ * Set to 1 to recognise and apply the case bits used by Windows XP + when using short file names -
storing file names such as "readme. TXT" or "SETUP. exe" in a short - name entry. This is the
recommended setting for maximum compatibility. Set to 0 to ignore the case bits. * /
define ffconfigSHORTNAME_CASE   1

/ * Only used when ffconfigLFN_SUPPORT is set to 1. Set to 1 to use UTF - 16 (wide - characters) for
file and directory names. Set to 0 to use either 8 - bit ASCII or UTF - 8 for file and directory names
(see the ffconfigUNICODE_UTF8_SUPPORT). * /
define ffconfigUNICODE_UTF16_SUPPORT   0

/ * Only used when ffconfigLFN_SUPPORT is set to 1. Set to 1 to use UTF - 8 encoding for file and
directory names. Set to 0 to use either 8 - bit ASCII or UTF - 16 for file and directory names (see
the ffconfig_UTF_16_SUPPORT setting). * /
define ffconfigUNICODE_UTF8_SUPPORT   1

/ * Set to 1 to include FAT12 support. Set to 0 to exclude FAT12 support. FAT16 and FAT32 are always
enabled. * /
define ffconfigFAT12_SUPPORT   0

/ * When writing and reading data, i/o becomes less efficient if sizes other than 512 bytes are
being used. When set to 1 each file handle will allocate a 512 - byte character buffer to facilitate
"unaligned access". * /
// 当写入和读取数据时,如果使用的大小不是 512 字节,i/o 的效率就会降低。当设置为 1 时,每个文
件句柄将分配一个 512 字节的字符缓冲区,以促进"非对齐访问"。
define ffconfigOPTIMISE_UNALIGNED_ACCESS   1

/ * Input and output to a disk uses buffers that are only flushed at the following times: When a new
buffer is needed and no other buffers are available. When opening a buffer in READ mode for a sector
that has just been changed. After creating, removing or closing a file or a directory. Normally this
is quick enough and it is efficient. If ffconfigCACHE_WRITE_THROUGH is set to 1 then buffers will
also be flushed each time a buffer is released - which is less efficient but more secure. * /
// 如果设置为 1,那么缓冲区也将在每次释放缓冲区时被刷新——这样效率较低,但更安全。
define ffconfigCACHE_WRITE_THROUGH   1

/ * In most cases, the FAT table has two identical copies on the disk, allowing the second copy to be
used in the case of a read error. If Set to 1 to use both FATs - this is less efficient but more
secure. Set to 0 to use only one FAT - the second FAT will never be written to. * /
define ffconfigWRITE_BOTH_FATS   1

/ * Set to 1 to have the number of free clusters and the first free cluster to be written to the FS
info sector each time one of those values changes.
Set to 0 not to store these values in the FS info sector, making booting slower, but making changes
faster. * /
define ffconfigWRITE_FREE_COUNT   1

/ * Set to 1 to maintain file and directory time stamps for creation, modify and last access.
Set to 0 to exclude time stamps.
If time support is used, the following function must be supplied:
time_t FreeRTOS_time(time_t * pxTime);
FreeRTOS_time has the same semantics as the standard time() function. * /
define ffconfigTIME_SUPPORT   0

```
/* Set to 1 if the media is removable (such as a memory card).
Set to 0 if the media is not removable.
When set to 1 all file handles will be "invalidated" if the media is extracted.
If set to 0 then file handles will not be invalidated.
In that case the user will have to confirm that the media is still present before every access. */
// 如果介质是可移动的(如存储卡),则设置为1。
#define ffconfigREMOVABLE_MEDIA    1

/* Set to 1 to determine the disk's free space and the disk's first free cluster when a disk is
mounted.
Set to 0 to find these two values when they are first needed. Determining the values can take some
time. */
#define ffconfigMOUNT_FIND_FREE    1

/* Set to 1 to 'trust' the contents of the 'ulLastFreeCluster' and ulFreeClusterCount fields.
Set to 0 not to 'trust' these fields. */
#define ffconfigFSINFO_TRUSTED    1

/* Set to 1 to store recent paths in a cache,
enabling much faster access when the path is deep within a directory structure at the expense of
additional RAM usage.
Set to 0 to not use a path cache. */
#define ffconfigPATH_CACHE    1

/* Only used if ffconfigPATH_CACHE is 1.
Sets the maximum number of paths that can exist in the patch cache at any one time. */
#define ffconfigPATH_CACHE_DEPTH    5

/* Set to 1 to calculate a HASH value for each existing short file name.
Use of HASH values can improve performance when working with large directories, or with files that
have a similar name.
Set to 0 not to calculate a HASH value. */
#define ffconfigHASH_CACHE    0
#define ffconfigHASH_CACHE_DEPTH    2
/* Only used if ffconfigHASH_CACHE is set to 1
Set to CRC8 or CRC16 to use 8-bit or 16-bit HASH values respectively. */
#define ffconfigHASH_FUNCTION    CRC16

/* Set to 1 to add a parameter to ff_mkdir() that allows an entire directory tree to be created in
one go, rather than having to create one directory in the tree at a time.
For example mkdir( "/etc/settings/network", pdTRUE ); Set to 0 to use the normal mkdir() semantics
(without the additional parameter). */
// 可创建目录树
#define ffconfigMKDIR_RECURSIVE    0

/* Set to 1 for each call to fnReadBlocks and fnWriteBlocks to be performed with a semphore lock.
Set to 0 for each call to fnReadBlocks and fnWriteBlocks not to use an additional semaphore. */
#define ffconfigBLKDEV_USES_SEM    1

/* Set to a function that will be used for all dynamic memory allocations.
Setting to pvPortMalloc() will use the same memory allocator as FreeRTOS.
For example: #define ffconfigMALLOC( size ) pvPortMalloc( size ) */
#define ffconfigMALLOC( size ) pvPortMalloc( size )

/* Set to a function that matches the above allocator defined with ffconfigMALLOC.
```

Setting to vPortFree( ) will use the same memory free function as FreeRTOS.
For example: ♯define ffconfigFREE(ptr) vPortFree(ptr) ∗ /
♯define ffconfigFREE(ptr) vPortFree(ptr)

/ ∗ Set to 1 to calculate the free size and volume size as a 64 − bit number.
Set to 0 to calculate these values as a 32 − bit number. ∗ /
♯define ffconfig64_NUM_SUPPORT   1

/ ∗ Defines the maximum number of partitions (and also logical partitions) that can be recognised.
Defines how many drives can be combined in total. Should be set to at least 2. ∗ /
♯define ffconfigMAX_PARTITIONS   2

/ ∗ Defines how many drives can be combined in total. Should be set to at least 2. ∗ /
♯define ffconfigMAX_FILE_SYS   2

/ ∗ In case the low − level driver returns an error 'FF_ERR_DRIVER_BUSY',
the library will pause for a number of ms, defined in ffconfigDRIVER_BUSY_SLEEP_MS before re −
trying. ∗ /
♯define ffconfigDRIVER_BUSY_SLEEP_MS   50

/ ∗ Set to 1 to include the ff_fprintf( ) function in the build.
Set to 0 to exclude the ff_fprintf( ) function from the build.
ff_fprintf( ) is quite a heavy function because it allocates RAM and brings in a lot of string and
variable argument handling code.
If ff_fprintf( ) is not being used then the code size can be reduced by setting ffconfigFPRINTF_
SUPPORT to 0. ∗ /
♯define ffconfigFPRINTF_SUPPORT   1

/ ∗ ff_fprintf( ) will allocate a buffer of this size in which it will create its formatted string.
The buffer will be freed before the function exits. ∗ /
♯define ffconfigFPRINTF_BUFFER_LENGTH   128

/ ∗ Set to 1 to inline some internal memory access functions.
Set to 0 not to use inline memory access functions. ∗ /
♯define ffconfigINLINE_MEMORY_ACCESS   1

/ ∗ Officially the only criteria to determine the FAT type (12, 16, or 32 bits) is the total number
of clusters:
if(ulNumberOfClusters < 4085) : Volume is FAT12
if(ulNumberOfClusters < 65525) : Volume is FAT16
if(ulNumberOfClusters > = 65525) : Volume is FAT32
Not every formatted device follows the above rule.
Set to 1 to perform additional checks over and above inspecting the number of clusters on a disk to
determine the FAT type. Set to 0 to only look at the number of clusters on a disk to determine the FAT
type. ∗ /
♯define ffconfigFAT_CHECK   1

/ ∗ Sets the maximum length for file names, including the path. Note that the value of this define is
directly related to the maximum stack use of the + FAT library. In some API's, a character buffer of
size 'ffconfigMAX_FILENAME' will be declared on stack. ∗ /
♯define ffconfigMAX_FILENAME   100
♯endif

（6）配置文件成功后编译，编译结果如图 9-7 所示。

（7）在 ff_headers.h 中删除头文件引用，如图 9-8 所示。

```
r\include\ff_old_config_defines.h(151): error:  #35: #error directive: ffconfigBLKDEV_USES_SEM is not used any more
```

图 9-7   编译结果(一)

```
55 │ /* See if any older defines with a prefix "FF_" are still defined: */
56 │ //#include "ff_old_config_defines.h"
```

图 9-8   删除头文件路径

(8) 编译时会有很多错误和警告提示,如图 9-9 所示。

```
:fointer( ( TaskHandle_t )NULL, ffconfigCWD_THREAD_LOCAL_INDEX ),
\ff_stdio.h(143): error:  #35: #error directive: Please define space for 3 entries
```

图 9-9   编译结果(二)

(9) 双击定位到 ff_stdio.h,如图 9-10 所示。

```
142 │ #if( ( configNUM_THREAD_LOCAL_STORAGE_POINTERS - ffconfigCWD_THREAD_LOCAL_INDEX ) < 3 )
143 │   #error Please define space for 3 entries
144 │ #endif
```

图 9-10   ff_stdio.h 文件

(10) FreeRTOSConfig.h 中声明 configNUM_THREAD_LOCAL_STORAGE_POINTERS 并编译,编译结果如图 9-11 所示。

```
\ff_dev_support.c(43): error:  #35: #error directive: No use to include this module if ffconfigDEV_SUPPORT is disabled
```

图 9-11   编译结果(三)

(11) 驱动支持文件 ff_dev_support.c 没有使用,可以屏蔽不编译,选择 ff_dev_support.c 文件如图 9-12 所示。

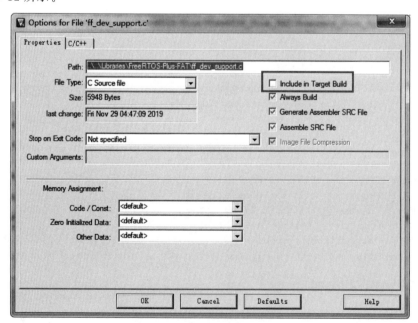

图 9-12   Options for file 界面

(12) 再次编译,编译结果如图 9-13 所示。

```
x\ff_sddisk.c(69): error:  #35: #error directive: configSD_DETECT_PIN must be defined in FreeRTOSConfig.h to the pin used to
```

图 9-13   编译结果(四)

（13）在 FreeRTOSFATConfig.h 定义 SD 卡检测引脚，如图 9-14 所示。

```
27  #define configSD_DETECT_PIN        GPIO_PIN_11
28  #define configSD_DETECT_GPIO_PORT  GPIOC
```

图 9-14　定义 SD 卡检测引脚

（14）编译结果如图 9-15 所示。

```
F4xx\ff_sddisk.c(110): error:   #20: identifier "SD_HandleTypeDef" is undefined
SDHandle );
F4xx\ff_sddisk.c(160): error:   #20: identifier "SD_HandleTypeDef" is undefined

F4xx\ff_sddisk.c(163): error:   #20: identifier "HAL_SD_CardInfoTypedef" is undefined

F4xx\ff_sddisk.c(188): error:   #20: identifier "HAL_SD_ErrorTypedef" is undefined
```

图 9-15　编译结果（五）

（15）可以看到，主要是头文件引用问题，ff_sddisk.c 和 stm32f4xx_hal_sd.c 引用的都是 stm32f4xx_hal.h，最好都修改引用"stm32f4xx_hal_sd.h"，然后在 ff_headers.h 中改为 "stm32f4xx_hal.h"，这样就没问题了。

（16）编译结果如图 9-16 所示。

```
.\Flash\Obj\output.axf: Error: L6218E: Undefined symbol HAL_SD_Init (referred from ff_sddisk.o).
.\Flash\Obj\output.axf: Error: L6218E: Undefined symbol HAL_SD_ReadBlocks (referred from ff_sddisk.o).
.\Flash\Obj\output.axf: Error: L6218E: Undefined symbol HAL_SD_WriteBlocks (referred from ff_sddisk.o).
.\Flash\Obj\output.axf: Error: L6218E: Undefined symbol vApplicationCardDetectChangeHookFromISR (referred from ff_sddisk.o).
```

图 9-16　编译结果（六）

（17）函数未定义，主要是 SD 模块函数开关未打开，在 stm32f4xx_hal_sd.c 中未定义 HAL_SD_MODULE_ENABLED，在 FreeRTOSFATConfig.h 中定义就行了，如图 9-17 所示。

```
24  #define HAL_SD_MODULE_ENABLED
```

图 9-17　开启 HAL_SD_MODULE_ENABLED

（18）编译。

编译出现警告和错误，主要是因为调用 stm32f4xx_ll_sdmmc.c MMC 库文件函数名和参数不同。在 Device 中添加 MMC 库文件，如图 9-18 以及图 9-19 所示。

图 9-18　开启 MMC 库　　　　　　　　　　　图 9-19　添加 MMC 库

（19）编译结果如图 9-20 所示。

```
\stm32f4xx_hal_sd.c(968): warning:  #223-D: function "SDIO_DataConfig" declared implicitly
```

图 9-20　编译结果（七）

（20）将 stm32f4xx_hal_sd.c 中的所有的 SDIO_DataConfig 函数名全部替换成 SDIO_ConfigData，如图 9-21 所示。

```
\..\Libraries\FreeRTOS-Plus-FAT\portable\STM32F4xx\stm32f4xx_hal_sd.c(1337): error:  #165: too few arguments in function call
if((SDIO_GetResponse(SDIO_RESP1) & SD_CARD_LOCKED) == SD_CARD_LOCKED)
```

图 9-21　修改函数

（21）将 stm32f4xx_hal_sd.c 中的 SDIO_GetResponse(SDIO_RESPx)函数多加一个参数 SDIO_GetResponse(hsd->Instance，SDIO_RESPx)，所有用到的地方全部修改替换，如图 9-22 所示。

```
: Error: L6218E: Undefined symbol vApplicationCardDetectChangeHookFromISR (referred from ff_sddisk.o).
```

图 9-22　添加参数

（22）在 ff_sddisk.c 中用不到回调函数，所以实现一个空函数，如图 9-23 所示。

```
103 └ */
104  extern void vApplicationCardDetectChangeHookFromISR( BaseType_t *pxHigherPriorityTaskWoken );
105
106  void vApplicationCardDetectChangeHookFromISR( BaseType_t *pxHigherPriorityTaskWoken )
107 ⊟{
108
109 └ }
```

图 9-23　空函数

再次编译，可以看到没有错误了。

（23）最后还需要修改一下代码。

ff_sddisk.c 中的 prvSDMMCInit( )会检查 SD 卡是否插在插槽中，实际并没用到引脚，可以屏蔽此段代码。自己加一个宏定义 USE_SD_CD，如图 9-24 所示。

```
815  #if( USE_SD_CD != 0 )
816   /* Check if the SD card is plugged in the slot */
817   if( prvSDDetect() == pdFALSE )
818 ⊟ {
819    FF_PRINTF( "No SD card detected\n" );
820    return 0;
821   }
822  #endif
```

图 9-24　屏蔽代码

（24）初始化 SD 卡的 FF_SDDiskInit( )-> prvSDMMCInit(0)->vGPIO_SD_Init( ) 函数中根据开发板 SD 卡数据线是四线还是三线完成初始化，STM32F407 支持 4 线，所以打开 BUS_4BITS。在 FreeRTOSFATConfig.h 定义 ♯ define BUS_4BITS 1 使用 DMA 读写 SD 卡；在 FreeRTOSFATConfig.h 通过"♯ define SDIO_USES_ DMA 1"定义 FF_PRINTF 打印函数，需在 FreeRTOSFATConfig.h 定义"♯ define FF_PRINTF printf"，需要在 BSP 中添加 bsp_uart.c 文件，如图 9-25 所示。

```
18  #define SDIO_USES_DMA 1
19  #define BUS_4BITS 1
20  #define USE_SD_CD 0
21
22  #define FF_PRINTF printf
```

图 9-25　宏定义声明

编译没有错误。

至此，FreeRTOS＋FAT 文件系统移植完成，下面开始测试是否可用。

9.1.2　开发步骤

移植完就可以测试，准备的 SD 卡一定要是 FAT 格式，一般格式化为 FAT32 格式。将 SD 卡插入到卡槽中，添加 bsp_uart.c，引入 ff_sddisk.h，调用 FF_SDDiskInit("/")就可以完成 SD 卡的初始化。

```
#include "bsp_clock.h"
#include "GUI.h"
#include "WM.h"
#include "FreeRTOS.h"
#include "task.h"
#include "bsp_lcd.h"
#include "bsp_touch.h"
#include "bsp_led.h"
```

```
# include "bsp_soft_i2c.h"
# include "bsp_uart.h"
# include "ff_sddisk.h"

void vTask0_Init(void * pvParameters);     // 初始化

int main(void)
{
    xTaskCreate(vTask0_Init, "vTask0_Init", 300, NULL, 1, NULL);

    vTaskStartScheduler();

    while(1);
}

void vTask0_Init(void * pvParameters)
{
    HAL_NVIC_SetPriorityGrouping(NVIC_PRIORITYGROUP_4);

    CLOCK_Init();                          // 初始化系统时钟
    UART_Init();                           // 串口初始化

    I2C_Soft_Init();                       // IIC 初始化

    __HAL_RCC_CRC_CLK_ENABLE();            // 必须开启 CRC 时钟

    FF_SDDiskInit("/");                    // 初始化 SD 卡

    vTaskDelete(NULL);
}
```

9.1.3 运行结果

将程序下载到开发板中,查看串口输出。将输出卡类型、初始化日志、SD 卡挂载在"/"根目录下,可以看出卡内存大小、类型、占用大小等信息,如图 9-26 所示。

```
It's a 2.0 card, check SDHC
Voltage resp: 00ff8000
Voltage resp: c0ff8000
HAL_SD_Init: 0: OK type: SDHC Capacity: 3774 MB
prvDetermineFatType: firstWord 0000FFF8
****** FreeRTOS+FAT initialized 7720960 sectors
FF_SDDiskInit: Mounted SD-card as root "/"
Reading FAT and calculating Free Space
Partition Nr          0
Type                 12 (FAT32)
VolLabel       'NO NAME    '
TotalSectors    7720960
SecsPerCluster       64
Size            3766 MB
FreeSize        3765 MB ( 100 perc free )
```

图 9-26 运行结果

练习

(1) 简述 FAT 的原理。
(2) 简述 FAT 初始化的过程。

9.2 FreeRTOS＋FAT 文件夹创建

通过学习本节内容,读者应熟悉 FAT 文件系统目录和文件夹操作函数,在 SD 卡中创建文件夹。

9.2.1 开发原理

以下介绍 FAT 有关文件夹操作函数。

(1) ff_mkdir()。

函数原型:

```
int ff_mkdir( const char  * pcDirectory );
```

功能:在 FAT 文件系统中创建一个新文件夹。

参数描述:pcDirectory——一个指向标准的以空结尾的 C 字符串的指针,它包含要创建的目录的名称。字符串可以包含相对路径。

返回值:如果目录创建成功,则返回 0。如果无法创建文件夹,则返回−1,并设置任务的 errno 来表示原因。任务可以使用 ff_errno() API 函数获得它的 errno 值。

示例:

```
void vExampleFunction( void )
{
    /*  Create a sub directory called subfolder.  */
    ff_mkdir( "subfolder" );

    /*  Create three subdirectories called sub1, sub2 and sub three respectively
    inside the subfolder directory.  */
    ff_mkdir( "subfolder/sub1" );
    ff_mkdir( "subfolder/sub2" );
    ff_mkdir( "subfolder/sub3" );

    /*  Move into the subfolder/sub1 directory.  */
    ff_chdir( "subfolder/sub1" );

    /*  Create another directory called sub4 inside the subfolder/sub1 directory.  */
    ff_mkdir( "sub4" );
}
```

(2) ff_chdir()。

头文件:ff_stdio. h。

函数原型:

```
int ff_chdir( const char  * pcDirectoryName );
```

功能:更改 FAT 文件系统中的当前工作文件夹,用于切换目录。

参数描述:pcDirectoryName——一个指向标准的以空结尾的 C 字符串的指针,它保存了当前工作目录的目录名。字符串可以包含相对路径。

返回值:如果当前工作目录更改成功,则返回 0。如果无法更改当前工作目录,则返回−1,并设置任务的 errno 来表示原因。任务可以使用 ff_errno() API 函数获得它的 errno 值。

示例:

```
void vExampleFunction( void )
{
    /* Create a sub directory called subfolder. */
    ff_mkdir( "subfolder" );

    /* Create a in subfolder called sub1. */
    ff_mkdir( "subfolder/sub1" );

    /* Make subfolder/sub1 the current working directory. */
    ff_chdir( "subfolder/sub1" );

    /* Make the route directory the current working directory again.   This could
    also have used ff_chdir( "/" ); */
    ff_chdir( "../.." );
}
```

（3）ff_rmdir()。

头文件：ff_stdio.h。

函数原型：

```
int ff_rmdir( const char * pcPath );
```

功能：从 FAT 文件系统中删除一个目录。一个不包含任何文件目录才能被删除。

参数描述：pcPath——一个指向标准的以空结尾的 C 字符串的指针，它包含被删除目录的名称。字符串可以包含相对路径。

返回值：如果目录被成功删除，则返回 0。如果无法删除目录，则返回 -1，并设置任务的 errno 来表示原因。任务可以使用 ff_errno() API 函数获得它的 errno 值。

示例：

```
void vExampleFunction( void )
{
    /* Create a sub directory called subfolder, and sub directory within
    subfolder called sub1. */
    ff_mkdir( "subfolder" );
    ff_mkdir( "subfolder/sub1" );

    /* The directories can be accessed here. */

    /* Delete the two sub directories again. */
    ff_rmdir( "subfolder/sub1" );
    ff_rmdir( "subfolder" );
}
```

（4）ff_getcwd()。

头文件：ff_stdio.h。

函数原型：

```
char * ff_getcwd( char * pcBuffer, size_t xBufferLength );
```

功能：获取当前工作目录（CWD）的名称写入 pcBuffer 所指向的缓冲区。

参数描述：pcBuffer——指向缓冲区的指针。

xBufferLength 缓冲区的大小。

返回值：如果当前工作目录名称被成功写入 pcBuffer，则返回 pcBuffer；否则返回 NULL。

示例：

```
void vExampleFunction( void )
{
char pcBuffer[ 50 ];

    /* Create a sub directory called subfolder, and sub directory within
    subfolder called sub1. */
    ff_mkdir( "subfolder" );
    ff_mkdir( "subfolder/sub1" );

    /* Move into subfolder/sub1. */
    ff_chdir( "subfolder/sub1" );

    /* Print out the current working directory - it should be
    "subfolder/sub1". */
    ff_getcwd( pcBuffer, sizeof( pcBuffer ) );
    printf( "%s", pcBuffer );
}
```

9.2.2　开发步骤

（1）本节案例开发结合第 8 章介绍的 FreeRTOS＋CLI 开发，新建 FAT-CLI-commands.c，用于创建 CLI 命令，从而实现创建目录、切换目录、删除目录以及获取当前的所在位置的路径。

（2）配置好 FreeRTOS＋FAT 以及 FreeRTOS＋CLI 以后，在 FAT-CLI-commands.c 中实现创建目录的代码。

```
// mkdir 的实现·
static BaseType_t prvMKCommand( char * pcWriteBuffer, size_t xWriteBufferLen, const char *
pcCommandString )
{
const char * pcParameter;
BaseType_t xParameterStringLength;
unsigned char ucReturned;

    ( void ) xWriteBufferLen;

    /* Obtain the parameter string. */
    pcParameter = FreeRTOS_CLIGetParameter
        (
            pcCommandString,                /* The command string itself. */
            1,                              /* Return the first parameter. */
            &xParameterStringLength         /* Store the parameter string length. */
        );

    /* Sanity check something was returned. */
    configASSERT( pcParameter );

    /* Attempt to move to the requested directory. */
    ucReturned = ff_mkdir( pcParameter );

    if( ucReturned == 0 )
    {
        sprintf( pcWriteBuffer, "Directory created successfully" );
    }
    else
```

```c
    {
        sprintf( pcWriteBuffer, "Directory created Error" );
    }

    strcat( pcWriteBuffer, cliNEW_LINE );

    return pdFALSE;
}
```

（3）创建目录结构体声明，代码如下：

```c
// mkdir 创建目录
static const CLI_Command_Definition_t xmkdir =
{
    "mkdir", /* The command string to type. */
    "\r\nmkdir < filename >:\r\n Create a directory\r\n",
    prvMKCommand, /* The function to run. */
    1 / * Noparameters are expected. */
};
```

（4）以此类推，其他的功能实现代码如下（代码中包括创建目录的实现）：

```c
#define cliNEW_LINE "\r\n"

static FF_Disk_t * pxDisk = NULL;

void vRegisterFileSystemCLICommands( void );

static BaseType_t prvFAT_Iint_Command( char * pcWriteBuffer, size_t xWriteBufferLen, const char * pcCommandString );
static BaseType_t prvCDCommand( char * pcWriteBuffer, size_t xWriteBufferLen, const char * pcCommandString );
static BaseType_t prvMKCommand( char * pcWriteBuffer, size_t xWriteBufferLen, const char * pcCommandString );
static BaseType_t prvPWDCommand( char * pcWriteBuffer, size_t xWriteBufferLen, const char * pcCommandString );
static BaseType_t prvDELCommand( char * pcWriteBuffer, size_t xWriteBufferLen, const char * pcCommandString );

static const CLI_Command_Definition_t xFAT_Init =
{
    "FAT - Init", /* The command string to type. */
    "\r\nFAT - Init:\r\n Initialize FAT\r\n",
    prvFAT_Iint_Command, /* The function to run. */
    0 / * No parameters are expected. */
};

/* Structure that defines the CD command line command, which changes the
working directory. */
static const CLI_Command_Definition_t xCD =
{
    "cd", /* The command string to type. */
    "\r\ncd < filename >:\r\n Changes the working directory\r\n",
    prvCDCommand, /* The function to run. */
    1 / * One parameter is expected. */
};
// mkdir 创建目录
static const CLI_Command_Definition_t xmkdir =
{
```

```
    "mkdir", /* The command string to type. */
    "\r\nmkdir < filename >:\r\n Create a directory\r\n",
    prvMKCommand, /* The function to run. */
    1 /* Noparameters are expected. */
};
/* Structure that defines the DEL command line command, which deletes a file. */
static const CLI_Command_Definition_t xDEL =
{
    "del", /* The command string to type. */
    "\r\ndel < filename >:\r\n deletes a file or directory\r\n",
    prvDELCommand, /* The function to run. */
    1 /* One parameter is expected. */
};
/* Structure that defines the DEL command line command, which deletes a file. */
static const CLI_Command_Definition_t xPWD =
{
    "pwd", /* The command string to type. */
    "\r\npwd:\r\n Displays the absolute path to the current working directory.\r\n",
    prvPWDCommand, /* The function to run. */
    0 /* One parameter is expected. */
};

static BaseType_t prvFAT_Iint_Command( char * pcWriteBuffer, size_t xWriteBufferLen, const char
* pcCommandString )
{
    ( void ) pcCommandString;
    ( void ) xWriteBufferLen;
    configASSERT( pcWriteBuffer );

    pxDisk = FF_SDDiskInit("/");
    if(pxDisk == NULL)
    {
        sprintf( pcWriteBuffer, "Error" );
    }
    else
    {
        sprintf( pcWriteBuffer, "successfully" );
    }

    strcat( pcWriteBuffer, cliNEW_LINE );

        /* There is no more data to return after this single string, so return
        pdFALSE. */
        return pdFALSE;
}

// CD 命令实现
static BaseType_t prvCDCommand( char * pcWriteBuffer, size_t xWriteBufferLen, const char *
pcCommandString )
{
const char * pcParameter;
BaseType_t xParameterStringLength;
unsigned char ucReturned;
size_t xStringLength;

    /* Obtain the parameter string. */
    pcParameter = FreeRTOS_CLIGetParameter
        (
```

```
                    pcCommandString,                /* The command string itself. */
                    1,                              /* Return the first parameter. */
                    &xParameterStringLength         /* Store the parameter string length. */
                );

        /* Sanity check something was returned. */
        /* 检查是否有内容返回。*/
        configASSERT( pcParameter );

        /* Attempt to move to the requested directory. */
        /* 尝试移动到请求的目录。*/
        ucReturned = ff_chdir( pcParameter );

        if(( ucReturned == 0 ) && (pxDisk != NULL))
        {
            sprintf( pcWriteBuffer, "In: " );
            xStringLength = strlen( pcWriteBuffer );
            ff_getcwd( &( pcWriteBuffer[ xStringLength ] ), ( unsigned char ) ( xWriteBufferLen -
xStringLength ) );
        }
        else if(pxDisk == NULL)
        {
            sprintf( pcWriteBuffer, "Please enter FAT_Init \"FAT - Init\"to initialize" );
        }
        else
        {
            sprintf( pcWriteBuffer, "Error" );
        }

        strcat( pcWriteBuffer, cliNEW_LINE );

        return pdFALSE;
}

// mkdir 的实现
static BaseType_t prvMKCommand( char * pcWriteBuffer, size_t xWriteBufferLen, const char *
pcCommandString )
{
const char * pcParameter;
BaseType_t xParameterStringLength;
unsigned char ucReturned;

    ( void ) xWriteBufferLen;

    /* Obtain the parameter string. */
    pcParameter = FreeRTOS_CLIGetParameter
        (
            pcCommandString,                /* The command string itself. */
            1,                              /* Return the first parameter. */
            &xParameterStringLength         /* Store the parameter string length. */
        );

    /* Sanity check something was returned. */
    configASSERT( pcParameter );

    /* Attempt to move to the requested directory. */
    ucReturned = ff_mkdir( pcParameter );
```

```
        if( ucReturned == 0 )
        {
            sprintf( pcWriteBuffer, "Directory created successfully" );
        }
        else
        {
            sprintf( pcWriteBuffer, "Directory created Error" );
        }

        strcat( pcWriteBuffer, cliNEW_LINE );

        return pdFALSE;
    }

// DEL 删除目录
static BaseType_t prvDELCommand( char * pcWriteBuffer, size_t xWriteBufferLen, const char *
pcCommandString )
{
const char * pcParameter;
BaseType_t xParameterStringLength;
unsigned char ucReturned;

    /* This functionassumesxWriteBufferLen is large enough! */
    ( void ) xWriteBufferLen;

    /* Obtain the parameter string. */
    pcParameter = FreeRTOS_CLIGetParameter
        (
            pcCommandString,                    /* The command string itself. */
            1,                                  /* Return the first parameter. */
            &xParameterStringLength             /* Store the parameter string length. */
        );

    /* Sanity check something was returned. */
    configASSERT( pcParameter );

    /* Attempt to delete the file. */
    ucReturned = ff_rmdir( pcParameter );

    if( ucReturned == 0 )
    {
        sprintf( pcWriteBuffer, "%s was deleted", pcParameter );
    }
    else
    {
        sprintf( pcWriteBuffer, "Error" );
    }

    strcat( pcWriteBuffer, cliNEW_LINE );

    return pdFALSE;
    }

// 获取当前的路径
static BaseType_t prvPWDCommand( char * pcWriteBuffer, size_t xWriteBufferLen, const char *
pcCommandString )
{
    const char * pcParameter;
```

```
BaseType_t xParameterStringLength;
unsigned char ucReturned;
size_t xStringLength;

sprintf( pcWriteBuffer, "In: " );
xStringLength = strlen( pcWriteBuffer );
ff_getcwd( &( pcWriteBuffer[ xStringLength ] ), ( unsigned char ) ( xWriteBufferLen -
xStringLength ) );

strcat( pcWriteBuffer, cliNEW_LINE );

return pdFALSE;
}
```

（5）声明 CLI 命令，代码如下：

```
void vRegisterFileSystemCLICommands( void )
{
    /* Register all the command line commands defined immediately above. */
    FreeRTOS_CLIRegisterCommand( &xFAT_Init);
    FreeRTOS_CLIRegisterCommand( &xmkdir );
    FreeRTOS_CLIRegisterCommand( &xCD );
    FreeRTOS_CLIRegisterCommand( &xDEL );
    FreeRTOS_CLIRegisterCommand( &xPWD );
}
```

9.2.3　运行结果

将程序下载到开发板中，打开串口助手，发送 help 命令可进行命令选择，如图 9-27 所示。

```
[10:15:43.271] FreeRTOS command server.
[10:15:43.271] Type Help to view a list of registered commands.
[10:15:43.281]
[10:15:43.281] >help
[10:15:50.755]
[10:15:50.755] help:
[10:15:50.755]  Lists all the registered commands
[10:15:50.755]
[10:15:50.755]
[10:15:50.755] FAT-Init:
[10:15:50.764]  Initialize FAT
[10:15:50.764]
[10:15:50.764] mkdir <filename>:
[10:15:50.764]  Create a directory
[10:15:50.764]
[10:15:50.764] cd <filename>:
[10:15:50.764]  Changes the working directory
[10:15:50.774]
[10:15:50.774] del <filename>:
[10:15:50.774]  deletes a file or directory
[10:15:50.774]
[10:15:50.774] pwd:
[10:15:50.774]  Displays the absolute path to the current working directory.
[10:15:50.784]
[10:15:50.784] [Press ENTER to execute the previous command again]
[10:15:50.784] >
```

```
help                                                          发送
```

图 9-27　发送 help 命令

在创建前需要对 FAT 进行初始化，也就是发送 FAT-Init 命令，便可进行其他操作，如
图 9-28 所示。

```
[10:15:50.784] >FAT-Init
[10:16:38.223] It's a 2.0 card, check SDHC
[10:16:38.223] Voltage resp: 00ff8000
[10:16:38.233] Voltage resp: c0ff8000
[10:16:38.233] HAL_SD_Init: 0: OK type: SDHC Capacity: 3774 MB
[10:16:38.233] prvDetermineFatType: firstWord 0000FFF8
[10:16:38.254] ****** FreeRTOS+FAT initialized 7720960 sectors
[10:16:38.263] FF_SDDiskInit: Mounted SD-card as root "/"
[10:16:38.263] Reading FAT and calculating Free Space
[10:16:38.274] Partition Nr          0
[10:16:38.274] Type                  12 (FAT32)
[10:16:38.274] VolLabel          'NO NAME    '
[10:16:38.274] TotalSectors       7720960
[10:16:38.274] SecsPerCluster        64
[10:16:38.284] Size                3766 MB
[10:16:38.284] FreeSize            3765 MB ( 100 perc free )
[10:16:38.284] successfully
[10:16:38.284]
[10:16:38.284] [Press ENTER to execute the previous command again]
[10:16:38.293] >
FAT-Init                                                        发送
```

图 9-28　发送 FAT 初始化命令

创建一个名为 FAT 的文件夹,如图 9-29 所示。

```
[10:16:38.293] >mkdir FAT
[10:18:52.299] Directory created successfully
[10:18:52.299]
[10:18:52.309] [Press ENTER to execute the previous command again]
[10:18:52.309] >
mkdir FAT
```

图 9-29　创建文件夹命令

进入 FAT 文件夹,如图 9-30 所示。

```
[10:18:52.309] >cd FAT
[10:20:24.404] In: /FAT
[10:20:24.404]
[10:20:24.404] [Press ENTER to execute the previous command again]
[10:20:24.404] >
cd FAT
```

图 9-30　进入文件夹

显示 FAT 路径,如图 9-31 所示。

```
[10:20:24.404] >pwd
[10:21:48.790] In: /FAT
[10:21:48.790]
[10:21:48.790] [Press ENTER to execute the previous command again]
[10:21:48.801] >
pwd
```

图 9-31　显示路径

删除 FAT 文件夹,如图 9-32 所示。

```
[10:28:14.814] >del FAT
[10:28:29.958] FAT was deleted
[10:28:30.099]
[10:28:30.099] [Press ENTER to execute the previous command again]
[10:28:30.108] >
del FAT
```

图 9-32　删除文件夹

练习

（1）在切换目录指令实现"cd .."命令返回上一层。

（2）实现多文件同时删除。

9.3 FreeRTOS＋FAT 文件读写

通过学习本节内容，读者应熟悉 FAT 文件读写操作函数，在 SD 卡中创建文件并读写。

9.3.1 开发原理

FAT 有关文件操作的函数包括 ff_fopen、ff_fclose、ff_fwrite、ff_fread、ff_fputc、ff_fgetc、ff_fgets、ff_fprintf、ff_fseek、ff_ftell、ff_seteof、ff_truncate、ff_rewind。

（1）ff_fopen()。

头文件：ff_stdio.h。

函数原型：

```
FF_FILE * ff_fopen( const char * pcFile, const char * pcMode );
```

功能：在 FAT 文件系统中打开一个文件。

参数描述：

pcFile——一个指向标准的以空格结尾的 C 字符串的指针，它包含要打开的文件的名称。字符串可以包含相对路径。

pcMode——用于设置打开文件模式的字符串。

"r"：只读模式打开文件。

"r＋"：打开文件进行读操作。

"w"：打开一个文件进行写操作。如果文件已经存在，它将被截断为零长度。如果文件不存在，它将被创建。

"a"：打开一个文件。如果文件已经存在，那么新的数据将被追加到文件的末尾。如果文件不存在，那么它将被创建。

"a＋"：打开一个文件进行读写。如果文件已经存在，那么新的数据将被追加到文件的末尾。如果文件不存在，那么它将被创建。

返回值：

如果文件被成功打开，则返回一个指向该文件的指针。

（2）ff_fclose()。

头文件：ff_stdio.h。

函数原型：

```
int ff_fclose( FF_FILE * pxStream );
```

功能：关闭使用 ff_fopen()打开的文件。

参数描述：

pxStream——ff_fopen()打开文件时返回的 FF_FILE 指针。

返回值：

如果文件成功关闭,则返回0;如果文件无法关闭,则返回−1。

(3) ff_fwrite()。

头文件:ff_stdio.h。

函数原型:

```
size_t ff_fwrite( const void * pvBuffer, size_t xSize, size_t xItems, FF_FILE * pxStream );
```

功能:将数据写入所打开文件中的当前读/写位置。读/写位置按写入的字节数递增。

参数描述:

pvBuffer——指向要写入文件的数据源的指针。

xSize——数据源数据大小。

xItems——要写入文件的项数。每个项的大小由xSize参数设置。

pxStream——ff_fopen()打开文件时返回的FF_FILE指针。

返回值:

返回实际写入文件的项数。当项大小为1时,写入文件的项数仅等于写入文件的字节数。每个项的大小由xSize参数设置。

(4) ff_fread()。

头文件:ff_stdio.h。

函数原型:

```
size_t ff_fread( void * pvBuffer, size_t xSize, size_t xItems, FF_FILE * pxStream );
```

功能:从打开的文件的当前读/写位置读取数据。读/写位置按所读字节数递增。

参数描述:

pvBuffer——从文件中读取的数据将被放置到缓冲区中。缓冲区必须至少大到足以容纳正在读取的字节数。

xSize——从文件中读取的每个项的字节数。

xItems——要从文件中读取的项数。每个项的大小由xSize参数设置。

pxStream——ff_fopen()打开文件时返回的FF_FILE指针。

返回值:

返回实际从文件中读取的项数。当项大小为1时,从文件中读取的项数仅等于从文件中读取的项数。每个项的大小由xSize参数设置。

示例:

```
BaseType_t xCopyFile( char * pcSourceFileName, char * pcDestinationFileName )
{
FF_FILE * pxSourceFile, * pxDestinationFile;
size_t xCount;
uint32_t ucBuffer[ 50 ];

    /* Open the source file in read only mode. */
    pxSourceFile = ff_fopen( pcSourceFileName, "r" );

    if( pxSourceFile != NULL )
    {
        /* Create or overwrite a writable file. */
        pxDestinationFile = ff_fopen( pcDestinationFileName, "w + " );
```

```
        if( pxDestinationFile != NULL )
        {
            for( ;; )
            {
                /* Read sizeof( ucBuffer ) bytes from the source file into a buffer. */
                xCount = ff_fread( ucBuffer, 1, sizeof( ucBuffer ), pxSourceFile );

                /* Write however many bytes were read from the source file into the
                destination file. */
                ff_fwrite( ucBuffer, xCount, 1, pxDestinationFile );

                if( xCount < sizeof( ucBuffer ) )
                {
                    /* The end of the flie was reached. */
                    break;
                }
            }

            /* Close the destination file. */
            ff_fclose( pxDestinationFile );
        }

        /* Close the source file. */
        ff_fclose( pxSourceFile );
    }
}
```

(5) ff_fputc()。

头文件：ff_stdio.h。

函数原型：

```
int ff_fputc( int iChar, FF_FILE * pxStream );
```

功能：在打开的文件写入单个字节。读/写位置增加 1。

参数描述：

iChar——写入文件的值。该值在写入之前被转换为无符号字符(8 位)。

pxStream——ff_fopen()打开文件时返回的 FF_FILE 指针。

返回值：

如果成功,则返回写入文件的字节；否则无法返回写入文件的字节。

示例：

```
void vSampleFunction( char * pcFileName, int32_t lNumberToWrite )
{
FF_FILE * pxFile;
const int iCharToWrite = 'A';
int iCharWritten;
int32_t lBytesWritten;

    /* Open the file specified by the pcFileName parameter for writing. */
    pxFile = ff_fopen( pcFileName, "w" );

    /* Write 'A' to the file the number of times specified by the
    lNumberToWrite parameter. */
    for( lBytesWritten = 0; lBytesWritten < lNumberToWrite; lBytesWritten++ )
```

```
    {
        /* Write the byte. */
        iCharWritten = ff_fputc( iCharToWrite, pxFile );

        /* Was the character written to the file successfully? */
        if( iCharWritten != iCharToWrite )
        {
            /* The byte could not be written to the file. */
            break;
        }
    }

    /* Finished with the file. */
    ff_fclose( pxFile );
}
```

(6) ff_fgets( )。

头文件: ff_stdio. h。

函数原型:

```
char * ff_fgets( char * pcBuffer, size_t xCount, FF_FILE * pxStream );
```

功能: 从文件中读取一个字符串,直到(xCount −1)或者换行('n ')字符结束读取。若为回车字符('r '),则不以任何特殊的方式处理,而是将之复制到 pcBuffer 中。

参数描述:

pcBuffer——从文件中读取的字符将被放置到缓冲区中。

xCount——读取字节数。

pxStream——ff_fopen()打开文件时返回的 FF_FILE 指针。

返回值:

如果读取成功,则返回 pcBuffer 的指针;如果有读取错误,则返回 NULL。

(7) ff_fprintf( )。

头文件: ff_stdio. h。

函数原型:

```
size_t ff_fprintf( FF_FILE * pxStream, const char * pcFormat, ... );
```

功能: 将格式化数据写入文件,方法与 C 标准函数 sprintf()或 printf()将格式化数据写入控制台完全相同。

要使 ff_fprintf()可用,FreeRTOSFATConfig. h 中的 FF_FPRINTF_SUPPORT 必须设置为1。

参数描述:

pxStream——ff_fopen()打开文件时返回的 FF_FILE 指针。

pcFormat——格式字符串,它的使用方式与 printf()调用的格式字符串完全相同。可用的格式说明符将取决于所使用的 C 库。

...: 参数值的变量列表——格式字符串中每个指定符都有一个值。

返回值:

如果 ff_printf()无法分配缓冲区,则返回 0;如果数据被写入文件,则返回写入的字节数;如果有写错误,则返回−1。

示例：

```
static void prvTest_ff_fgets_ff_printf( const char * pcMountPath )
{
FF_FILE * pxFile;
int iString;
const int iMaxStrings = 1000;
char pcReadString[ 20 ], pcExpectedString[ 20 ], * pcReturned;
const char * pcMaximumStringLength = "Test string 999n";

    pxFile = ff_fopen( "/nand/myfile.txt", "w + " );

    for( iString = 0; iString < iMaxStrings; iString++)
    {
        ff_fprintf( pxFile, "Test string % dn", iString );
    }

    /* Move back to the start of the file. */
    ff_rewind( pxFile );

    for( iString = 0; iString < iMaxStrings; iString++)
    {
        pcReturned = ff_fgets( pcReadString, sizeof( pcReadString ), pxFile );

        if( pcReturned != pcReadString )
        {
            /* Error! */
        }
        else
        {
            sprintf( pcExpectedString, "Test string % dn", iString );

            if( strcmp( pcExpectedString, pcReadString ) == 0 )
            {
                /* The strings matched, as expected. */
            }
            else
            {
                /* Error - the strings didn't match. */
            }
        }
    }

    ff_fclose( pxFile );
}
```

(8) ff_fseek()。

头文件：ff_stdio. h。

函数原型：

int ff_fseek(FF_FILE * pxStream, int iOffset, int iWhence);

功能：将打开文件的当前读/写位置移动到（iwherec＋iOffset）。

参数描述：

pxStream——ff_fopen()打开文件时返回的 FF_FILE 指针。

iOffset——偏移量。

iWhence——文件中 iOffset 值相对的位置,包括:

- FF_SEEK_CUR 当前文件位置。
- FF_SEEK_END 文件的结尾。
- FF_SEEK_SET 文件的开头。

返回值:

成功返回 0。如果读/写位置无法移动,则返回一1。

示例:

```
void vSampleFunction( char * pcFileName, char * pcBuffer )
{
FF_FILE * pxFile;

    pxFile = ff_fopen( pcFileName, "r" );

    if( pxFile != NULL )
    {
        /* Read one byte from the opened file. */
        ff_fread( pcBuffer, 1, 1, pxFile );

        /* Move the current file position back to the very start of the file. */
        ff_fseek( pxFile, 0, FF_SEEK_SET );

        /* Read a byte again. As the file position was moved back to the start
        of the file the byte that is read is the same byte read by the first
        ff_fread() call. */
        ff_fread( pcBuffer, 1, 1, pxFile );

        /* This time move the current position to the last byte in the file. */
        ff_fseek( pxFile, -1, FF_SEEK_END );

        /* Now the byte read is the last byte in the file. */
        ff_fread( pcBuffer, 1, 1, pxFile );

        /* Finished with the file, close it. */
        ff_fclose( pxFile );
    }
}
```

(9) ff_ftell()。

头文件:ff_stdio. h。

函数原型:

```
long ff_ftell( FF_FILE * pxStream );
```

功能:返回打开文件的当前读/写位置。

参数描述:

pxStream——ff_fopen()打开文件时返回的 FF_FILE 指针。

返回值:

如果 pxStream 不为 NULL,则返回文件的当前读/写位置。返回值是文件的读/写位置从文件开始的字节数;如果 pxStream 为 NULL,则返回一1。

示例:

```
void vSampleFunction( char * pcFileName, char * pcBuffer )
{
FF_FILE * pxFile;
long lPosition;

    /* Open the file specified by the pcFileName parameter. */
    pxFile = ff_fopen( pcFileName, "r" );

    /* Expect the file position to be 0. */
    lPosition = ff_ftell( pxFile );
    configASSERT( lPosition == 0 );

    /* Read one byte. */
    ff_fread( pcBuffer, 1, 1, pxFile );

    /* Expect the file position to be 1. */
    lPosition = ff_ftell( pxFile );
    configASSERT( lPosition == 1 );

    /* Read another byte. */
    ff_fread( pcBuffer, 1, 1, pxFile );

    /* Expect the file position to be 2. */
    lPosition = ff_ftell( pxFile );
    configASSERT( lPosition == 2 );

    /* Close the file again. */
    ff_fclose( pxFile );
}
```

(10) ff_seteof()。

头文件: ff_stdio.h。

函数原型:

```
int ff_seteof( FF_FILE * pxStream );
```

功能:将文件截断到文件的当前读/写位置。文件之前必须使用 ff_fopen()打开,模式字符串设置为"a"或"w"。

参数描述:

pxStream——ff_fopen()打开文件时返回的 FF_FILE 指针。

返回值:

如果文件被成功截断,则返回 0;如果 pxStream 为 NULL,则返回 -1。

示例:

```
void vSampleFunction( char * pcFileName, long lTruncatePosition )
{
FF_FILE * pxFile;

    /* Open the file specified by the pcFileName parameter. */
    pxFile = ff_fopen( pcFileName, "a" );

    /* Move the current read/write position to the position specified by
```

```
    the lTruncatePosition parameter. */
    ff_fseek( pxFile, lTruncatePosition, FF_SEEK_SET );

    /* Truncate the file so all data past the current file position is lost. */
    if( ff_seteof( pxFile ) != FF_EOF )
    {
        /* The truncate failed. */
    }

    /* Finished with the file. */
    ff_fclose( pxFile );
}
```

(11) ff_truncate()。

头文件: ff_stdio.h。

函数原型:

```
FF_FILE * ff_truncate( const char * pcFileName, long lTruncateSize );
```

功能: 打开一个文件以便写入,然后截断文件的长度。如果文件比 lTruncateSize 长,那么超过 lTruncateSize 的数据将被丢弃;如果文件小于 lTruncateSize,那么添加到文件末尾的新数据被设置为 0。

参数描述:

pcFileName——打开和被截断的文件的名称。文件名可以包含文件的相对路径。

lTruncateSize——将文件长度设置为要截断的长度(以字节为单位)。

返回值:

如果成功地将文件长度设置为 lTruncateSize,则返回一个指向已打开文件的指针;如果文件的长度未成功设置为 lTruncateSize,则返回 NULL。

(12) ff_rewind()。

头文件: ff_stdio.h。

函数原型:

```
void ff_rewind( FF_FILE * pxStream );
```

功能: 将当前读/写位置移回文件的开头。等同于 ff_fseek(pxStream,0,FF_SEEK_SET)。

参数描述:

pxStream——ff_fopen()打开文件时返回的 FF_FILE 指针。

示例:

```
void vSampleFunction( void )
{
char pcBuffer1[ 4 ], pcBuffer2[ 4 ];
FF_FILE * pxFile;

    /* Open the file "afile.bin". */
    pxFile = ff_fopen( "afile.bin", "r" );

    if( pxFile != NULL )
    {
        /* Read four bytes into pcBuffer1. */
        ff_fread( pcBuffer1, 4, 1, pxFile );
```

```
        /* Set the current read pointer back to the start of the file. */
        ff_rewind( pxFile );

        /* Read the same four bytes into pcBuffer2. */
        ff_fread( pcBuffer2, 4, 1, pxFile );

        /* Finished with the file. */
        ff_fclose( pxFile );
    }
}
```

9.3.2　开发步骤

（1）使用 9.3.1 节所使用的 CLI 命令，新建 fat_file.c 和 fat_file.h。

（2）在 fat_file.c 中初始化 FAT，初始化成功后，分别创建设定的文件夹和文件：/FAT/fat.txt、/FAT/SUB/sub.txt 和 /FAT/SUB/test.txt。

```
void Fat_Init(void)                                         // FAT 初始化函数
{
    char * pcRAMBuffer;
    FF_FILE * file;
    FF_Disk_t * pxDisk = NULL;

    while((pxDisk = FF_SDDiskInit(SD_ROOT)) == NULL)        // SD 初始化
    {
        vTaskDelay(1000);
    }

    pcRAMBuffer = ( char * ) ffconfigMALLOC( fsRAM_BUFFER_SIZE );  // 申请内存
    if(pcRAMBuffer == NULL)
        FF_PRINTF( "pvPortMalloc Fail\r\n");

    if(pxDisk != NULL)                                      // 初始化成功
    {
        if(ff_mkdir(SD_ROOT_DIRECTORY) < 0)                // 创建文件夹 "/FAT"
            FF_PRINTF( "Creating Dir %s Fail\r\n", SD_ROOT_DIRECTORY);

        if(ff_chdir( SD_ROOT_DIRECTORY ) < 0)              // 进入到文件夹 "/FAT"
            FF_PRINTF( "Chdir MountPath Fail\r\n");

        file = ff_fopen("fat.txt", "w");                   // 不存在会创建文件 fat.txt
        if(file != NULL)
        {
            ff_getcwd( pcRAMBuffer, fsRAM_BUFFER_SIZE );   // 获取当前目录  "/FAT"
            FF_PRINTF( "Creating file %s %s\r\n", pcRAMBuffer, "/fat.txt");
            ff_fclose(file);
        }
        else
        {
            FF_PRINTF( "Creating file fail \r\n");
            ff_fclose(file);
        }

        if(ff_mkdir(pcDirectory) < 0)                      // 创建文件夹 "/FAT/SUB"
            FF_PRINTF( "Creating Dir %s Fail\r\n", pcDirectory);
```

```
        if(ff_chdir( pcDirectory ) < 0)                    // 进入到目录 "/FAT/SUB"
            FF_PRINTF( "Chdir MountPath Fail\r\n");

        file = ff_fopen("sub.txt", "w");                   // 不存在会创建文件 sub.txt
        if(file != NULL)
        {
            ff_getcwd( pcRAMBuffer, fsRAM_BUFFER_SIZE );   // 获取当前目录   "/FAT/SUB"
            FF_PRINTF( "Creating file % s % s\r\n", pcRAMBuffer, "/sub.txt");
            ff_fclose(file);
        }
        else
        {
            FF_PRINTF( "Creating file fail \r\n");
            ff_fclose(file);
        }

        file = ff_fopen("test.txt", "w");                  // 不存在会创建文件 test.txt
        if(file != NULL)
        {
            ff_getcwd( pcRAMBuffer, fsRAM_BUFFER_SIZE );   // 获取当前目录   "/FAT/SUB"
            FF_PRINTF( "Creating file % s % s\r\n", pcRAMBuffer, "/test.txt");
            ff_fclose(file);
        }
        else
        {
            FF_PRINTF( "Creating file fail \r\n");
            ff_fclose(file);
        }
    }

    FatControlNum = 0;                                     // FAT 编号初始化为 0

    vPortFree( pcRAMBuffer );                              // 释放内存
}
```

接下来实现对文本内容的读写操作。

(3) 文件写入：使用 Fat_ff_write(char * pcMountPath，char * fileName，char * data，int dataSize)函数打开 fat.txt 并写入定义的字符串。

```
bool Fat_ff_write(char * pcMountPath, char * fileName, char * data, int dataSize)
{
    int32_t lItemsWritten;
    int32_t lResult;
    FF_FILE * pxFile;
    char * pcRAMBuffer;

    pcRAMBuffer = ( char * ) pvPortMalloc( fsRAM_BUFFER_SIZE );
    if(pcRAMBuffer == NULL)
        FF_PRINTF( "pvPortMalloc Fail\r\n");

    // 确保在挂载的根目录中使用
    lResult = ff_chdir( pcMountPath );
    if(lResult < 0)
        FF_PRINTF( "Chdir MountPath Fail\r\n");
```

```
// 获取当前工作目录,并打印出文件名文件要写入到的目录
ff_getcwd( pcRAMBuffer, fsRAM_BUFFER_SIZE );
FF_PRINTF( "Writing file %s in %s\r\n", fileName, pcRAMBuffer );

// 打开文件,如果文件不存在,则创建该文件
pxFile = ff_fopen(fileName, "w" );

if(pxFile != NULL)
{
// 将 RAM 缓冲区写入打开的文件
    lItemsWritten = ff_fwrite( data, dataSize, 1, pxFile );
    if(lItemsWritten == 0)
        FF_PRINTF( "write the File \r\n");
    else
        FF_PRINTF( "write the success \r\n");
        return true;
}
// 清除 RAM 缓冲区
memset( pcRAMBuffer, 0x00, fsRAM_BUFFER_SIZE );
// 释放 RAM 缓冲区
vPortFree( pcRAMBuffer );
// 关闭该文件,以便创建另一个文件
ff_fclose( pxFile );
}
```

（4）文件读取：使用 Fat_ff_read(char * pcMountPath，char * fileName，char * data，int dataSize)函数读取 fat.txt 中写入的字符串,显示到文本框中。

```
void Fat_ff_read(char * pcMountPath, char * fileName, void * data, int dataSize)
{
    size_t xItemsRead;
    FF_FILE * pxFile;
    char * pcRAMBuffer;
    int32_t lResult;

    // 分配缓冲区
    pcRAMBuffer = ( char * ) pvPortMalloc( fsRAM_BUFFER_SIZE );
    if(pcRAMBuffer == NULL)
        FF_PRINTF( "pvPortMalloc Fail\r\n");

    // 确保在挂载的根目录中使用
    lResult = ff_chdir( pcMountPath );
    if(lResult < 0)
        FF_PRINTF( "Chdir MountPath Fail\r\n");

    // 获取当前工作目录,并打印出文件名文件要写入到的目录
    ff_getcwd( pcRAMBuffer, fsRAM_BUFFER_SIZE );
    FF_PRINTF( "Reading file %s from %s\r\n", fileName, pcRAMBuffer );

    // 打开文件进行读取
    pxFile = ff_fopen( fileName, "r" );

    if(pxFile != NULL)
    {
        // 读取文件
```

```
        xItemsRead = ff_fread( data, dataSize, 1, pxFile);
        if(xItemsRead)
            FF_PRINTF( "Read the success \r\n");
        else
            FF_PRINTF( "Read the fail \r\n");
    }

    // 清除 RAM 缓冲区
    memset( pcRAMBuffer, 0x00, fsRAM_BUFFER_SIZE );
    // 释放 RAM 缓冲区
    vPortFree( pcRAMBuffer );
    // 关闭文件
    ff_fclose( pxFile );
}
```

(5) 写入一个字节: 使用 Fat_ff_putc(char * pcMountPath, char * fileName, char * c)
函数写入 sub.txt 一个字节数据。

```
void Fat_ff_putc(char * pcMountPath, char * fileName, char * c)
{
    int32_t iReturned;
    FF_FILE * pxFile;

    // 切换到指定目录
    ff_chdir( pcMountPath );
    ff_getcwd( pcMountPath, fsRAM_BUFFER_SIZE );
    FF_PRINTF( "In directory % s\r\n", pcMountPath );

    // 打开文件追加写 a +
    FF_PRINTF( "putc file % s in % s\r\n", fileName, pcMountPath );
    pxFile = ff_fopen( fileName, "a + " );

    // 写入一个字节
    if( pxFile != NULL )
    {
        iReturned = ff_fputc( (int) * c, pxFile );
        if(iReturned == 0)
            FF_PRINTF( "putc file Fail \r\n" );
        else
            FF_PRINTF( "putc file success \r\n" );
    }

    // 关闭文件
    ff_fclose( pxFile );
}
```

(6) 读取一个字节: 使用 Fat_ff_getc(char * pcMountPath, char * fileName, char * c)
函数读取 sub.txt 中一个字节数据。

```
void Fat_ff_getc(char * pcMountPath, char * fileName, char * c)
{
    int iReturned;
    FF_FILE * pxFile;

    // 移动到创建文件的目录中
    ff_chdir( pcMountPath );
```

```
    ff_getcwd( pcMountPath, fsRAM_BUFFER_SIZE );
    FF_PRINTF( "In directory % s\r\n", pcMountPath );

    // 打开文件
    FF_PRINTF( "Reading file % s in % s\r\n", fileName, pcMountPath );
    pxFile = ff_fopen( fileName, "r" );

    // 读一个字节
    if( pxFile != NULL )
    {
        iReturned = ff_fgetc( pxFile );
        * c = iReturned;
    }

    // 关闭文件流
    ff_fclose( pxFile );
}
```

（7）格式化写入：使用 Fat_ff_printf(char ＊ pcMountPath，char ＊ fileName，char ＊ printfbuf)函数打开 test.txt 并写入格式化的字符串数据。

```
void Fat_ff_printf(char * pcMountPath, char * fileName, char * printfbuf)
{
    FF_FILE * pxFile;

    // 移动到创建文件的目录中
    ff_chdir( pcMountPath );
    ff_getcwd( pcMountPath, fsRAM_BUFFER_SIZE );
    FF_PRINTF( "In directory % s\r\n", pcMountPath );

    // 打开文件
    FF_PRINTF( "printf file % s in % s\r\n", fileName, pcMountPath );
    pxFile = ff_fopen( fileName, "w" );

    // 格式化写入
    if( pxFile != NULL )
    {
        ff_fprintf(pxFile, "Test String % c % s % c",'"', printfbuf, '"');
    }

    // 关闭文件流
    ff_fclose( pxFile );
}
```

（8）字符串读取：使用 Fat_ff_gets(char ＊ pcMountPath，char ＊ fileName，char ＊ getsbuf，int len)函数在 test.txt 读取指定大小的字符串。

```
void Fat_ff_gets(char * pcMountPath, char * fileName, char * getsbuf, int len)
{
    FF_FILE * pxFile;

    // 移动到创建文件的目录中
    ff_chdir( pcMountPath );
    ff_getcwd( pcMountPath, fsRAM_BUFFER_SIZE );
    FF_PRINTF( "In directory % s\r\n", pcMountPath );
```

```
    // 打开文件
    FF_PRINTF( "gets file % s in % s\r\n", fileName, pcMountPath );
    pxFile = ff_fopen( fileName, "r" );

    // 格式化写入
    if( pxFile != NULL )
    {
        ff_fgets(getsbuf, len, pxFile);                    // 读取字符串
    }

    // 关闭文件流
    ff_fclose( pxFile );
}
```

(9) 偏移读写位置：使用 Fat_ff_seek(char * pcMountPath，char * fileName，char * buf，int len，int offset)函数将 fat.txt 的读写位置偏移到指定位置。

```
void Fat_ff_seek(char * pcMountPath, char * fileName, char * buf, int len, int offset)
{
    FF_FILE * pxFile;

    // 移动到创建文件的目录中
    ff_chdir( pcMountPath );
    ff_getcwd( pcMountPath, fsRAM_BUFFER_SIZE );
    FF_PRINTF( "In directory % s\r\n", pcMountPath );

    // 打开文件
    FF_PRINTF( "gets file % s in % s\r\n", fileName, pcMountPath );
    pxFile = ff_fopen( fileName, "r" );

    // 偏移
    if( pxFile != NULL )
    {
        ff_fseek(pxFile, offset, FF_SEEK_CUR);             // 偏移读写位置
        ff_fgets(buf, len, pxFile);                        //  读取字符串
    }

    // 关闭文件流
    ff_fclose( pxFile );
}
```

(10) 获取当前文件读写位置：使用 Fat_ff_tell(char * pcMountPath，char * fileName，WM_HWIN hWin)函数顺序读取 fat.txt 内容，并获取当前读写位置,显示在 UI 界面。

```
void Fat_ff_tell(char * pcMountPath, char * fileName)
{
    FF_FILE * pxFile;
    char posbuf[1];
    long pos;                                              // 读写位置

    // 移动到创建文件的目录中
    ff_chdir( pcMountPath );
    ff_getcwd( pcMountPath, fsRAM_BUFFER_SIZE );
    FF_PRINTF( "In directory % s\r\n", pcMountPath );

    // 打开文件
```

```
    FF_PRINTF( "gets file %s in %s\r\n", fileName, pcMountPath );
    pxFile = ff_fopen( fileName, "r" );

    // 读取文件读写位置
    if( pxFile != NULL )
    {
        for(int i = 0; i < 72; i++)
        {
            char c = ff_fgetc(pxFile);
            pos = ff_ftell(pxFile);                    // 返回当前位置
            sprintf(posbuf,"%d", (int)pos);

            vTaskDelay(100);
        }
    }
    // 关闭文件流
    ff_fclose( pxFile );
}
```

（11）读写位置重置：使用 Fat_ff_rewind(char * pcMountPath，char * fileName，WM_HWIN hWin)函数先读取文件 fat. txt 的 5 个字节数据并显示，重置读写位置到 0，再重新读取 10 个字节并显示。

```
void Fat_ff_rewind(char * pcMountPath, char * fileName)
{
    FF_FILE * pxFile;
    char readbuf[10];

    // 移动到创建文件的目录中
    ff_chdir( pcMountPath );
    ff_getcwd( pcMountPath, fsRAM_BUFFER_SIZE );
    FF_PRINTF( "In directory %s\r\n", pcMountPath );

    // 打开文件
    FF_PRINTF( "gets file %s in %s\r\n", fileName, pcMountPath );
    pxFile = ff_fopen( fileName, "r" );

    // 重置读写位置到起始位 0
    if( pxFile != NULL )
    {
        ff_fgets(readbuf, 5, pxFile);                  // 读取 5 个字节数据
        FF_PRINTF("%s", readbuf);

        ff_rewind(pxFile);                             // 读写位置重置为 0

        ff_fgets(readbuf, 5, pxFile);                  // 读取 10 个字节数据
        FF_PRINTF("%s", readbuf);
    }
    // 关闭文件流
    ff_fclose( pxFile );
}
```

（12）文件截断读写位置：使用 Fat_ff_seteof(char * pcMountPath，char * fileName，WM_HWIN hWin)函数截断文件内容到指定位置，读取文件时就会从截断位置开始读取。

```
void Fat_ff_seteof(char * pcMountPath, char * fileName)
{
```

```
        FF_FILE * pxFile;
        char readbuf[72];

        // 移动到创建文件的目录中
        ff_chdir( pcMountPath );
        ff_getcwd( pcMountPath, fsRAM_BUFFER_SIZE );
        FF_PRINTF( "In directory % s\r\n", pcMountPath );

        // 打开文件
        FF_PRINTF( "gets file % s in % s\r\n", fileName, pcMountPath );
        pxFile = ff_fopen( fileName, "r" );

        // 重置读写位置到起始位 0
        if( pxFile != NULL )
        {

            ff_fgets(readbuf, 72, pxFile);                    // 读取全部


            ff_rewind(pxFile);                                // 读写位置重置为 0
            ff_fseek(pxFile, 20, FF_SEEK_SET);                // 偏移 20 字节
            ff_seteof(pxFile);                                // 截断到当前位置,截断 20 字节


            ff_fgets(readbuf, 72, pxFile);                    // 重新读取,从截断处开始读取
        }

        // 关闭文件流
        ff_fclose( pxFile );
}
```

(13) 在 FAT-CLI-commands.c 中创建实现文件读写新指令,具体如下:

```
static BaseType_t prvWriteCommand( char * pcWriteBuffer, size_t xWriteBufferLen, const char *
pcCommandString )
{
    ( void ) xWriteBufferLen;
    ( void ) pcCommandString;

    if(Fat_ff_write("/FAT", "fat.txt", fattext, strlen( fattext )))
    {
        sprintf( pcWriteBuffer, "Success" );
    }

    /* There is no more data to return after this single string, so return
    pdFALSE. */
    return pdFALSE;
}

static const CLI_Command_Definition_t xWrite =
{
    "write", /* The command string to type. */
    "\r\nwrite:\r\n Writes data to file\r\n",
    prvWriteCommand, /* The function to run. */
    0 /* One parameter is expected. */
};
```

```
static BaseType_t prvReadCommand( char * pcWriteBuffer, size_t xWriteBufferLen, const char *
pcCommandString )
{
        /* Remove compile time warnings about unused parameters, and check the
        write buffer is not NULL. NOTE - for simplicity, this example assumes the
        write buffer length is adequate, so does not check for buffer overflows. */
        ( void ) pcCommandString;
        ( void ) xWriteBufferLen;
        char * ucBuffer;

        Fat_ff_read("/FAT", "fat.txt", ucBuffer, strlen( fattext ));
        strcpy( pcWriteBuffer, ucBuffer );

        /* There is no more data to return after this single string, so return
        pdFALSE. */
        return pdFALSE;
}


static const CLI_Command_Definition_t xRead =
{
    "read", /* The command string to type. */
    "\r\nread:\r\n Reads data from an open file\r\n",
    prvReadCommand, /* The function to run. */
    0 /* One parameter is expected. */
};

static BaseType_t prvPutcCommand( char * pcWriteBuffer, size_t xWriteBufferLen, const char *
pcCommandString )
{
        /* Remove compile time warnings about unused parameters, and check the
        write buffer is not NULL.  NOTE - for simplicity, this example assumes the
        write buffer length is adequate, so does not check for buffer overflows. */
        ( void ) pcCommandString;
        ( void ) xWriteBufferLen;
        char c = 'H';
        Fat_ff_putc("/FAT/SUB", "sub.txt", &c);
        // strcat( pcWriteBuffer, cliNEW_LINE );
        strcpy( pcWriteBuffer, "putc fat.txt success" );

        /* There is no more data to return after this single string, so return
        pdFALSE. */
        return pdFALSE;
}


static const CLI_Command_Definition_t xPutc =
{
    "putc", /* The command string to type. */
    "\r\nputc:\r\n Write a single byte to an open file\r\n",
    prvPutcCommand, /* The function to run. */
    0 /* One parameter is expected. */
};

static BaseType_t prvGetcCommand( char * pcWriteBuffer, size_t xWriteBufferLen, const char *
pcCommandString )
{
```

```
                /* Remove compile time warnings about unused parameters, and check the
                write buffer is not NULL. NOTE - for simplicity, this example assumes the
                write buffer length is adequate, so does not check for buffer overflows. */
                ( void ) pcCommandString;
                ( void ) xWriteBufferLen;
                char * c;
                Fat_ff_getc("/FAT/SUB", "sub.txt", c);
                strcpy( pcWriteBuffer, c );

                /* There is no more data to return after this single string, so return
                pdFALSE. */
                return pdFALSE;
        }


static const CLI_Command_Definition_t xGetc =
{
    "getc", /* The command string to type. */
    "\r\ngetc:\r\nReads a single byte from an open file\r\n",
    prvGetcCommand, /* The function to run. */
    0 /* One parameter is expected. */
};


static BaseType_t prvPrintfcCommand( char * pcWriteBuffer, size_t xWriteBufferLen, const char *
pcCommandString )
{
                /* Remove compile time warnings about unused parameters, and check the
                write buffer is not NULL. NOTE - for simplicity, this example assumes the
                write buffer length is adequate, so does not check for buffer overflows. */
                ( void ) pcCommandString;
                ( void ) xWriteBufferLen;
                char buf[] = "fprintf test";
                Fat_ff_printf("/FAT/SUB", "test.txt", buf);
                // strcat( pcWriteBuffer, cliNEW_LINE );
                strcpy( pcWriteBuffer, buf );

                /* There is no more data to return after this single string, so return
                pdFALSE. */
                return pdFALSE;
        }


static const CLI_Command_Definition_t xPrintf =
{
    "printf", /* The command string to type. */
    "\r\nprintf:\r\n Writes formatted data to a file\r\n",
    prvPrintfcCommand, /* The function to run. */
    0 /* One parameter is expected. */
};


static BaseType_t prvGetsCommand( char * pcWriteBuffer, size_t xWriteBufferLen, const char *
pcCommandString )
{
                /* Remove compile time warnings about unused parameters, and check the
                write buffer is not NULL. NOTE - for simplicity, this example assumes the
                write buffer length is adequate, so does not check for buffer overflows. */
                ( void ) pcCommandString;
```

```
        ( void ) xWriteBufferLen;
        char buf[30];

        Fat_ff_gets("/FAT/SUB", "test.txt", buf, 30);
        // strcat( pcWriteBuffer, cliNEW_LINE );
        strcpy( pcWriteBuffer, buf );

        /* There is no more data to return after this single string, so return
        pdFALSE. */
        return pdFALSE;
}

static const CLI_Command_Definition_t xGets =
{
    "gets", /* The command string to type. */
    "\r\ngets:\r\n Reads a string from a file \r\n",
    prvGetsCommand, /* The function to run. */
    0 /* One parameter is expected. */
};

static BaseType_t prvseekCommand( char * pcWriteBuffer, size_t xWriteBufferLen, const char *
pcCommandString )
{
        /* Remove compile time warnings about unused parameters, and check the
        write buffer is not NULL. NOTE - for simplicity, this example assumes the
        write buffer length is adequate, so does not check for buffer overflows. */
        ( void ) pcCommandString;
        ( void ) xWriteBufferLen;
        char buf[20];

        Fat_ff_seek("/FAT", "fat.txt", buf, 20, 5);        // 偏移 5 字节,开始读取 20 字节

        strcpy( pcWriteBuffer, buf );

        /* There is no more data to return after this single string, so return
        pdFALSE. */
        return pdFALSE;
}

static const CLI_Command_Definition_t xseek =
{
    "seek", /* The command string to type. */
    "\r\nseek:\r\nMoves the current read/write position of an open file\r\n",
    prvseekCommand, /* The function to run. */
    0 /* One parameter is expected. */
};

static BaseType_t prvtellCommand( char * pcWriteBuffer, size_t xWriteBufferLen, const char *
pcCommandString )
{
        /* Remove compile time warnings about unused parameters, and check the
        write buffer is not NULL.  NOTE - for simplicity, this example assumes the
        write buffer length is adequate, so does not check for buffer overflows. */
        ( void ) pcCommandString;
        ( void ) xWriteBufferLen;
```

```
            Fat_ff_tell("/FAT", "fat.txt");

            sprintf( pcWriteBuffer, "Success" );

            /* There is no more data to return after this single string, so return
            pdFALSE. */
            return pdFALSE;
    }


static const CLI_Command_Definition_t xtell =
{
    "tell", /* The command string to type. */
    "\r\ntell:\r\n Returns the current read/write position of an open file\r\n",
    prvtellCommand, /* The function to run. */
    0 /* One parameter is expected. */
};

static BaseType_t prvrewindCommand( char * pcWriteBuffer, size_t xWriteBufferLen, const char *
pcCommandString )
{
            /* Remove compile time warnings about unused parameters, and check the
            write buffer is not NULL. NOTE - for simplicity, this example assumes the
            write buffer length is adequate, so does not check for buffer overflows. */
            ( void ) pcCommandString;
            ( void ) xWriteBufferLen;

            Fat_ff_rewind("/FAT", "fat.txt");

            sprintf( pcWriteBuffer, "Success" );

            /* There is no more data to return after this single string, so return
            pdFALSE. */
            return pdFALSE;
    }


static const CLI_Command_Definition_t xrewind =
{
    "rewind", /* The command string to type. */
    "\r\nrewind:\r\n Moves the current read/write position back to the start of a file\r\n",
    prvrewindCommand, /* The function to run. */
    0 /* One parameter is expected. */
};

static BaseType_t prvseteofCommand( char * pcWriteBuffer, size_t xWriteBufferLen, const char *
pcCommandString )
{
            /* Remove compile time warnings about unused parameters, and check the
            write buffer is not NULL. NOTE - for simplicity, this example assumes the
            write buffer length is adequate, so does not check for buffer overflows. */
            ( void ) pcCommandString;
            ( void ) xWriteBufferLen;

            Fat_ff_seteof("/FAT", "fat.txt");
```

```
                sprintf( pcWriteBuffer, "Success" );

                /* There is no more data to return after this single string, so return
                pdFALSE. */
                return pdFALSE;
}

static const CLI_Command_Definition_t xseteof =
{
        "seteof", /* The command string to type. */
        "\r\nseteof:\r\n Truncates a file to the file's current read/write position\r\n",
        prvseekCommand, /* The function to run. */
        0 /* One parameter is expected. */
};
```

（14）声明 CLI 命令，代码如下：

```
void vRegisterFileSystemCLICommands( void )
{
        /* Register all the command line commands defined immediately above. */
        FreeRTOS_CLIRegisterCommand( &xFAT_Init);
        FreeRTOS_CLIRegisterCommand( &xDIR );
        FreeRTOS_CLIRegisterCommand( &xmkdir );
        FreeRTOS_CLIRegisterCommand( &xCD );
        FreeRTOS_CLIRegisterCommand( &xDEL );
        FreeRTOS_CLIRegisterCommand( &xWrite );
        FreeRTOS_CLIRegisterCommand( &xRead );
        FreeRTOS_CLIRegisterCommand( &xPutc );
        FreeRTOS_CLIRegisterCommand( &xGetc );
        FreeRTOS_CLIRegisterCommand( &xPrintf );
        FreeRTOS_CLIRegisterCommand( &xGets );
        FreeRTOS_CLIRegisterCommand( &xseek );
        FreeRTOS_CLIRegisterCommand( &xtell );
        FreeRTOS_CLIRegisterCommand( &xrewind );
        FreeRTOS_CLIRegisterCommand( &xseteof );
}
```

9.3.3 运行结果

将程序下载到开发板中。初始化完成后会创建文件。

输入 help 命令，结果如图 9-33 所示。

输入 start 命令进行 FAT 的初始化，如图 9-34 所示。

输入 write 命令，将字符串数据写入 fat.txt，如图 9-35 所示。

可以读卡查看文件内容。

输入 read 命令，读取 fat.txt 内容，并显示字符串数据，如图 9-36 所示。

输入 putc 命令，向 sub.txt 文件中写入一个字节的数据，可以查看文件内容，如图 9-37 所示。

输入 getc 命令，读取 sub.txt 文件中的一个字节的数据，如图 9-38 所示。

输入 printf 命令，写入到 test.txt 格式化的字符串，利用读卡器查看 SD 卡中的文件内容，如图 9-39 所示。

输入 gets 命令，读取 test.txt 中格式化的数据，如图 9-40 所示。

```
[10:57:05.155] start:
[10:57:05.155]  Initialize FAT
[10:57:05.166]
[10:57:05.166] dir:
[10:57:05.166]  Lists the files in the current directory
[10:57:05.166]
[10:57:05.166] mkdir <filename>:
[10:57:05.166]  Create a directory
[10:57:05.166]
[10:57:05.166] cd <filename>:
[10:57:05.166]  Changes the working directory
[10:57:05.175]
[10:57:05.175] del <filename>:
[10:57:05.175]  deletes a file or directory
[10:57:05.185]
[10:57:05.185] write:
[10:57:05.185]  Writes data to file
[10:57:05.185]
[10:57:05.185] read:
[10:57:05.185]  Reads data from an open file
[10:57:05.185]
[10:57:05.185] putc:
[10:57:05.185]  Write a single byte to an open file
[10:57:05.195]
[10:57:05.195] getc:
[10:57:05.195]  Reads a single byte from an open file
[10:57:05.195]
[10:57:05.195] printf:
[10:57:05.195]  Writes formatted data to a file
[10:57:05.206]
[10:57:05.206] gets:
[10:57:05.206]  Reads a string from a file
[10:57:05.206]
[10:57:05.206] seek:
[10:57:05.206] Moves the current read/write position of an open file
[10:57:05.215]
[10:57:05.215] tell:
[10:57:05.215]  Returns the current read/write position of an open file
[10:57:05.215]
[10:57:05.215] rewind:
[10:57:05.215]  Moves the current read/write position back to the start of a file
[10:57:05.226]
[10:57:05.226] seteof:
[10:57:05.226]  Truncates a file to the file's current read/write position
```

图 9-33　help 命令结果

```
[10:40:03.820] >start
[10:41:08.685] It's a 2.0 card, check SDHC
[10:41:08.685] Voltage resp: 00ff8000
[10:41:08.695] Voltage resp: c0ff8000
[10:41:08.695] HAL_SD_Init: 0: OK type: SDHC Capacity: 3774 MB
[10:41:08.695] prvDetermineFatType: firstWord 0000FFF8
[10:41:08.715] ****** FreeRTOS+FAT initialized 7720960 sectors
[10:41:08.726] FF_SDDiskInit: Mounted SD-card as root "/"
[10:41:08.726] Reading FAT and calculating Free Space
[10:41:08.726] Partition Nr        0
[10:41:08.726] Type               12 (FAT32)
[10:41:08.735] VolLabel        'NO NAME     '
[10:41:08.735] TotalSectors    7720960
[10:41:08.735] SecsPerCluster     64
[10:41:08.745] Size            3766 MB
[10:41:08.745] FreeSize        3765 MB ( 100 perc free )
[10:41:08.745] Creating file /FAT /fat.txt
[10:41:08.755] Creating file /FAT/SUB /sub.txt
[10:41:08.795] Creating file /FAT/SUB /test.txt
[10:41:08.835] successfully
[10:41:08.865] [Press ENTER to execute the previous command again]
[10:41:08.865] >
```

图 9-34　FAT 初始化

```
[10:41:08.865] >write
[10:41:46.469] Writing file fat.txt in /FAT
[10:41:46.469] write the success
[10:41:46.499] Success
[10:41:46.519] [Press ENTER to execute the previous command again]
[10:41:46.519] >
```
write　　　　　　　　　　　　　　　　　　　　　　　发送

图 9-35　write 命令结果

```
[10:41:46.519] >read
[10:42:14.838] Reading file fat.txt from /FAT
[10:42:14.838] Read the success
[10:42:14.848] Crying helps me slow down and obsess over the weight of life's problems. file
[10:42:14.848]
[10:42:14.848] [Press ENTER to execute the previous command again]
```
read　　　　　　　　　　　　　　　　　　　　　　　发送

图 9-36　read 命令结果

```
[10:42:14.858] >putc
[10:42:36.127] In directory /FAT/SUB
[10:42:36.127] putc file sub.txt in /FAT/SUB
[10:42:36.127] putc file success
[10:42:36.157] putc fat.txt success
[10:42:36.178] [Press ENTER to execute the previous command again]
[10:42:36.178] >
```
putc　　　　　　　　　　　　　　　　　　　　　　　发送

图 9-37　putc 命令结果

```
[10:42:36.178] >getc
[10:43:12.435] In directory /FAT/SUB
[10:43:12.435] Reading file sub.txt in /FAT/SUB
[10:43:12.435] Hutc fat.txt success
[10:43:12.444] [Press ENTER to execute the previous command again]
[10:43:12.444] >
```
getc　　　　　　　　　　　　　　　　　　　　　　　发送

图 9-38　getc 命令结果

```
[10:44:05.621] >printf
[10:44:16.644] In directory /FAT/SUB
[10:44:16.644] printf file test.txt in /FAT/SUB
[10:44:16.644] fprintf test
[10:44:16.654] [Press ENTER to execute the previous command again]
[10:44:16.664] >
```
printf　　　　　　　　　　　　　　　　　　　　　　发送

图 9-39　printf 命令结果

```
[10:44:16.664] >gets
[10:44:38.519] In directory /FAT/SUB
[10:44:38.519] gets file test.txt in /FAT/SUB
[10:44:38.519] Test String "fprintf test"
[10:44:38.528] [Press ENTER to execute the previous command again]
[10:44:38.539] >
```
gets　　　　　　　　　　　　　　　　　　　　　　　发送

图 9-40　gets 命令结果

输入 seek 命令,偏移读写 fat.txt 文件中 5 字节的数据,开始读取 20 字节数据,如图 9-41 所示。

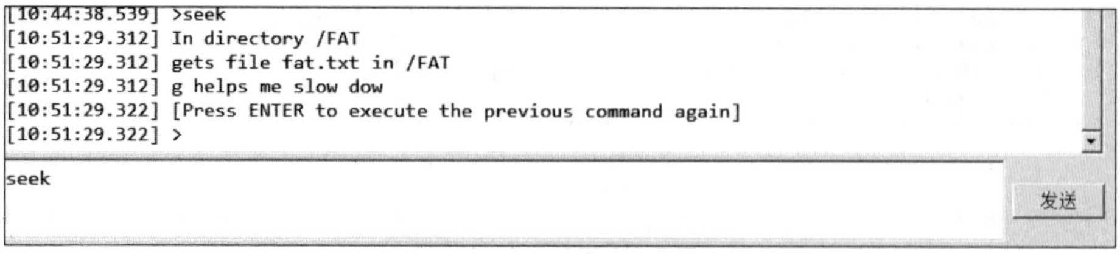

图 9-41　seek 命令结果

输入 tell 命令,顺序读取 fat.txt 的内容,并读取当前位置,如图 9-42 所示。

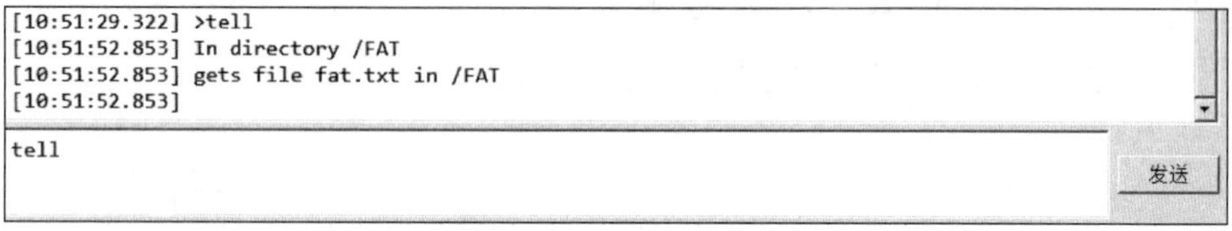

图 9-42　tell 命令结果

输入 rewind 命令,读取 fat.txt 中的 5 字节,重置读写位置为 0,再读取 10 字节并显示,如图 9-43 所示。

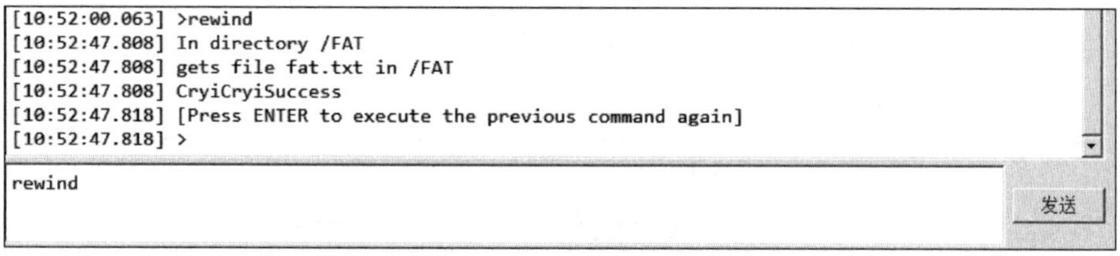

图 9-43　rewind 命令结果

输入 seteof 命令,先读取 fat.txt 文件中的所有数据,然后截断 fat.txt 读写数据位置到 20 字节处,再重新读取所有数据,只读取截断处以后的数据,如图 9-44 所示。

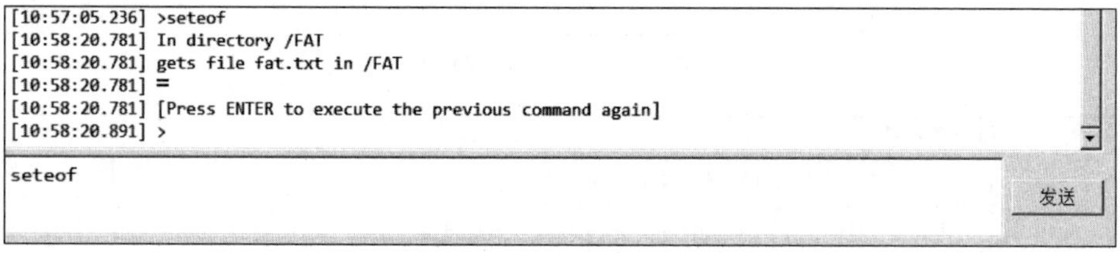

图 9-44　seteof 命令结果

练习

(1) 利用 FAT 与 CLI 实现创建文件以及任意内容写入操作。
(2) 利用 FAT 与 CLI 读取任意文件的内容。

9.4　FreeRTOS＋FAT 文件操作

通过学习本节内容,读者应熟悉 FAT 文件系统文件操作工具函数,对文件进行相关属性操作。

9.4.1 开发原理

FAT 有关文件操作工具函数包括 ff_feof、ff_rename、ff_remove、ff_stat、ff_filelength、ff_findfirst、ff_findnext。

(1) ff_feof()。

头文件：ff_stdio.h。

函数原型：

```
int ff_feof( FF_FILE * pxStream );
```

功能：查询打开的文件的读/写指针是否在文件的末尾。

参数描述：

pxStream——ff_fopen()打开文件时返回的 FF_FILE 指针。

返回值：

如果文件的读/写指针在文件的末尾，则返回一个非零值；如果文件的读/写指针不在文件的末尾，并且没有发生错误，则返回 0。

(2) ff_rename()。

头文件：ff_stdio.h。

函数原型：

```
int ff_rename( const char * pcOldName, const char * pcNewName ,int bDeleteIfExist);
```

功能：移动文件或者重命名文件，可以跨目录移动。

参数描述：

- pcOldName——源文件的路径名，字符串可以包含相对路径。
- pcNewName——目标文件的路径名，字符串可以包含相对路径。
- bDeleteIfExist——目标如果存在且是否需要删除。0 表示否，1 表示是。

返回值：

如果文件被成功移动，则返回 0；如果文件无法移动，则返回−1。

(3) ff_remove()。

头文件：ff_stdio.h。

函数原型：

```
int ff_remove( const char * pcPath );
```

功能：从 FAT 文件系统中删除(解除链接)文件。

参数描述：

pcPat——目标文件的路径名。

返回值：

如果文件被成功删除，则返回 0；如果文件无法删除，则返回−1。

(4) ff_stat()。

头文件：ff_stdio.h。

函数原型：

```
int ff_stat( const char * pcFileName, FF_Stat_t * pxStatBuffer );
```

功能：读取文件属性信息保存到 FF_Stat_t 对象中。

FF_Stat_t 结构体属性:
- st_dev——文件的设备 ID。
- st_ino——文件的序列号。
- st_mode——如果文件是一个目录,那么 st_mode 将被设置为 FF_IFDIR;否则 st_mode 将被设置为 FF_IFREG(常规)。
- st_size——文件的大小,以字节为单位。ff_stat()不能用于获取打开的文件的大小。
- st_atime——文件最后一次被访问的时间。只有在 FreeRTOSFATConfig. h 中将 FF_TIME_SUPPORT 设置为 1 时才可用。
- st_mtime——文件最后一次修改的时间。
- st_ctime——文件状态上次更改的时间。

参数描述:
- pcFileName——文件名。
- pxStatBuffer——保存到 FF_Stat_t 的结构体对象,必须动态分配内存。

返回值:

若成功获取则返回 0,若失败则返回 −1。

示例:

```
long lGetFileLength( char * pcFileName )
{
FF_Stat_t * xStat;
long lReturn;

xStat = ( FF_Stat_t * ) pvPortMalloc( sizeof(FF_Stat_t));

    /* Find the length of the file with name pcFileName. */
    if( ff_stat( pcFileName, xStat ) == 0 )
    {
        lReturn = xStat.st_size;
    }
    else
    {
        /* Could not obtain the length of the file. */
        lReturn = -1;
    }

    return lReturn;
}
```

(5) ff_filelength()。

头文件:ff_stdio. h。

函数原型:

```
size_t ff_filelength( FF_FILE * pxStream );
```

功能:返回打开的文件的长度(以字节为单位)。

参数描述:
- pxStream——ff_fopen()打开文件时返回的 FF_FILE 指针。

返回值:

如果成功获取了文件的长度,则返回文件的长度;如果无法获取文件的长度,则返回 0。

（6）ff_findfirst()。

头文件：ff_stdio. h。

函数原型：

```
int ff_findfirst( const char * pcDirectory, ff_finddata_t * pxFindData );
```

功能：

找到目录中的第一个文件。ff_findfirst()与 ff_findnext()一起用于扫描目录以查找该目录包含的所有文件。

由于 ff_finddata_t 结构的大小相对较大，建议动态分配它，而不是声明为堆栈变量。在使用该结构之前，还必须将其清除为 0。

FF_FindData_t 包含的字段：

• pcFileName——文件名称。

• ulFileSize——文件的长度，以字节为单位。

• ucAttributes——文件的属性，以下定义：

① FF_FAT_ATTR_READONLY(只读)

② FF_FAT_ATTR_HIDDEN(隐藏)

③ FF_FAT_ATTR_SYSTEM(系统文件)

④ FF_FAT_ATTR_DIR(目录)

参数描述：

pcDirectory——目录的名称。

pxFindData——ff_finddata_t 结构体对象。

返回值：

如果找到文件或目录，则返回 0；如果发生错误，将返回一个非零值。

示例：

```
void DIRCommand( const char * pcDirectoryToScan )
{
FF_FindData_t * pxFindStruct;
const char    * pcAttrib;
              * pcWritableFile = "writable file",
              * pcReadOnlyFile = "read only file",
              * pcDirectory = "directory";

    /* FF_FindData_t can be large, so it is best to allocate the structure
    dynamically, rather than declare it as a stack variable. */
    pxFindStruct = ( FF_FindData_t * ) pvPortMalloc( sizeof( FF_FindData_t ) );

    /* FF_FindData_t must be cleared to 0. */
    memset( pxFindStruct, 0x00, sizeof( FF_FindData_t ) );

    /* The first parameter to ff_findfist() is the directory being searched. Do
    not add wildcards to the end of the directory name. */
    if( ff_findfirst( pcDirectoryToScan, pxFindStruct ) == 0 )
    {
        do
        {
            /* Point pcAttrib to a string that describes the file. */
            if( ( pxFindStruct -> ucAttributes & FF_FAT_ATTR_DIR ) != 0 )
```

```
                                {
                                    pcAttrib = pcDirectory;
                                }
                                else if( pxFindStruct -> ucAttributes & FF_FAT_ATTR_READONLY )
                                {
                                    pcAttrib = pcReadOnlyFile;
                                }
                                else
                                {
                                    pcAttrib = pcWritableFile;
                                }

                                /* Print the files name, size, and attribute string. */
                                FreeRTOS_printf( ( "%s [%s] [size = %d]", pxFindStruct -> pcFileName,
                                                                          pcAttrib,
                                                                          pxFindStruct -> ulFileSize ) );

                        } while( ff_findnext( pxFindStruct ) == 0 );
                    }

                    /* Free the allocated FF_FindData_t structure. */
                    vPortFree( pxFindStruct );
            }
```

(7) ff_findnext()。

头文件: ff_stdio.h。

函数原型:

```
int ff_findnext( FF_FindData_t *pxFindData );
```

功能: 在目录中查找下一个文件或目录。只能在调用 ff_findfirst()之后调用 ff_findnext()。 ff_findfirst()查找目录中的第一个文件,然后 ff_findnext()查找该目录中的所有后续文件。 必须将 FF_FindData_t 对象实例传递给 ff_findnext(),该对象实例与传递给 ff_findfirst()的 相同。

参数描述:

pxFindData——FF_FindData_t 结构体对象,与 ff_findfirst()相同的 FF_FindData_t 对象。

返回值:

如果找到文件或目录,则返回 0;如果发生错误,将返回一个非零值。

示例:

同 ff_findfirst()。

9.4.2 开发步骤

(1) 复制一份移植完成的工程,利用命令行界面 CLI 实现对 FAT 文件的操作。

第一步,进行编写文件操作的实现函数。

第二步,进行结构体声明。

第三步,CLI 命令的实现。

(2) FAT 初始化函数:

```
static BaseType_t prvFAT_Iint_Command( char * pcWriteBuffer, size_t xWriteBufferLen, const char
```

```
* pcCommandString )
{
    ( void ) pcCommandString;
    ( void ) xWriteBufferLen;

    pxDisk = FF_SDDiskInit("/");
    if(pxDisk == NULL)
    {
        sprintf( pcWriteBuffer, "Error" );
    }
    else
    {
        sprintf( pcWriteBuffer, "successfully" );
    }

    strcat( pcWriteBuffer, cliNEW_LINE );

        /* There is no more data to return after this single string, so return
        pdFALSE. */
        return pdFALSE;
}
```

（3）FAT 文件系统的 dir 命令实现，代码如下：

```
static BaseType_t prvDIRCommand( char * pcWriteBuffer, size_t xWriteBufferLen, const char *
pcCommandString )
{
static FF_FindData_t * pxFindStruct = NULL;
unsigned char ucReturned;
BaseType_t xReturn = pdFALSE;

    /* ThisassumespcWriteBuffer is long enough. */
    ( void ) pcCommandString;

    /* Ensure the buffer leaves space for the \r\n. */
    configASSERT( xWriteBufferLen > ( strlen( cliNEW_LINE ) * 2 ) );
    xWriteBufferLen -= strlen( cliNEW_LINE );

    if( pxFindStruct == NULL )
    {
        /* This is the first time this function has been executed since the Dir
        command was run.  Create the find structure. */
        pxFindStruct = ( FF_FindData_t * ) pvPortMalloc( sizeof( FF_FindData_t ) );

        if( pxFindStruct != NULL )
        {
            ucReturned = ff_findfirst( "", pxFindStruct ); // to use the current working
directory use an empty string ( "" ), do not use ("*.*").

            if( ucReturned == 0 )
            {
                prvCreateFileInfoString( pcWriteBuffer, pxFindStruct );
                xReturn = pdPASS;
            }
            else
            {
```

```c
                        snprintf( pcWriteBuffer, xWriteBufferLen, "Error: ff_findfirst() failed." );
                }
            }
            else
            {
                snprintf( pcWriteBuffer, xWriteBufferLen, "Failed to allocate RAM (using heap_4.c
will prevent fragmentation)." );
            }
        }
        else
        {
            /* The find struct has already been created.  Find the next file in
            the directory. */
            ucReturned = ff_findnext( pxFindStruct );

            if( ucReturned == 0 )
            {
                prvCreateFileInfoString( pcWriteBuffer, pxFindStruct );
                xReturn = pdPASS;
            }
            else
            {
                /* There are no more files.  Free the find structure. */
                vPortFree( pxFindStruct );
                pxFindStruct = NULL;

                /* No string to return. */
                pcWriteBuffer[ 0 ] = 0x00;
            }
        }

        strcat( pcWriteBuffer, cliNEW_LINE );

        return xReturn;
}

static void prvCreateFileInfoString( char * pcBuffer, FF_FindData_t * pxFindStruct )
{
const char * pcWritableFile = "writable file", * pcReadOnlyFile = "read only file", *
pcDirectory = "directory";
const char * pcAttrib;

    /* PointpcAttrib to a string that describes the file. */
    if( ( pxFindStruct->ucAttributes  & FF_FAT_ATTR_DIR  ) != 0 )
    {
        pcAttrib = pcDirectory;
    }
    else if( pxFindStruct->ucAttributes  & FF_FAT_ATTR_READONLY  )
    {
        pcAttrib = pcReadOnlyFile;
    }
    else
    {
        pcAttrib = pcWritableFile;
    }
```

```
    /* Create a string that includes the file name, the file size and the
    attributes string. */
    sprintf( pcBuffer, "%s [%s] [size = %d]", pxFindStruct -> pcFileName, pcAttrib, ( int )
pxFindStruct -> ulFileSize);
}
```

（4）FAT 切换目录命令实现，代码如下：

```
static BaseType_t prvCDCommand( char * pcWriteBuffer, size_t xWriteBufferLen, const char *
pcCommandString )
{
const char * pcParameter;
BaseType_t xParameterStringLength;
unsigned char ucReturned;
size_t xStringLength;

    /* Obtain the parameter string. */
    pcParameter = FreeRTOS_CLIGetParameter
        (
            pcCommandString,                    /* The command string itself. */
            1,                                  /* Return the first parameter. */
            &xParameterStringLength             /* Store the parameter string length. */
        );

    /* Sanity check something was returned. */
    /* 检查是否有返回内容。 */
    configASSERT( pcParameter );

    /* Attempt to move to the requested directory. */
    /* 尝试移动到请求的目录。 */
    ucReturned = ff_chdir( pcParameter );

    if(( ucReturned == 0 ) && (pxDisk != NULL))
    {
        sprintf( pcWriteBuffer, "In: " );
        xStringLength = strlen( pcWriteBuffer );
        ff_getcwd( &( pcWriteBuffer[ xStringLength ] ), ( unsigned char ) ( xWriteBufferLen -
xStringLength ) );
    }
    else if(pxDisk == NULL)
    {
        sprintf( pcWriteBuffer, "Please enter FAT_Init \"FAT-Init\"to initialize" );
    }
    else
    {
        sprintf( pcWriteBuffer, "Error" );
    }

    strcat( pcWriteBuffer, cliNEW_LINE );

    return pdFALSE;
}
```

（5）FAT 文件系统中创建目录 mkdir 命令实现，代码如下：

```
// mkdir 的实现
static BaseType_t prvMKCommand( char * pcWriteBuffer, size_t xWriteBufferLen, const char *
```

```
pcCommandString )
{
const char * pcParameter;
BaseType_t xParameterStringLength;
unsigned char ucReturned;

    ( void ) xWriteBufferLen;

    /* Obtain the parameter string. */
    pcParameter = FreeRTOS_CLIGetParameter
        (
            pcCommandString,               /* The command string itself. */
            1,                             /* Return the first parameter. */
            &xParameterStringLength        /* Store the parameter string length. */
        );

    /* Sanity check something was returned. */
    configASSERT( pcParameter );

    /* Attempt to move to the requested directory. */
    ucReturned = ff_mkdir( pcParameter );

    if( ucReturned == 0 )
    {
        sprintf( pcWriteBuffer, "Directory created successfully" );
    }
    else
    {
        sprintf( pcWriteBuffer, "Directory created Error" );
    }

    strcat( pcWriteBuffer, cliNEW_LINE );

    return pdFALSE;
}
```

(6) FAT 文件系统中删除文件目录命令实现,代码如下:

```
static BaseType_t prvDELCommand( char * pcWriteBuffer, size_t xWriteBufferLen, const char *
pcCommandString )
{
const char * pcParameter;
BaseType_t xParameterStringLength;
unsigned char ucReturned;

    /* This functionassumesxWriteBufferLen is large enough! */
    ( void ) xWriteBufferLen;

    /* Obtain the parameter string. */
    pcParameter = FreeRTOS_CLIGetParameter
        (
            pcCommandString,               /* The command string itself. */
            1,                             /* Return the first parameter. */
            &xParameterStringLength        /* Store the parameter string length. */
        );
```

```
    /* Sanity check something was returned. */
    configASSERT( pcParameter );

    /* Attempt to delete the file. */
    ucReturned = ff_rmdir( pcParameter );

    if( ucReturned == 0 )
    {
        sprintf( pcWriteBuffer, "% s was deleted", pcParameter );
    }
    else
    {
        sprintf( pcWriteBuffer, "Error" );
    }

    strcat( pcWriteBuffer, cliNEW_LINE );

    return pdFALSE;
}
```

（7）FAT 文件系统查询一个打开的文件，该文件的读写指针在文件的末尾，实现代码如下：

```
static BaseType_t prvFeofCommand( char * pcWriteBuffer, size_t xWriteBufferLen, const char *
pcCommandString )
{
    FF_FILE * pxFile;
    int32_t lBytesRead;
    int iReturnedByte;
    const char * pcFileName;
    BaseType_t xParameterStringLength;

    ( void ) xWriteBufferLen;

        /* Obtain the parameter string. */
        pcFileName = FreeRTOS_CLIGetParameter
        (
            pcCommandString,                    /* The command string itself. */
            1,                                  /* Return the first parameter. */
            &xParameterStringLength             /* Store the parameter string length. */
        );

    configASSERT( pcFileName );

    /* Open the file specified bythepcFileName parameter. */
    pxFile = ff_fopen( pcFileName, "r" );

    if(pxFile != NULL)
    {
        if( ff_feof( pxFile ) == 0 )
        {
            sprintf( pcWriteBuffer, "Queries successfully\r\n" );
            iReturnedByte = ff_fgetc( pxFile);
            sprintf(pcWriteBuffer, "The content is: % c", (char)iReturnedByte);
        }
        else
        {
```

```
                        sprintf(pcWriteBuffer, "ff_feof Error");
                }
        }
        else
        {
                sprintf(pcWriteBuffer, "ff_fopen Error");
        }
        /* Finished with the file. */
    ff_fclose( pxFile );

        /* There is no more data to return after this single string, so return
        pdFALSE. */
        return pdFALSE;
}
```

(8) FAT 文件系统中移动文件命令(rename)实现,代码如下:

```
static BaseType_t prvRenameCommand( char * pcWriteBuffer, size_t xWriteBufferLen, const char *
pcCommandString )
{
    const char * pcOldName;
    const char * pcNewName;
    int bDeleteIfExists;
    BaseType_t Parameter1StringLength, Parameter2StringLength, Parameter3StringLength;

    ( void ) xWriteBufferLen;

    pcOldName =   FreeRTOS_CLIGetParameter
                        (/* The command string itself. */
                            pcCommandString,
                            /* Return the next parameter. */
                            1,
                             /* Store the parameter string length. */
                            &Parameter1StringLength
                        );
    configASSERT(pcOldName);

    pcNewName =   FreeRTOS_CLIGetParameter
                        (
                            /* The command string itself. */
                            pcCommandString,
                            /* Return the next parameter. */
                            2,
                            /* Store the parameter string length. */
                            &Parameter1StringLength
                        );
    configASSERT(pcNewName);

    bDeleteIfExists = (int) FreeRTOS_CLIGetParameter
                        (
                            /* The command string itself. */
                            pcCommandString,
                            /* Return the next parameter. */
                            3,
                            /* Store the parameter string length. */
                            &Parameter1StringLength
```

```
                    );
    configASSERT(bDeleteIfExists);

    if(ff_rename( pcOldName, pcNewName, bDeleteIfExists) == 0)
    {
        sprintf(pcWriteBuffer, "Moves successfully");
    }
    else
    {
        sprintf(pcWriteBuffer, "Moves Fail");
    }
  return pdFALSE;
}
```

（9）在 FAT 文件系统中移除（删除或取消链接）一个文件，实现代码如下：

```
static BaseType_t prvRemoveCommand( char * pcWriteBuffer, size_t xWriteBufferLen, const char *
pcCommandString )
{
    const char * pcParameter;
    BaseType_t xParameterStringLength;
    unsigned char ucReturned;

    ( void ) xWriteBufferLen;

    /* Obtain the parameter string. */
    pcParameter = FreeRTOS_CLIGetParameter
        (
            pcCommandString,                    /* The command string itself. */
            1,                                  /* Return the first parameter. */
            &xParameterStringLength             /* Store the parameter string length. */
        );

    /* Sanity check something was returned. */
    configASSERT( pcParameter );

    /* Attempt to move to the requested directory. */
    ucReturned = ff_remove( pcParameter );

    if( ucReturned == 0 )
    {
        sprintf( pcWriteBuffer, "Delete successfully" );
    }
    else
    {
        sprintf( pcWriteBuffer, "Delete Error" );
    }

    strcat( pcWriteBuffer, cliNEW_LINE );

    return pdFALSE;
}
```

（10）FAT 文件系统中获取文件信息命令实现，代码如下：

```
static BaseType_t prvStatCommand( char * pcWriteBuffer, size_t xWriteBufferLen, const char *
pcCommandString )
{
```

```
        FF_Stat_t xStat;
        long lReturn;
        const char  * pcParameter;
        BaseType_t xParameterStringLength;

        ( void ) xWriteBufferLen;

        /* Obtain the parameter string. */
        pcParameter = FreeRTOS_CLIGetParameter
                        (
                                pcCommandString,          /* The command string itself. */
                                1,                        /* Return the first parameter. */
                                &xParameterStringLength   /* Store the parameter string length. */
                        );
        configASSERT(pcParameter)

        /* Find the length of the file withnamepcFileName. */
        if( ff_stat( pcParameter, &xStat ) == 0 )
        {
            lReturn = xStat.st_size;
        }
        else
        {
        /* Could not obtain the length of the file. */
            lReturn = -1;
        }
        sprintf( pcWriteBuffer, "The size of the file % ld", lReturn);

        strcat( pcWriteBuffer, cliNEW_LINE );

        return pdFALSE;
    }
```

(11) 在 FAT 文件系统中返回已被打开并读取的文件内容的长度(单位为字节),实现代码如下:

```
    static BaseType_t prvFilelengthCommand( char * pcWriteBuffer, size_t xWriteBufferLen, const char
    * pcCommandString )
    {
        FF_FILE * pxFile;
        size_t   iReturnedByte;
        const char * pcFileName;
        BaseType_t xParameterStringLength;

        ( void ) xWriteBufferLen;

            /* Obtain the parameter string. */
        pcFileName = FreeRTOS_CLIGetParameter
                        (
                                pcCommandString,          /* The command string itself. */
                                1,                        /* Return the first parameter. */
                                &xParameterStringLength   /* Store the parameter string length. */
                        );

        configASSERT( pcFileName );
```

```
    /* Open the file specified bythepcFileName parameter. */
    pxFile = ff_fopen( pcFileName, "r" );

    if(pxFile != NULL)
    {
        iReturnedByte = ff_filelength( pxFile );
        if( iReturnedByte == 0 )
        {
            sprintf(pcWriteBuffer, "ff_filelength Error");
        }
        else
        {
            sprintf(pcWriteBuffer, " the file's is length % d", iReturnedByte);
        }
    }
    else
    {
        sprintf(pcWriteBuffer, "ff_fopen Error");
    }
    /* Finished with the file. */
  ff_fclose( pxFile );

    /* There is no more data to return after this single string, so return
    pdFALSE. */
    return pdFALSE;
}
```

（12）FAT 文件系统中的复制命令实现，代码如下：

```
static BaseType_t prvCOPYCommand( char * pcWriteBuffer, size_t xWriteBufferLen, const char *
pcCommandString )
{
char * pcSourceFile, * pcDestinationFile;
BaseType_t xParameterStringLength;
long lSourceLength, lDestinationLength = 0;

    /* Obtain the name of the destination file. */
    pcDestinationFile = ( char * ) FreeRTOS_CLIGetParameter
                            (
                                pcCommandString,        /* The command string itself. */
                                2,                      /* Return the second parameter. */
                                &xParameterStringLength /* Store the parameter string length. */
                            );

    /* Sanity check something was returned. */
    configASSERT( pcDestinationFile );

    /* Obtain the name of the source file. */
    pcSourceFile = ( char * ) FreeRTOS_CLIGetParameter
                            (
                                pcCommandString,        /* The command string itself. */
                                1,                      /* Return the first parameter. */
                                &xParameterStringLength /* Store the parameter string length. */
                            );

    /* Sanity check something was returned. */
```

```
        configASSERT( pcSourceFile );

        /* Terminate the string. */
        pcSourceFile[ xParameterStringLength ] = 0x00;
        /* Open the file specified bythepcFileName parameter. */

        /* See if the source file exists, obtain its length if it does. */
        lSourceLength = ff_filelength( ff_fopen( pcSourceFile, "r" ) );

        if( lSourceLength == 0 )
        {
            sprintf( pcWriteBuffer, "Source file does not exist" );
        }
        else
        {
            /* See if the destination file exists. */
            lDestinationLength = ff_filelength( ff_fopen( pcDestinationFile, "r" ) );

            if( lDestinationLength != 0 )
            {
                sprintf( pcWriteBuffer, "Error: Destination file already exists" );
            }
        }

        /* Continue only if the source file exists and the destination file does
    not exist. */
        if( ( lSourceLength != 0 ) && ( lDestinationLength == 0 ) )
        {
            if ( prvPerformCopy( pcSourceFile, lSourceLength, pcDestinationFile, pcWriteBuffer,
    xWriteBufferLen ) == pdPASS )
            {
                sprintf( pcWriteBuffer, "Copy made" );
            }
            else
            {
                sprintf( pcWriteBuffer, "Error during copy" );
            }
        }

        strcat( pcWriteBuffer, cliNEW_LINE );

        return pdFALSE;
}

static BaseType_t prvPerformCopy( const char * pcSourceFile,
                                  int32_tlSourceFileLength,
                                  const char * pcDestinationFile,
                                  char * pxWriteBuffer,
                                  size_t xWriteBufferLen)
{
int32_t lBytesRead = 0, lBytesToRead, lBytesRemaining;
FF_FILE * pxFile;
BaseType_t xReturn = pdPASS;

    /* NOTE: Error handling has been omitted for clarity. */
```

```
        while( lBytesRead < lSourceFileLength )
        {
            /* How many bytes are left? */
            lBytesRemaining = lSourceFileLength - lBytesRead;

            /* How many bytes should be read this time around the loop.   Can't
            read more bytes than will fit into the buffer. */
            if( lBytesRemaining > ( long ) xWriteBufferLen )
            {
                lBytesToRead = ( long ) xWriteBufferLen;
            }
            else
            {
                lBytesToRead = lBytesRemaining;
            }

            /* Open the source file, seek past the data that has already been
            read from the file, read the next block of data, then close the
            file again so the destination file can be opened. */
            pxFile = ff_fopen( pcSourceFile, "r" );
            if( pxFile != NULL )
            {
                ff_fseek( pxFile, lBytesRead, FF_SEEK_SET );
                ff_fread( pxWriteBuffer, lBytesToRead, 1, pxFile );
                ff_fclose( pxFile );
            }
            else
            {
                xReturn = pdFAIL;
                break;
            }

            /* Open the destination file and write the block of data to the end of
            the file. */
            pxFile = ff_fopen( pcDestinationFile, "a" );
            if( pxFile != NULL )
            {
                ff_fwrite( pxWriteBuffer, lBytesToRead, 1, pxFile );
                ff_fclose( pxFile );
            }
            else
            {
                xReturn = pdFAIL;
                break;
            }

            lBytesRead += lBytesToRead;
        }

    return xReturn;
}
```

（13）在 FAT 文件系统中将文件内容输出到终端，实现代码如下：

```
static BaseType_t prvTYPECommand( char * pcWriteBuffer, size_t xWriteBufferLen, const char *
pcCommandString )
```

```c
{
const char * pcParameter;
BaseType_t xParameterStringLength, xReturn = pdTRUE;
static FF_FILE * pxFile = NULL;
int iChar;
size_t xByte;
size_t xColumns = 50U;

    /* Ensure there is always a null terminator after each character written. */
    memset( pcWritcBuffer, 0x00, xWriteBufferLen );

    /* Ensure the buffer leaves space for the \r\n. */
    configASSERT( xWriteBufferLen > ( strlen( cliNEW_LINE ) * 2 ) );
    xWriteBufferLen -= strlen( cliNEW_LINE );

    if( xWriteBufferLen < xColumns )
    {
        /* Ensure the loop that uses xColumns as an end condition does not
        write off the end of the buffer. */
        xColumns = xWriteBufferLen;
    }

    if( pxFile == NULL )
    {
        /* The file has not been opened yet.  Find the file name. */
        pcParameter = FreeRTOS_CLIGetParameter
                        (
                            pcCommandString,          /* The command string itself. */
                            1,                        /* Return the first parameter. */
                            &xParameterStringLength    /* Store the parameter string length. */
                        );

        /* Sanity check something was returned. */
        configASSERT( pcParameter );

        /* Attempt to open the requested file. */
        pxFile = ff_fopen( pcParameter, "r" );
    }

    if( pxFile != NULL )
    {
        /* Read the next chunk of data from the file. */
        for( xByte = 0; xByte < xColumns; xByte++)
        {
            iChar = ff_fgetc( pxFile );

            if( iChar == -1 )
            {
                /* No more characters to return. */
                ff_fclose( pxFile );
                pxFile = NULL;
                break;
            }
            else
            {
```

```
                pcWriteBuffer[ xByte ] = ( char ) iChar;
            }
        }
    }

    if( pxFile == NULL )
    {
        /* Either the file was not opened, or all the data from the file has
        been returned and the file is now closed. */
        xReturn = pdFALSE;
    }

    strcat( pcWriteBuffer, cliNEW_LINE );

    return xReturn;
}
```

(14) FAT 文件系统中创建文件命令实现，代码如下：

```
static BaseType_t prvOpenCommand( char * pcWriteBuffer, size_t xWriteBufferLen, const char *
pcCommandString )
{
    char * pcSourceFile, * pcDestinationFile;
    BaseType_t xParameterStringLength;
    FF_FILE * pxFile;

    ( void )xWriteBufferLen;

    /* Obtain the name of the source file. */
    pcSourceFile = ( char * ) FreeRTOS_CLIGetParameter
                        (
                            pcCommandString,         /* The command string itself. */
                            1,                       /* Return the first parameter. */
                            &xParameterStringLength  /* Store the parameter string length. */
                        );

    /* Sanity check something was returned. */
    configASSERT( pcSourceFile );

    pxFile = ff_fopen(pcSourceFile, "w");

    if(pxFile != NULL)
    {
        sprintf(pcWriteBuffer, "Opens a file Successful");
    }
    else
    {
        sprintf(pcWriteBuffer, "Opens a file Error");
    }

    ff_fclose(pxFile);

    return pdFALSE;
}
```

(15) 实现 CLI 命令结构体，代码如下：

```
static const CLI_Command_Definition_t xFAT_Init =
```

```
{
    "FAT - Init", /* The command string to type. */
    "\r\nFAT - Init:\r\n Initialize FAT\r\n",
    prvFAT_Iint_Command, /* The function to run. */
    0 /* No parameters are expected. */
};

/* Structure that defines the DIR command line command, which lists all the
files in the current directory. */
static const CLI_Command_Definition_t xDIR =
{
    "dir", /* The command string to type. */
    "\r\ndir:\r\n Lists the files in the current directory\r\n",
    prvDIRCommand, /* The function to run. */
    0 /* No parameters are expected. */
};

/* Structure that defines the CD command line command, which changes the
working directory. */
static const CLI_Command_Definition_t xCD =
{
    "cd", /* The command string to type. */
    "\r\ncd < filename >:\r\n Changes the working directory\r\n",
    prvCDCommand, /* The function to run. */
    1 /* One parameter is expected. */
};

// mkdir 创建目录
static const CLI_Command_Definition_t xmkdir =
{
    "mkdir", /* The command string to type. */
    "\r\nmkdir < filename >:\r\n Create a directory\r\n",
    prvMKCommand, /* The function to run. */
    1 /* Noparameters are expected. */
};

/* Structure that defines the DEL command line command, which deletes a file. */
static const CLI_Command_Definition_t xDEL =
{
    "del", /* The command string to type. */
    "\r\ndel < filename >:\r\n deletes a file or directory\r\n",
    prvDELCommand, /* The function to run. */
    1 /* One parameter is expected. */
};

static const CLI_Command_Definition_t xFeof =
{
    "feof", /* The command string to type. */
    "\r\nfeof:\r\n Queries an open file,the file's read/write pointer is at the end of the file. \
r\n",
    prvFeofCommand, /* The function to run. */
    1 /* Noparameters are expected. */
};

static const CLI_Command_Definition_t xRename =
{
    "rename", /* The command string to type. */
    "\r\nrename:\r\n Moves a file. \r\n",
```

```
    prvRenameCommand, /* The function to run. */
    3 /* No parameters are expected. */
};

static const CLI_Command_Definition_t xRemove =
{
    "remove", /* The command string to type. */
    "\r\nremove < filename >:\r\n Remove (delete, or unlink) a file.\r\n",
    prvRemoveCommand, /* The function to run. */
    1 /* Noparameters are expected. */
};

static const CLI_Command_Definition_t xstat =
{
    "stat", /* The command string to type. */
    "\r\nstat < filename >:\r\n Get file information.\r\n",
    prvStatCommand, /* The function to run. */
    1 /* Noparameters are expected. */
};

static const CLI_Command_Definition_t xfilelength =
{
    "filelength", /* The command string to type. */
    "\r\nfilelength < filename >:\r\n Return the length in bytes of a file that has been opened for
reading.\r\n",
    prvFilelengthCommand, /* The function to run. */
    1 /* Noparameters are expected. */
};

/* Structure that defines the COPY command line command, which deletes a file. */
static const CLI_Command_Definition_t xCOPY =
{
    "copy", /* The command string to type. */
    "\r\ncopy < source file > < dest file >:\r\n Copies < source file > to < dest file >\r\n",
    prvCOPYCommand, /* The function to run. */
    2 /* Two parameters are expected. */
};

/* Structure that defines the TYPE command line command, which prints the
contents of a file to the console. */
static const CLI_Command_Definition_t xTYPE =
{
    "type", /* The command string to type. */
    "\r\ntype < filename >:\r\n Prints file contents to the terminal\r\n",
    prvTYPECommand, /* The function to run. */
    1 /* One parameter is expected. */
};

static const CLI_Command_Definition_t xtouch =
{
    "touch", /* The command string to type. */
    "\r\ntouch < filename > < type >:\r\nOpens a file in the embedded FAT file system.\r\n",
    prvOpenCommand, /* The function to run. */
    1 /* One parameter is expected. */
};
```

（16）CLI 命令实现，代码如下：

```
void vRegisterFileSystemCLICommands( void )
```

```
{
    /* Register all the command line commands defined immediately above. */
    FreeRTOS_CLIRegisterCommand( &xFAT_Init);
    FreeRTOS_CLIRegisterCommand( &xDIR );
    FreeRTOS_CLIRegisterCommand( &xmkdir );
    FreeRTOS_CLIRegisterCommand( &xCD );
    FreeRTOS_CLIRegisterCommand( &xTYPE );
    FreeRTOS_CLIRegisterCommand( &xDEL );
    FreeRTOS_CLIRegisterCommand( &xCOPY );
    FreeRTOS_CLIRegisterCommand( &xFeof );
    FreeRTOS_CLIRegisterCommand( &xRename );
    FreeRTOS_CLIRegisterCommand( &xRemove );
    FreeRTOS_CLIRegisterCommand( &xstat );
    FreeRTOS_CLIRegisterCommand( &xfilelength );
    FreeRTOS_CLIRegisterCommand( &xtouch);
}
```

(17) 编译下载。

9.4.3 运行结果

将程序下载到开发板中。输入 help 命令,会将所有命令打印出来,如图 9-45 所示。

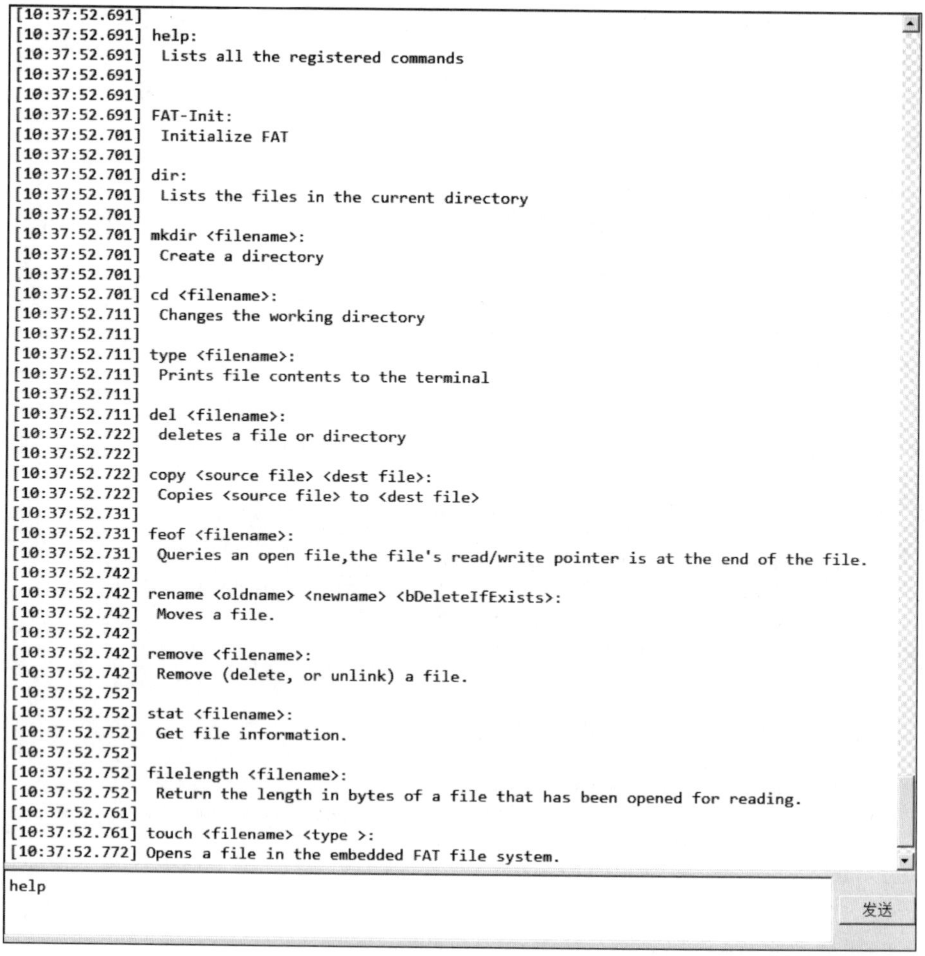

```
[10:37:52.691]
[10:37:52.691] help:
[10:37:52.691]  Lists all the registered commands
[10:37:52.691]
[10:37:52.691]
[10:37:52.691] FAT-Init:
[10:37:52.701]  Initialize FAT
[10:37:52.701]
[10:37:52.701] dir:
[10:37:52.701]  Lists the files in the current directory
[10:37:52.701]
[10:37:52.701] mkdir <filename>:
[10:37:52.701]  Create a directory
[10:37:52.701]
[10:37:52.701] cd <filename>:
[10:37:52.711]  Changes the working directory
[10:37:52.711]
[10:37:52.711] type <filename>:
[10:37:52.711]  Prints file contents to the terminal
[10:37:52.711]
[10:37:52.711] del <filename>:
[10:37:52.722]  deletes a file or directory
[10:37:52.722]
[10:37:52.722] copy <source file> <dest file>:
[10:37:52.722]  Copies <source file> to <dest file>
[10:37:52.731]
[10:37:52.731] feof <filename>:
[10:37:52.731]  Queries an open file,the file's read/write pointer is at the end of the file.
[10:37:52.742]
[10:37:52.742] rename <oldname> <newname> <bDeleteIfExists>:
[10:37:52.742]  Moves a file.
[10:37:52.742]
[10:37:52.742] remove <filename>:
[10:37:52.742]  Remove (delete, or unlink) a file.
[10:37:52.752]
[10:37:52.752] stat <filename>:
[10:37:52.752]  Get file information.
[10:37:52.752]
[10:37:52.752] filelength <filename>:
[10:37:52.752]  Return the length in bytes of a file that has been opened for reading.
[10:37:52.761]
[10:37:52.761] touch <filename> <type >:
[10:37:52.772] Opens a file in the embedded FAT file system.
help
发送
```

图 9-45 help 命令运行结果

输入 FAT-Init 命令进行 FAT 文件系统初始化,如图 9-46 所示。

```
[09:28:31.406] >FAT-Init
[09:42:06.052] It's a 2.0 card, check SDHC
[09:42:06.052] Voltage resp: 00ff8000
[09:42:06.062] Voltage resp: c0ff8000
[09:42:06.572] HAL_SD_Init: 0: OK type: SDHC Capacity: 3774 MB
[09:42:06.582] prvDetermineFatType: firstWord 0000FFF8
[09:42:06.592] ****** FreeRTOS+FAT initialized 7720960 sectors
[09:42:06.602] FF_SDDiskInit: Mounted SD-card as root "/"
[09:42:06.602] Reading FAT and calculating Free Space
[09:42:06.613] Partition Nr          0
[09:42:06.613] Type               12 (FAT32)
[09:42:06.613] VolLabel         'NO NAME     '
[09:42:06.622] TotalSectors    7720960
[09:42:06.622] SecsPerCluster       64
[09:42:06.622] Size            3766 MB
[09:42:06.632] FreeSize        3765 MB ( 100 perc free )
[09:42:06.632] successfully
[09:42:06.632]
[09:42:06.632] [Press ENTER to execute the previous command again]
[09:42:06.632] >

FAT-Init                                              发送
```

图 9-46　FAT_Init 命令运行结果

输入 dir 命令将当前路径下所有文件及文件夹打印出来,如图 9-47 所示。

```
[09:42:06.632] >dir
[10:14:34.537] System Volume Information [directory] [size=0]
[10:14:34.548] FAT [directory] [size=0]
[10:14:34.548] 123 [directory] [size=0]
[10:14:34.548] . [directory] [size=1024]
[10:14:34.548]
[10:14:34.558] [Press ENTER to execute the previous command again]
[10:14:34.558] >

dir                                                   发送
```

图 9-47　dir 命令运行结果

输入"mkdir sub"命令,创建名为 sub 的文件目录,如图 9-48 所示。

```
[10:14:34.558] [Press ENTER to execute the previous command again]
[10:14:34.558] >mkdir sub
[10:16:10.571] Directory created successfully
[10:16:14.370]
[10:16:14.381] [Press ENTER to execute the previous command again]
[10:16:14.381] >

mkdir sub                                             发送
```

图 9-48　mkdir 命令运行结果

输入 feof 命令,若判断读写位置不在末尾则在 fat.txt 中循环读取一个字节,并追加显示到文本框,直到文件末尾并显示末尾位置,如图 9-49 所示。

```
[10:17:45.538] >feofffat.txt
[10:18:43.729] The content is:C
[10:18:43.729] [Press ENTER to execute the previous command again]
[10:18:43.739] >

feof fat.txt                                          发送
```

图 9-49　feof 命令运行结果

输入"rename fat.txt fat1.txt 0"命令,移动 fat.txt 并重命名为 fat1.txt,如图 9-50 所示。

```
[10:35:40.549] >rename fat1.txt sub.txt 0
[10:35:47.592] Moves Successful
[10:35:47.603] [Press ENTER to execute the previous command again]
[10:35:47.603] >

rename fat1.txt sub.txt 0
                                                          发送
```

图 9-50 rename 命令运行结果

输入"remove fat1.txt"命令,删除 fat1.txt,如图 9-51 所示。

```
[10:30:31.146] >remoee fat1.txt
[10:31:08.490] Delete successfully
[10:31:08.500]
[10:31:08.500] [Press ENTER to execute the previous command again]

remove fat1.txt
                                                          发送
```

图 9-51 remove 命令运行结果

输入"stat fat.txt"命令,获取 fat.txt 文件信息,如图 9-52 所示。

```
[10:26:30.360] >stat fat.txt
[10:26:55.414] The size of the file72
[10:26:55.414]
[10:26:55.414] [Press ENTER to execute the previous command again]
[10:26:55.424] >

stat fat.txt
                                                          发送
```

图 9-52 stat 命令运行结果

输入"filelength fat.txt"命令,读取 fat.txt 文件大小并读取所有内容,如图 9-53 所示。

```
[10:26:55.424] >filelength fat.txt
[10:27:41.214]  the file's is length 72
[10:27:41.214] [Press ENTER to execute the previous command again]
[10:27:41.223] >

filelength fat.txt
                                                          发送
```

图 9-53 filelength 命令运行结果

输入 touch 命令,创建文件,如图 9-54 所示。

```
[10:30:03.897] >touch fatt.txt
[10:30:30.845] Opens a file Successful
[10:30:31.136] [Press ENTER to execute the previous command again]
[10:30:31.146] >

touch fat1.txt
                                                          发送
```

图 9-54 touch 命令运行结果

练习

(1) 简述文件系统的复制实现过程。

(2) 简述文件系统的移动、重命名的实现过程。

## 第 10 章

嵌入式网络编程开发

TCP/IP(Transmission Control Protocol/Internet Protocol,传输控制协议/网际协议)是指能够在多个不同网络间实现信息传输的协议栈。TCP/IP 不是仅指 TCP 和 IP 两个协议,而是指一个由 FTP、SMTP、TCP、UDP、IP 等协议构成的协议栈,只是因为在 TCP/IP 协议栈中 TCP 和 IP 这两个协议最具代表性,所以被称为 TCP/IP。

本章通过对 TCP/IP 的移植、UDP、TCP 客户端以及 TCP 服务器逐一展开叙述,并通过实例开发帮助读者掌握 FreeRTOS+TCP/IP 的开发。

10.1 FreeRTOS+TCP/IP 移植

通过学习本节内容,读者应熟悉 FreeRTOS 的 TCP/IP 模块知识,熟练掌握在 FreeRTOS 工程下移植 TCP/IP 模块。

10.1.1 开发原理

1. 互联网模型

通信至少涉及两个设备,需要相互兼容的硬件和软件支持。以太网通信的结构比较复杂,国际标准化组织基于整个以太网通信结构制定了 OSI 模型,总分 7 层,分别为应用层、表示层、会话层、传输层、网络层、数据链路层以及物理层,每层功能不同,通信中各层各司其职,整个模型包括硬件和软件定义。OSI 模型是理想分层,一般的网络系统只是涉及其中几层。

TCP/IP 是互联网最基本的协议,是互联网通信使用的网络协议,由网络层的 IP 和传输层的 TCP 组成。TCP/IP 只有 4 层,分别为应用层、传输层、网络层以及网络访问层。虽然 TCP/IP 分层少了,但与 OSI 模型是不冲突的,它把 OSI 模型一些层次整合在一起,本质上可以实现相同功能。

实际上,还有一个 TCP/IP 混合模型,分为 5 层,参考如图 10-1 所示,它实际与 TCP/IP 的 4 层模型是相通的,只是将网络访问层拆成了数据链路层和物理层。

设计网络时,为了降低网络设计的复杂性,对组成网络的硬件、软件进行封装、分层,这些分

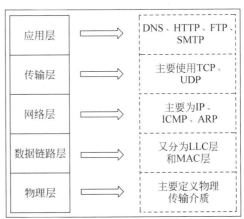

图 10-1 TCP/IP 混合模型

层即构成了网络体系模型。在两个设备相同层之间的对话及通信约定,构成了层级协议。设备中使用的所有协议统称为协议栈。在这个网络模型中,每一层完成不同的任务,都提供接口供上一层访问。而在每层的内部,可以使用不同的方式来实现接口,因而内部的改变不会影响其他层。

在 TCP/IP 混合模型中,数据链路层又被分为 LLC 层(逻辑链路控制层)和 MAC 层(介质访问控制层)。目前,对于普通的接入网络终端的设备,LLC 层和 MAC 层是软、硬件的分界线。如 PC 的网卡主要负责实现模型中 MAC 层和物理层的功能,在 PC 的软件系统中则有一套庞大的程序实现了 LLC 层及以上的所有网络层次的协议。

由硬件实现的物理层和 MAC 层在不同的网络形式中有很大的区别,如以太网和 Wi-Fi,这是由物理传输方式决定的。但由软件实现的其他网络层次通常不会有太大区别,在 PC 上也许能实现完整的功能,一般支持所有协议,而在嵌入式领域则按需要进行裁剪。

2. 以太网

以太网(Ethernet)是互联网技术的一种,由于它在组网技术中所占的比例最高,所以很多人直接把以太网理解为互联网。

以太网是指基于 IEEE 802.3 标准组成的局域网 TCP/IP 混合。在家庭、企业和学校所组建的 PC 局域网形式一般也是以太网,其标志是使用水晶头网线来连接(当然还有其他形式)。IEEE 还有其他局域网标准,如 IEEE 802.11 是无线局域网,俗称 Wi-Fi。IEEE 802.15 是个人域网,即蓝牙技术,其中的 IEEE 802.15.4 标准则是 ZigBee 技术。

现阶段,工业控制、环境监测、智能家居的嵌入式设备都有接入互联网的需求,利用以太网技术,嵌入式设备可以非常容易地接入到现有的计算机网络中。

1)PHY 层

在物理层,由 IEEE 802.3 标准规定了以太网使用的传输介质、传输速率、数据编码方式和冲突检测机制,物理层一般是通过一个 PHY 芯片实现其功能的。

2)传输介质

传输介质包括同轴电缆、双绞线(水晶头网线是一种双绞线)、光纤。根据不同的传输速率和距离要求,基于这 3 类介质的信号线又衍生出很多种类。最常用的是"五类线"适用于 100BASE-T 和 10BASE-T 的网络,它们的网络速率分别为 100Mbps 和 10Mbps。

3)编码

为了让接收方在没有外部时钟参考的情况下也能确定每一位的起始、结束和中间位置,在传输信号时不直接采用二进制编码。在 10BASE-T 的传输方式中采用曼彻斯特编码,在 100BASE-T 中则采用 4B/5B 编码。曼彻斯特编码把每一个二进制位的周期分为两个间隔:在表示 1 时,以前半个周期为高电平,后半个周期为低电平;表示"0"时则相反,如图 10-2 所示。采用曼彻斯特编码在每个位周期都有电压变化,便于同步。但这样的编码方式效率太低,只有 50%。100BASE-T 采用的 4B/5B 编码是把待发送数据位流的每 4 位分为一组,以特定的 5 位编码来表示,这些特定的 5 位编码能使数据流有足够多的跳变,从而达到同步的目的,而且效率也从曼彻斯特编码的 50%提高到了 80%。

CSMA/CD 冲突检测:早期的以太网大多是多个节点连接到同一条网络总线上(总线型网

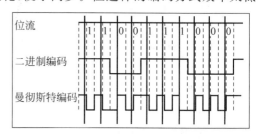

图 10-2　编码

络），存在信道竞争问题，因而每个连接到以太网上的节点都必须具备冲突检测功能。以太网具备 CSMA/CD 冲突检测机制，如果多个节点同时利用同一条总线发送数据，则会产生冲突，总线上的节点可通过比较接收到的信号与原始发送的信号来检测是否存在冲突，若存在冲突，则停止发送数据，随机等待一段时间再重传。现在大多数局域网在组建的时候很少采用总线型网络，大多是一个设备接入到一个独立的路由或交换机接口，组成星状网络，不会产生冲突。但为了兼容，新出的产品还是带有冲突检测机制。

4）MAC 层

（1）MAC 功能。

MAC 层在数据链路层的下面，它主要负责与物理层进行数据交接，如说明是否可以发送数据、发送的数据是否正确、对数据流进行控制等。它自动将来自上层的数据包加上一些控制信号，然后交给物理层。接收方得到正常数据时，自动去除 MAC 控制信号，将该数据包交给上层。

（2）MAC 数据包。

IEEE 对以太网上传输的数据包格式也进行了统一规定，见图 10-3。该数据包被称为 MAC 数据包。

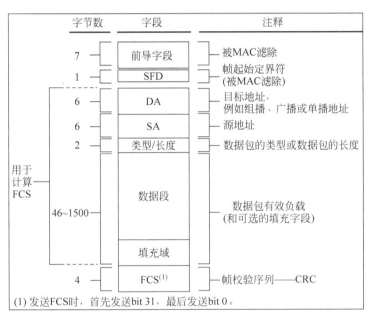

图 10-3　标准的 MAC 数据包

MAC 数据包由前导字段、帧起始定界符、目标地址、源地址、数据包类型、数据域、填充域、校验和域组成。

- 前导字段也称报头，这是一段方波，用于使收发节点的时钟同步。内容为连续 7 字节的 0x55。字段和帧起始定界符在 MAC 收到数据包后会自动过滤掉。
- 帧起始定界符（SFD）：用于区分前导段与数据段，内容为 0xD5。
- MAC 地址：MAC 地址由 48 位数字组成，它是网卡的物理地址，在以太网传输的最底层，就是根据 MAC 地址来收发数据的。部分 MAC 地址用于广播和多播，在同一个网络里不能有两个相同的 MAC 地址。PC 的网卡在出厂时已经设置好了 MAC 地址，但也可以通过一些软件来进行修改，在嵌入式的以太网控制器中可由程序进行配置。数据包中的 DA 是目标地址,SA 是源地址。

- 数据包类型/长度:本区域可以用来描述本 MAC 数据包是属于 TCP/IP 协议层的 IP 包、ARP 包还是 SNMP 包,也可以用来描述本 MAC 数据包数据段的长度。如果该值被设置大于 0x0600,不用于长度描述,而是用于类型描述功能,表示与以太网帧相关的 MAC 客户端协议的种类。
- 数据段:数据段是 MAC 包的核心内容,它包含的数据来自 MAC 的上层。其长度可以在 0~1500 字节变化。
- 填充域:由于协议要求整个 MAC 数据包的长度至少为 64 字节(接收到的数据包如果少于 64 字节会被认为发生冲突,数据包被自动丢弃),当数据段的字节少于 46 字节时,在填充域会自动填上无效数据,以使数据包符合长度要求。
- FSC:MAC 数据包的尾部是校验和域,它保存了 CRC 校验序列,用于检错。

以上是标准的 MAC 数据包,如图 10-3 所示。IEEE 802.3 同时还规定了扩展的 MAC 数据包,它是在标准的 MAC 数据包的 SA 和数据包类型之间添加 4 个字节的 QTag 前缀字段,用于获取标志的 MAC 帧。前两个字节固定为 0x8100,用于识别 QTag 前缀的存在;后两个字节内容分别为 3 位的用户优先级、1 位的标准格式指示符(CFI)和一个 12 位的 VLAN 标识符。

3. TCP/IP 协议栈

标准 TCP/IP 协议栈是用于计算机通信的一组协议,通俗讲就是符合以太网通信要求的代码集合,一般要求它可以实现每个层对应的协议,例如,应用层的 HTTP、FTP、DNS、SMTP 协议,传输层的 TCP、UDP 协议,网络层的 IP、ICMP 协议,等等。关于 TCP/IP 的详细内容推荐阅读《TCP-IP 详解》和《用 TCP/IP 进行网际互连》。

Windows 操作系统、UNIX 类操作系统都有自己的一套方法来实现 TCP/IP 通信协议。对于一般的嵌入式设备来说,受制于硬件条件没办法使用在 Windows 或 UNIX 操作系统上运行的 TCP/IP 协议栈,一般只能使用简化版本的 TCP/IP 协议栈,目前开源的适合嵌入式的有 uIP、TinyTCP、uC/TCP-IP、LwIP 等等。其中,LwIP 是目前在嵌入式网络领域被讨论和使用广泛的协议栈。

下面用以太网和 Wi-Fi 作为例子,介绍 TCP/IP 协议栈的功能。它们的 MAC 层和物理层有较大的区别,但在 MAC 之上的 LLC 层、网络层、传输层和应用层的协议基本是相同的,这几层协议由软件实现,并对各层进行封装。根据 TCP/IP,各层要实现的功能如下:

(1) LLC 层。

处理传输错误;调节数据流,协调收发数据双方速度,防止发送方发送得太快而接收方丢失数据。主要使用数据链路协议。

(2) 网络层。

本层也被称为 IP 层。LLC 层负责把数据从线的一端传输到另一端,但很多时候不同的设备位于不同的网络中(并不是简单的网线的两头)。此时就需要网络层来解决子网路由拓扑问题、路径选择问题。在这一层主要有 IP、ICMP。

(3) 传输层。

由网络层处理好了网络传输的路径问题后,端到端的路径就建立起来了。传输层就负责处理端到端的通信。在这一层中主要有 TCP、UDP。

（4）应用层。

经过前面 3 层的处理，通信完全建立。应用层可以通过调用传输层的接口来编写特定的应用程序。而 TCP/IP 一般也会包含一些简单的应用程序，如 TELNET（远程登录）协议、FTP、SMTP。

实际上，在发送数据时，经过网络协议栈的每一层，都会给来自上层的数据添加上一个数据包的头，再传递给下一层。在接收方收到数据时，一层层地把所在层的数据包的头去掉，向上层递交数据，如图 10-4 所示。

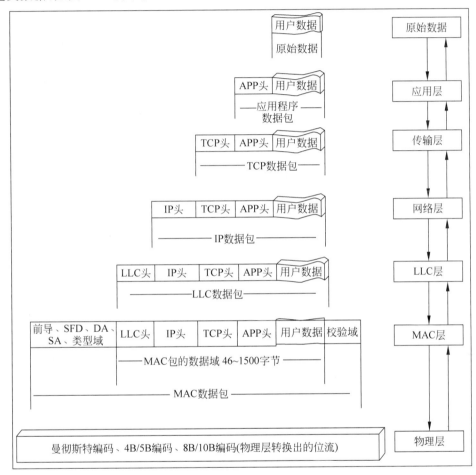

图 10-4　应用层

4. 以太网外设

STM32F4xx 系列控制器内部集成了一个以太网外设，它实际是一个通过 DMA 控制器进行介质访问控制，它的功能就是实现 MAC 层的任务。借助以太网外设，STM32F4xx 控制器可以通过 ETH（以太网）外设按照 IEEE 802.3—2002 标准发送和接收 MAC 数据包。ETH 内部自带专用的 DMA 控制器用于 MAC，ETH 支持两个工业标准接口介质独立接口（MII）和简化介质独立接口（RMII）用于与外部 PHY（物理层）芯片连接。MII 和 RMII 接口用于 MAC 数据包传输，ETH 还集成了站管理接口（SMI）接口专门用于与外部 PHY 通信，用于访问 PHY 芯片寄存器。物理层定义了以太网使用的传输介质、传输速率、数据编码方式和冲突检测机制，PHY 芯片是物理层功能实现的实体，生活中常用水晶头网线＋水晶头插座＋PHY 组合构成了物理层。

  ETH 有专用的 DMA 控制器,它通过 AHB 主从接口与内核和存储器相连,AHB 主接口用于控制数据传输,而 AHB 从接口用于访问"控制与状态寄存器"(CSR)空间。在进行数据发送时,先将数据由存储器以 DMA 方式传输到发送 TX FIFO 进行缓冲,然后由 MAC 内核发送;接收数据时,RX FIFO 先接收以太网数据帧,再由 DMA 传输至存储器。ETH 系统功能框图如图 10-5 所示。

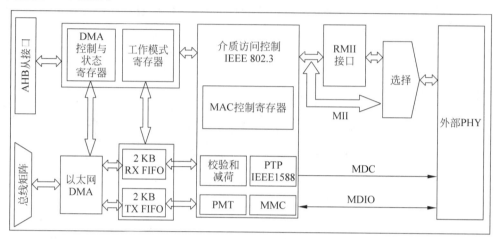

图 10-5 ETH 系统功能框图

  1) SMI 接口

  SMI 是 MAC 内核访问 PHY 寄存器标志接口,它由两根线组成:数据线 MDIO 和时钟线 MDC。SMI 支持访问 32 个 PHY,这在设备需要多个网口时非常有用,不过一般设备都只使用一个 PHY。PHY 芯片内部一般都有 32 个 16 位的寄存器,用于配置 PHY 芯片属性、工作环境、状态指示等等,当然很多 PHY 芯片并没有使用到所有寄存器位。MAC 内核就是通过 SMI 向 PHY 的寄存器写入数据或从 PHY 寄存器读取 PHY 状态,一次只能对一个 PHY 的其中一个寄存器进行访问。SMI 最大通信频率为 2.5MHz,通过控制以太网 MACMII 地址寄存器(ETH_MACMIIAR)的 CR 位来选择时钟频率。

  2) SMI 帧格式

  SMI 是通过数据帧方式与 PHY 通信的,帧格式如图 10-6 所示,数据位传输顺序从左到右。

	管理帧字段							
	报头(32位)	起始	操作	PADDR	RADDR	TA	数据(16位)	空闲
读取	111…111	01	10	ppppp	rrrrr	Z0	ddd…ddd	Z
写入	111…111	01	01	ppppp	rrrrr	10	ddd…ddd	Z

图 10-6 帧格式

  PADDR 用于指定 PHY 地址,每个 PHY 都有一个地址,一般由 PHY 硬件设计决定,所以是固定不变的。RADDR 用于指定 PHY 寄存器地址。TA 为状态转换域,若为读操作,MAC 输出两个位高阻态,而 PHY 芯片则在第一位时输出高阻态,第二位时输出 0。若为写操作,则 MAC 输出 10,PHY 芯片输出高阻态。数据段有 16 位,对应 PHY 寄存器每个位,先发送或接收到的位对应以太网 MAC MII 数据寄存器(ETH_MACMIIDR)寄存器的位 15。

  3) SMI 读写操作

  当以太网 MAC MII 地址寄存器(ETH_MACMIIAR)的写入位和繁忙位被置为 1 时,

SMI 将向指定的 PHY 芯片指定寄存器写入 ETH_MACMIIDR 中的数据。写操作时序如图 10-7 所示。

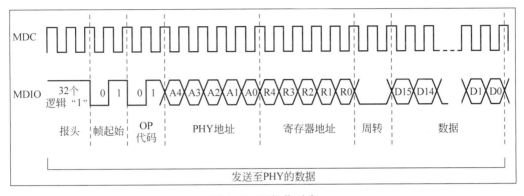

图 10-7 写操作时序

当以太网 MAC MII 地址寄存器(ETH_MACMIIAR)的写入位为 0 并且繁忙位被置为 1 时,SMI 将从向指定的 PHY 芯片指定寄存器读取数据到 ETH_MACMIIDR 内。读操作时序如图 10-8 所示。

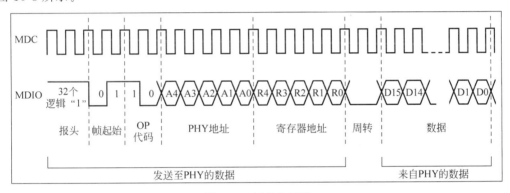

图 10-8 读操作时序

4) MII 和 RMII 接口

介质独立接口(MII)用于连接 MAC 控制器和 PHY 芯片,提供数据传输路径。RMII 接口是 MII 接口的简化版本,MII 需要 16 根通信线,RMII 只需 7 根通信线,在功能上是相同的。MII 和 RMII 接口连接示意图如图 10-9 所示。

- TX_CLK:数据发送时钟线。标称频率为:速率为 10Mbps 时为 2.5MHz;速率为 100Mbps 时为 25MHz。RMII 接口没有该线。
- RX_CLK:数据接收时钟线。标称频率为:速率为 10Mbps 时为 2.5MHz;速率为 100Mbps 时为 25MHz。RMII 接口没有该线。
- TX_EN:数据发送使能。在整个数据发送过程保存有效电平。
- TXD[3:0]或 TXD[1:0]:数据发送数据线。对于 MII 有 4 位,RMII 只有 2 位。只有在 TX_EN 处于有效电平数据线才有效。
- CRS:载波侦听信号,由 PHY 芯片负责驱动,当发送或接收介质处于非空闲状态时使能该信号。在全双工模式该信号线无效。
- COL:冲突检测信号,由 PHY 芯片负责驱动,检测到介质上存在冲突后该线被使能,并且保持至冲突解除。在全双工模式该信号线无效。

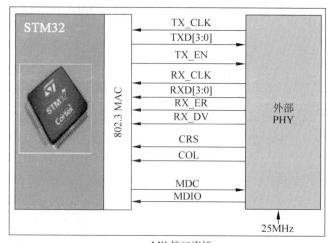

图 10-9　MII 和 RMII 接口

- RXD[3:0]或 RXD[1:0]：数据接收数据线，由 PHY 芯片负责驱动。对于 MII 有 4
  位，RMII 只有 2 位。在 MII 模式，当 RX_DV 禁止、RX_ER 使能时，特定的 RXD[3:0]值
  用于传输来自 PHY 的特定信息。
- RX_DV：接收数据有效信号，功能类似 TX_EN，只不过用于数据接收，由 PHY 芯片
  负责驱动。对于 RMII 接口，是把 CRS 和 RX_DV 整合成 CRS_DV 信号线，当介质处
  于不同状态时会自切换该信号状态。
- RX_ER：接收错误信号线，由 PHY 驱动，向 MAC 控制器报告在帧某处检测到错误。
- REF_CLK：仅用于 RMII 接口，由外部时钟源提供 50MHz 参考时钟。

因为要达到 100Mbps 传输速率，MII 和 RMII 数据线数量不同，使用 MII 和 RMII 在时钟
线的设计是完全不同的。对于 MII 接口，一般 PHY 使用外部提供 25MHz 的时钟源，再由
PHY 提供 TX_CLK 和 RX_CLK 时钟。对于 RMII 接口，一般需要外部直接提供 50MHz 时
钟源，同时接入 MAC 和 PHY。开发板板载的 PHY 芯片型号为 LAN8720，该芯片只支持
RMII 接口。

PHY：LAN8720，是 SMSC 公司(已被 Microchip 公司收购)设计的一个体积小、功耗低、
全能型 10Mbps/100Mbps 的以太网物理层收发器。它是针对消费类电子和企业应用而设计
的。LAN8720 总共只有 24 个引脚，仅支持 RMII 接口。

10.1.2 开发步骤

（1）进入 FreeRTOS 官网（https://www.freertos.org/a00104.html）下载 TCP/IP 模块源码。

（2）在正确移植 FreeRTOS 的工程中 Libraries 文件夹下创建 FreeRTOS-TCP 文件夹用来存放 TCP 源码，将 FreeRTOS-Plus 文件源码中 FreeRTOS-Plus\Source\FreeRTOS-Plus-TCP 路径下的全部文件复制到新建的 FreeRTOS-TCP 文件夹中。

（3）打开工程，添加分组 FreeRTOS_TCP/Source，用来存放 TCP 源码。将 FreeRTOS_TCP 路径下的 C 文件添加到 FreeRTOS_TCP 分组中。将 FreeRTOS-TCP\portable\BufferManagement 路径下的内存管理文件 BufferAllocation_2.c、FreeRTOS-TCP\portable\NetworkInterface\STM32Fxx 路径下的接口文件 NetworkInterface.c 和 FreeRTOS-TCP\portable\NetworkInterface\Common 路径下的物理层处理文件 phyHandling.c 添加到 FreeRTOS_TCP/Ports 中。

（4）将路径 FreeRTOS-TCP\include 和 FreeRTOS-TCP\portable\NetworkInterface\include 添加到工程头文件路径中。

（5）将 FreeRTOS-Plus\Demo\FreeRTOS_Plus_TCP_Minimal_Windows_Simulator 路径下的配置文件 FreeRTOSIPConfig.h 复制到 User 文件夹下，并在工程中添加到 User 分组中。

（6）联网需要用到以太网物理层芯片，开发板采用 LAN8720，用户需要编写 LAN8720 驱动函数。这里创建 bsp_eth.c 和 bsp_eth.h 两个文件，在文件中实现 LAN8720 驱动。将文件添加到工程中。使能 ETH、DMA 库。代码如下：

```
#include "bsp_eth.h"

void LAN8720_Init(void)
{
    GPIO_InitTypeDef GPIO_Init;

    __HAL_RCC_SYSCFG_CLK_ENABLE();
    __HAL_RCC_GPIOA_CLK_ENABLE();
    __HAL_RCC_GPIOC_CLK_ENABLE();
    __HAL_RCC_GPIOD_CLK_ENABLE();
    __HAL_RCC_GPIOG_CLK_ENABLE();
    __HAL_RCC_ETH_CLK_ENABLE();


    /* RMII 接口引脚
    ETH_MDIO ------------------------> PA2
    ETH_MDC -------------------------> PC1
    ETH_RMII_REF_CLK ----------------> PA1
    ETH_RMII_CRS_DV -----------------> PA7
    ETH_RMII_RXD0 -------------------> PC4
    ETH_RMII_RXD1 -------------------> PC5
    ETH_RMII_TX_EN ------------------> PG11
    ETH_RMII_TXD0 -------------------> PG13
    ETH_RMII_TXD1 -------------------> PG14
    ETH_RESET -----------------------> PD3 */
```

```
    GPIO_Init.Mode = GPIO_MODE_AF_PP;
    GPIO_Init.Pin = GPIO_PIN_1 | GPIO_PIN_2 | GPIO_PIN_7;
    GPIO_Init.Pull = GPIO_NOPULL;
    GPIO_Init.Speed = GPIO_SPEED_FREQ_VERY_HIGH;
    GPIO_Init.Alternate = GPIO_AF11_ETH;
    HAL_GPIO_Init(GPIOA,&GPIO_Init);


    GPIO_Init.Pin = GPIO_PIN_1 | GPIO_PIN_4 | GPIO_PIN_5;
    HAL_GPIO_Init(GPIOC,&GPIO_Init);

    GPIO_Init.Pin = GPIO_PIN_11 | GPIO_PIN_14 | GPIO_PIN_13;
    HAL_GPIO_Init(GPIOG,&GPIO_Init);

    GPIO_Init.Mode = GPIO_MODE_OUTPUT_PP;
    GPIO_Init.Pin = GPIO_PIN_3;
    GPIO_Init.Pull = GPIO_NOPULL;
    GPIO_Init.Speed = GPIO_SPEED_FREQ_VERY_HIGH;
    HAL_GPIO_Init(GPIOD,&GPIO_Init);

    // 复位
    HAL_GPIO_WritePin(GPIOD,GPIO_PIN_3,GPIO_PIN_RESET);
    vTaskDelay(100/portTICK_PERIOD_MS);
    HAL_GPIO_WritePin(GPIOD,GPIO_PIN_3,GPIO_PIN_SET);
    vTaskDelay(100/portTICK_PERIOD_MS);

    HAL_NVIC_SetPriority(ETH_IRQn,6,0);
    HAL_NVIC_EnableIRQ(ETH_IRQn);
}
```

(7) TCP中需要用到随机数,这个随机数需要由用户提供。随机数的创建参考下面的代码:

```
# include "randomnum.h"


/* RNG handler declaration */
RNG_HandleTypeDef RngHandle;

static void Error_Handler()
{
    while(1)
    {
    }
}

void RNG_init(void)
{
    __HAL_RCC_RNG_CLK_ENABLE();

    /* ## Configure the RNG peripheral ######################### */
    RngHandle.Instance = RNG;

    /* DeInitialize the RNG peripheral */
    if(HAL_RNG_DeInit(&RngHandle) != HAL_OK)
    {
```

```
    /* DeInitialization Error */
    Error_Handler();
  }

  /* Initialize the RNG peripheral */
  if(HAL_RNG_Init(&RngHandle) != HAL_OK)
  {
    /* Initialization Error */
    Error_Handler();
  }
}

uint32_t Random_GetNumber(){
    uint32_t num;
    if(HAL_RNG_GenerateRandomNumber(&RngHandle, &num) != HAL_OK)
      {
        /* Random number generation error */
        Error_Handler();
      }
    return num;
}

void getRandomNumTo(uint32_t * num){

    if(HAL_RNG_GenerateRandomNumber(&RngHandle, num) != HAL_OK)
      {
        /* Random number generation error */
        Error_Handler();
      }
}
```

（8）修改接口文件 NetworkInterface. c 中的初始化函数，引用 TCP 配置文件 FreeRTOSIPConfig. h。引用 LAN8720 初始化函数。介质接口改为 RMII。引用头文件 bsp_eth. h。删除 PHY_AUTONEGO_COMPLETE 宏定义。代码如下：

```
BaseType_t xNetworkInterfaceInitialise( void )
{
HAL_StatusTypeDef hal_eth_init_status;
BaseType_t xResult;

    if( xEMACTaskHandle == NULL )
    {
        #if( ipconfigZERO_COPY_TX_DRIVER != 0 )
        {
            if( xTXDescriptorSemaphore == NULL )
            {
                xTXDescriptorSemaphore = xSemaphoreCreateCounting( ( UBaseType_t ) ETH_TXBUFNB, ( UBaseType_t ) ETH_TXBUFNB );
                configASSERT( xTXDescriptorSemaphore );
            }
        }
        #endif /* ipconfigZERO_COPY_TX_DRIVER */

        /* Initialise ETH */
```

```
LAN8720_Init();

xETH.Instance = ETH;
xETH.Init.AutoNegotiation = ETH_AUTONEGOTIATION_ENABLE;
xETH.Init.Speed = ETH_SPEED_100M;
xETH.Init.DuplexMode = ETH_MODE_FULLDUPLEX;
xETH.Init.PhyAddress = 0;

xETH.Init.MACAddr = ( uint8_t * ) ucMACAddress;
xETH.Init.RxMode = ETH_RXINTERRUPT_MODE;

/* using the ETH_CHECKSUM_BY_HARDWARE option:
both the IP and the protocol checksums will be calculated
by the peripheral. */
xETH.Init.ChecksumMode = ETH_CHECKSUM_BY_HARDWARE;

xETH.Init.MediaInterface = ETH_MEDIA_INTERFACE_RMII;
hal_eth_init_status = HAL_ETH_Init( &xETH );

/* Only for inspection by debugger. */
( void ) hal_eth_init_status;

/* SettheTxDesc and RxDesc pointers. */
xETH.TxDesc = DMATxDscrTab;
xETH.RxDesc = DMARxDscrTab;

/* Make sure that all unused fields are cleared. */
memset( &DMATxDscrTab, '\0', sizeof( DMATxDscrTab ) );
memset( &DMARxDscrTab, '\0', sizeof( DMARxDscrTab ) );

#if( ipconfigZERO_COPY_TX_DRIVER != 0 )
{
    /* Initialize Tx Descriptors list: Chain Mode */
    DMATxDescToClear = DMATxDscrTab;
}
#endif /* ipconfigZERO_COPY_TX_DRIVER */

/* Initialise TX-descriptors. */
prvDMATxDescListInit();

/* Initialise RX-descriptors. */
prvDMARxDescListInit();

#if( ipconfigUSE_LLMNR != 0 )
{
    /* Program the LLMNR address at index 1. */
    prvMACAddressConfig( &xETH, ETH_MAC_ADDRESS1, ( uint8_t * ) xLLMNR_MACAddress );
}
#endif

/* Force a negotiation with the Switch or Router and wait for LS. */
prvEthernetUpdateConfig( pdTRUE );

/* The deferred interrupt handler task is created at the highest
possible priority to ensure the interrupt handler can return directly
```

```
        to it.   The task's handle is stored in xEMACTaskHandle so interrupts can
        notify the task when there is something to process.  */
        xTaskCreate( prvEMACHandlerTask, "EMAC", configEMAC_TASK_STACK_SIZE, NULL, configMAX_
PRIORITIES - 1, &xEMACTaskHandle );
    } /* if( xEMACTaskHandle == NULL ) */

    if( ( ulPHYLinkStatus & BMSR_LINK_STATUS ) != 0 )
    {
        xETH.Instance->DMAIER |= ETH_DMA_ALL_INTS;
        xResult = pdPASS;
        FreeRTOS_printf( ( "Link Status is high\n" ) );
    }
    else
    {
        /* For now pdFAIL will be returned. But prvEMACHandlerTask() is running
        and it will keep on checking the PHY andsetulPHYLinkStatus when necessary.  */
        xResult = pdFAIL;
        FreeRTOS_printf( ( "Link Status still low\n" ) );
    }
    /* When returning non-zero, the stack will become active and
    start DHCP (in configured) */
    return xResult;
}
```

（9）TCP 还有一些配置函数在接口文件中没有实现，需要用户自己实现。创建 netInfoConfig.c 和 netInfoConfig.h 文件用来实现 TCP 需要的一些接口配置函数。将文件添加到 FreeRTOS_TCP/Ports 文件夹下。代码如下：

```
#include "netInfoConfig.h"
#include "FreeRTOS.h"
#include "task.h"
#include "queue.h"
#include "semphr.h"
#include "string.h"

const uint8_t ucIPAddress[ 4 ] = { configIP_ADDR0, configIP_ADDR1, configIP_ADDR2, configIP_
ADDR3 };
const uint8_t ucNetMask[ 4 ] = { configNET_MASK0, configNET_MASK1, configNET_MASK2, configNET_
MASK3 };
const uint8_t ucGatewayAddress[ 4 ] = { configGATEWAY_ADDR0, configGATEWAY_ADDR1, configGATEWAY_
ADDR2, configGATEWAY_ADDR3 };
const uint8_t ucDNSServerAddress[ 4 ] = { configDNS_SERVER_ADDR0, configDNS_SERVER_ADDR1,
configDNS_SERVER_ADDR2, configDNS_SERVER_ADDR3 };
const uint8_t ucMACAddress[ 6 ] = { configMAC_ADDR0, configMAC_ADDR1, configMAC_ADDR2,
configMAC_ADDR3, configMAC_ADDR4, configMAC_ADDR5 };

QueueHandle_t xPingReplyQueue;

UBaseType_t uxRand(){
    return (UBaseType_t) getRandomNum();
}

const char * pcApplicationHostnameHook( void )
{
    return mainHOST_NAME;
```

```c
    }

    BaseType_t xApplicationDNSQueryHook( const char * pcName )
    {
        BaseType_t xReturn;

        if( strcmp( pcName, pcApplicationHostnameHook() ) == 0 )
        {
                xReturn = pdPASS;
        }
        else if( strcmp( pcName, mainDEVICE_NICK_NAME ) == 0 )
        {
                xReturn = pdPASS;
        }
        else
        {
                xReturn = pdFAIL;
        }
        return xReturn;
    }


    void vApplicationPingReplyHook( ePingReplyStatus_t eStatus, uint16_t usIdentifier )
    {
        switch( eStatus )
        {
            case eSuccess:
                    xQueueSend( xPingReplyQueue, &usIdentifier, 10 / portTICK_PERIOD_MS );
                    break;
            case eInvalidChecksum :
                    break;
            case eInvalidData :
                    break;
        }
    }


    void xPingReplyQueueCreate(void)
    {
        xPingReplyQueue = xQueueCreate( 20, sizeof( uint16_t ) );
    }

    BaseType_t vSendPing( const char * pcIPAddress )
    {
        uint16_t usRequestSequenceNumber, usReplySequenceNumber;
        uint32_t ulIPAddress;
      ulIPAddress = FreeRTOS_inet_addr( pcIPAddress );

        if(xPingReplyQueue == NULL)
            xPingReplyQueueCreate();
        usRequestSequenceNumber = FreeRTOS_SendPingRequest( ulIPAddress, 8, 100 / portTICK_PERIOD_MS );
        if( usRequestSequenceNumber == pdFAIL )
        {
        }
        else
        {
                if( xQueueReceive( xPingReplyQueue, &usReplySequenceNumber, 200 / portTICK_PERIOD_
```

```
MS ) == pdPASS )
            {
                if( usRequestSequenceNumber == usReplySequenceNumber )
                {
                }
            }
    }
        return ulIPAddress;
}


BaseType_t IP_init( void )
{
    return FreeRTOS _ IPInit ( ucIPAddress, ucNetMask, ucGatewayAddress, ucDNSServerAddress,
ucMACAddress );
}



int lUDPLoggingPrintf( const char * fmt, ... )
{
    return 0;
}

void vApplicationIPNetworkEventHook( eIPCallbackEvent_t eNetworkEvent )
{
    uint32_t ulIPAddress, ulNetMask, ulGatewayAddress, ulDNSServerAddress;
    char cBuffer[ 16 ];
    static BaseType_t xTasksAlreadyCreated = pdFALSE;

    FreeRTOS_printf( ( "vApplicationIPNetworkEventHook: event % ld\n", eNetworkEvent ) );
    if( eNetworkEvent == eNetworkUp )
    {
        if( xTasksAlreadyCreated == pdFALSE )
        {
            # if( mainCREATE_UDP_LOGGING_TASK == 1 )
            {
                vUDPLoggingTaskCreate();
            }
            # endif

            # if( ( mainCREATE_FTP_SERVER == 1 ) || ( mainCREATE_HTTP_SERVER == 1 ) )
            {
                /* Let the server work task now it can now create the servers. */
                xTaskNotifyGive( xServerWorkTaskHandle );
            }
            # endif


            # if( mainCREATE_UDP_CLI_TASKS == 1 )
            {
                vRegisterSampleCLICommands();
                vRegisterTCPCLICommands();
                vStartUDPCommandInterpreterTask( mainUDP_CLI_TASK_STACK_SIZE, mainUDP_CLI_
PORT_NUMBER, mainUDP_CLI_TASK_PRIORITY );
            }
            # endif
```

```
                    xTasksAlreadyCreated = pdTRUE;
            }

                FreeRTOS _ GetAddressConfiguration ( &ulIPAddress, &ulNetMask, &ulGatewayAddress,
        &ulDNSServerAddress );
            FreeRTOS_inet_ntoa( ulIPAddress, cBuffer );
            FreeRTOS_printf( ( "IP Address: % s\n", cBuffer ) );

            FreeRTOS_inet_ntoa( ulNetMask, cBuffer );
            FreeRTOS_printf( ( "Subnet Mask: % s\n", cBuffer ) );

            FreeRTOS_inet_ntoa( ulGatewayAddress, cBuffer );
            FreeRTOS_printf( ( "Gateway Address: % s\n", cBuffer ) );

            FreeRTOS_inet_ntoa( ulDNSServerAddress, cBuffer );
            FreeRTOS_printf( ( "DNS Server Address: % s\n", cBuffer ) );
        }
    }

    extern uint32_t ulApplicationGetNextSequenceNumber( uint32_t ulSourceAddress,
                                                uint16_tusSourcePort,
                                                uint32_tulDestinationAddress,
                                                uint16_tusDestinationPort)
    {
        ( void ) ulSourceAddress;
        ( void ) usSourcePort;
        ( void ) ulDestinationAddress;
        ( void ) usDestinationPort;

        return uxRand( );
    }


    BaseType_t xApplicationGetRandomNumber(uint32_t * pulNumber)
    {
        * (pulNumber) = uxRand( );
        return pdTRUE;
    }
```

(10) 修改网络配置文件 FreeRTOSIPConfig. h,引用头文件 stm32f4xx. h,在文件中添加宏定义使能发送校验。在文件中修改随机数配置,定义 ipconfigZERO_COPY_RX_DRIVER/ipconfigZERO_COPY_TX_DRIVER 零拷贝发送、接收使能,定义 MAC、IP、GATEWAY、DNS_SERVER、ECHO_SERVER 地址和 NET_MASK。定义 USE_STM324xG_EVAL 为 0。参考代码如下:

```
// 使能发送校验
#define ipconfigDRIVER_INCLUDED_TX_IP_CHECKSUM    1

// 修改随机数为如下代码
extern uint32_t Random_GetNumber(void);
#define ipconfigRAND32() Random_GetNumber()

// 配置地址、硬件选择、收发模式
#define USE_STM324xG_EVAL   0
```

```
#define ipconfigZERO_COPY_RX_DRIVER        ( 1 )
#define ipconfigZERO_COPY_TX_DRIVER        ( 1 )

#define configMAC_ADDR0            0x00
#define configMAC_ADDR1            0x51
#define configMAC_ADDR2            0x52
#define configMAC_ADDR3            0x53
#define configMAC_ADDR4            0x54
#define configMAC_ADDR5            0x55

#define configIP_ADDR0             192
#define configIP_ADDR1             168
#define configIP_ADDR2             31
#define configIP_ADDR3             130

#define configGATEWAY_ADDR0        0
#define configGATEWAY_ADDR1        0
#define configGATEWAY_ADDR2        0
#define configGATEWAY_ADDR3        0

#define configDNS_SERVER_ADDR0     0
#define configDNS_SERVER_ADDR1     0
#define configDNS_SERVER_ADDR2     0
#define configDNS_SERVER_ADDR3     0

#define configNET_MASK0            0
#define configNET_MASK1            0
#define configNET_MASK2            0
#define configNET_MASK3            0

#define configECHO_SERVER_ADDR0    192
#define configECHO_SERVER_ADDR1    168
#define configECHO_SERVER_ADDR2    31
#define configECHO_SERVER_ADDR3    237
```

（11）将 FreeRTOSConfig. h 文件下的 #define xPortSysTickHandler SysTick_Handler 注释掉。在 FreeRTOS\portable\RVDS\ARM_CM4F 路径下创建 port. h 文件,在文件中加入函数声明"void xPortSysTickHandler(void);"。在 clock. c 文件中引用 port. h 头文件并加入如下代码：

```
void SysTick_Handler()
{
    HAL_IncTick();
    xPortSysTickHandler();
}
```

（12）在 main. c 文件中引用头文件 netInfoConfig. h,在 main()函数中调用初始化函数。参考代码如下：

```
#include "bsp_clock.h"
#include "bsp_randomnum.h"
#include "netInfoConfig.h"

int main(void)
{
```

```
        HAL_NVIC_SetPriorityGrouping(NVIC_PRIORITYGROUP_4);
        CLOCLK_Init();
        RNG_init();
        IP_init();
        vTaskStartScheduler();
    }
```

(13) 工程编译,出现大量错误,报错类型是类型未定义,在 FreeRTOS_IP.h 文件中引用 FreeRTOS.h 和 list.h 头文件。

(14) 再次编译工程,出现了 13 个错误。这里是要提供两个编译器内置的命令以取消结构体自动字节对齐,如果用的 IDE 是 Keil,那么默认编译器是 armcc,需要 pack_struct_start.h 文件内添加 ♯pragma pack(1),并在 pack_struct_end.h 文件内添加 ♯pragma pack(),在 FreeRTOS-TCP\include 路径下创建这两个文件,并将代码添加进去。

(15) 再次编译工程,出现大量错误,报错类型是说明符的无效组合,在报错的结构体后面加上英文";"。

(16) 再次编译工程,出现大量警告,警告类型是已弃用声明,在函数定义和声明的地方将参数加入 void。

(17) 将 stm32f4xx_hal_eth.c 文件下函数 HAL_ETH_IRQHandler()中的 else if 改成 if。参考代码如下:

```
void HAL_ETH_IRQHandler(ETH_HandleTypeDef * heth)
{
  /* Frame received */
  if(__HAL_ETH_DMA_GET_FLAG(heth, ETH_DMA_FLAG_R))
  {
    /* Receive complete callback */
    HAL_ETH_RxCpltCallback(heth);

    /* Clear the Eth DMA Rx IT pending bits */
    __HAL_ETH_DMA_CLEAR_IT(heth, ETH_DMA_IT_R);

    /* Set HAL State to Ready */
    heth->State = HAL_ETH_STATE_READY;

    /* Process Unlocked */
    __HAL_UNLOCK(heth);

  }
  /* Frame transmitted */
  if(__HAL_ETH_DMA_GET_FLAG(heth, ETH_DMA_FLAG_T))
  {
    /* Transfer complete callback */
    HAL_ETH_TxCpltCallback(heth);

    /* Clear the Eth DMA Tx IT pending bits */
    __HAL_ETH_DMA_CLEAR_IT(heth, ETH_DMA_IT_T);

    /* Set HAL State to Ready */
    heth->State = HAL_ETH_STATE_READY;

    /* Process Unlocked */
    __HAL_UNLOCK(heth);
```

```
  }

  /* Clear the interrupt flags */
  __HAL_ETH_DMA_CLEAR_IT(heth, ETH_DMA_IT_NIS);

  /* ETH DMA Error */
  if(__HAL_ETH_DMA_GET_FLAG(heth, ETH_DMA_FLAG_AIS))
  {
    /* Ethernet Error callback */
    HAL_ETH_ErrorCallback(heth);

    /* Clear the interrupt flags */
    __HAL_ETH_DMA_CLEAR_IT(heth, ETH_DMA_FLAG_AIS);

    /* Set HAL State to Ready */
    heth->State = HAL_ETH_STATE_READY;

    /* Process Unlocked */
    __HAL_UNLOCK(heth);
  }
}
```

10.1.3 运行结果

编译整个工程,BuildOutput 窗口显示 0 错误、0 警告。登录路由器查看当前开发板 IP 地址。在同一局域网的 PC 上 ping 开发板,正常 ping 通运行成功,如图 10-10 所示。

图 10-10 输出结果

练习

(1) 什么是以太网?
(2) 简述各网络层的功能。

10.2 FreeRTOS＋UDP

通过学习本节内容,读者应熟悉 UDP 知识,掌握 UDP 的使用。

10.2.1 开发原理

1. UDP 简介

UDP 是 User Datagram Protocol 的简称,中文名是用户数据报协议,是一种无连接、不可靠的协议,它只是简单地实现从一端主机到另一端主机的数据传输功能,这些数据通过 IP 层发送,在网络中传输,到达目标主机的顺序是无法预知的,因此需要应用程序对这些数据进行排序处理,这就带来了很大的不便。此外,UDP没有流量控制、拥塞控制等功能,在发送端,UDP只是把上层应用的数据封装到UDP报文中;在差错检测方面,仅仅是对数据进行了简单的校验,然后将其封装到IP数据报中发送出去。而在接收端,无论是否收到数据,UDP都不会产生一个应答发送给源主机,并且如果接收到数据发送校验错误,那么接收端就会丢弃该UDP报文,也不会告诉原主机,这样传输的数据是无法保障保障准确性的,如果想要保障准确性,那么就需要应用程序来实现。

UDP具有如下特点:

(1)无连接、不可靠。

(2)尽可能提供交付数据服务,出现差错直接丢弃,无反馈。

(3)面向报文,发送方的UDP拿到上层数据直接添加一个UDP首部,然后进行校验后就递交给IP层。而接收的一方在接收到UDP报文后进行简单校验,然后直接去除UDP首部,再将数据递交给上层应用。

(4)支持一对一、一对多、多对一、多对多的交互通信。

(5)速度快,UDP没有TCP的握手、确认、窗口、重传、拥塞控制等机制,UDP是一个无状态的传输协议,所以它在传递数据时非常快,即使在网络拥塞的时候UDP也不会降低发送数据的速率。

2. UDP常用端口号

与TCP一样,UDP根据对应的端口号传递到目标主机的应用线程,同样,传输层到应用层的唯一标识是由端口号决定的,两个线程之间进行通信必须用端口号进行识别,同样的使用"IP地址+端口号"来区分主机不同的线程。

常用的端口号如表10-1所示。

表10-1 常用端口号

端口号	协议	说明
53	DNS	域名服务器,Internet上作为域名和IP地址相互映射的一个分布式数据库,能够使用户更方便地访问互联网,而不用去记住能够被机器直接读取的IP数据串
69	TFTP	小型文件传输协议
123	NTP	网络时间协议,它是用来同步网络中各个计算机时间的协议
161	SNMP	简单网络管理协议

3. UDP报文

UDP报文也被称为用户数据报,与TCP报文一样,由报文首部与数据区域组成。在UDP中,它只是简单将应用层的数据进行封装(添加一个UDP报文首部),然后传递到IP层,再通过网卡发送出去,因此,UDP数据也是经过两次封装,具体如图10-11所示。

UDP报文结构示意图具体如图10-12所示。

端口号的取值为0~65535;16bit的总长度用于记录UDP报文的总长度,包括8字节的首部长度与数据区域。

4. FreeRTOS的创建套接字函数

函数原型:

xSocket_t FreeRTOS_socket(BaseType_t xDomain, BaseType_t xType, BaseType_t xProtocol);

功能:创建并启动一个套接字。

图 10-11 UDP 报文

UDP首部	源端口号	目标端口号
	总长度	校验和
	数据区域	

图 10-12 UDP 报文结构

参数描述：

xDomain——网络类型，创建 UDP 套接字时必须使用参数 FREERTOS_AF_INET。

xType——套接字接口类型，参数只能为 FREERTOS_SOCK_STREAM 或 FREERTOS_SOCK_DGRAM。使用 FREERTOS_SOCK_STREAM 参数创建一个 TCP 套接字接口，使用 FREERTOS_SOCK_DGRAM 参数创建一个 UDP 套接字接口。

xProtocol——套接字协议类型，参数只能为 FREERTOS_IPPROTO_TCP 或者 FREERTOS_IPPROTO_UDP。使用 FREERTOS_IPPROTO_TCP 参数将套接字协议类型设置为 TCP，使用 FREERTOS_IPPROTO_UDP 参数将套接字协议类型设置为 UDP。

返回值：

如果套接字创建成功，则返回套接字句柄；如果 FreeRTOS 堆栈空间不足，则返回 FreeRTOS_VALID_SOCKET。

5. FreeRTOS 的设置套接字选项函数

函数原型：

```
BaseType_t FreeRTOS_setsockopt( Socket_t xSocket, int32_t lLevel, int32_t lOptionName, const
void * pvOptionValue, size_t xOptionLength );
```

功能：设置指定套接字的指定参数。

参数描述：

xSocket——目标套接字，该套接字必须由 FreeRTOS_socket()创建。

lLevel——该参数未使用。

lOptionName——修改的目标选项。参数选择如表 10-2 所示。

pvOptionValue——修改的目标选项的值。不同的目标选项，参数值的类型也不同。参见表 10-2。

表 10-2　参数选择

选 项 值	描 述
FREERTOS_SO_RCVTIMEO	设置 TCP 套接字的 FreeRTOS recvfrom()方法或 UDP 套接字的 FreeRTOS recv()方法的接收超时时间
FREERTOS_SO_SNDTIMEO	设置 TCP 套接字的 FreeRTOS_send()方法或 UDP 套接字的 FreeRTOS_sendto()方法的发送超时时间
FREERTOS_SO_UDPCKSUM_OUT	仅对 UDP 套接字有效,打开或关闭为传出的 UDP 包生成校验和值

xOptionLength——该参数未使用。

返回值:

如果参数 lOptionName 的值不属于合法值,则返回 FreeRTOS_ENOPROTOOPT;如果参数 lOptionName 的值属于合法值,返回 0。

6. FreeRTOS 的向套接字发送数据函数

函数原型:

```
int32_t FreeRTOS_sendto( xSocket_t xSocket, const void * pvBuffer, size_t xTotalDataLength,
uint32 _ t ulFlags, const struct freertos _ sockaddr * pxDestinationAddress, socklen _ t
xDestinationAddressLength );
```

功能:将数据发送到套接字。该套接字必须由 FreeRTOS_socket()创建。

参数描述:

xSocket——目标套接字,该套接字必须由 FreeRTOS_socket()创建。

* pvBuffer——指针,指向要发送的数据缓冲区。如果使用标准发送,将数据复制到 IP 堆栈缓冲区。如果使用零拷贝发送,则 pvBuffer 指向以前从 IP 堆栈获得的缓冲区,该缓冲区已经包含正在发送的数据。IP 堆栈将控制缓冲区,而不是将数据复制到缓冲区中。

xTotalDataLength——要发送数据的字节数。

ulFlags——发送方式选项,使用标准发送或者零拷贝发送。

pxDestinationAddress——指向 FreeRTOS_sockaddr 结构的指针,该结构包含目标 IP 地址和端口号(将数据发送到的套接字)。

xDestinationAddressLength——该参数未使用。

返回值:

如果正常发送,则返回发送的字节数;如果发送失败则返回 0。

7. FreeRTOS 的从套接字接收数据函数

函数原型:

```
int32_t FreeRTOS_recvfrom( xSocket_t xSocket, void * pvBuffer, size_t xBufferLength, uint32_t
ulFlags, struct freertos_sockaddr * pxSourceAddress, socklen_t * pxSourceAddressLength );
```

功能:从套接字接收数据。该套接字必须由 FreeRTOS_socket()创建。

参数描述:

xSocket——目标套接字,该套接字必须由 FreeRTOS_socket()创建。

* pvBuffer——指针,指向存储接收数据的缓冲区。如果使用标准接收,则将数据复制到接收缓冲区。如果使用零拷贝接收,那么 * pvBuffer 将被设置指向已经保存接收数据的缓冲区。PvBuffer 用于从 FreeRTOS_recvfrom()中传递对接收数据的引用,而不复制任何数据。

xBufferLength——接收缓冲区的字节大小。如果使用零拷贝,则该参数无效。

ulFlags——接收方式选项,使用标准发送或者零拷贝发送。

pxSourceAddress——指向 FreeRTOS_sockaddr 结构的指针,该结构将被设置,以包含刚接收数据的套接字的 IP 地址和端口号。

pxSourceAddressLength——该参数未使用。

返回值:

如果接收超时,则返回 FreeRTOS_EWOULDBLOCK;如果套接字没有绑定端口,则返回 FreeRTOS_EINVAL;如果正常接收,则返回接收到的字节数。

10.2.2　开发步骤

（1）新建 UDP_Demo.c 文件,新建 UDP_Demo.h 文件。打开工程,新建 Demo 分组。将文件 UDP_Demo.c 添加到 Demo 分组中。

（2）将路径 User\network\inc 添加到工程路径。

（3）打开 UDP_Demo.c 文件,编写创建 UDP 套接字函数、发送数据函数、接收函数、测试任务,代码如下:

```c
#include "UDP_Demo.h"

#include "FreeRTOS_IP.h"
#include "FreeRTOS_Sockets.h"
#include "FreeRTOS_UDP_IP.h"

// 定义目标端口号
#define echoECHO_PORT   (6902)

struct freertos_sockaddr xEchoServerAddress;
Socket_t xSocket_UDP;
static const TickType_t xReceiveTimeOut = pdMS_TO_TICKS( 2000 );

// 创建 UDP 套接字
void UDP_Creat(void)
{
    // 将目标端口和 IP 地址填入结构体
    xEchoServerAddress.sin_port = FreeRTOS_htons( echoECHO_PORT );
    xEchoServerAddress.sin_addr = FreeRTOS_inet_addr_quick( configECHO_SERVER_ADDR0,
configECHO_SERVER_ADDR1,configECHO_SERVER_ADDR2,configECHO_SERVER_ADDR3 );

    // 创建 UDP 套接字
    xSocket_UDP = FreeRTOS_socket( FREERTOS_AF_INET, FREERTOS_SOCK_DGRAM, FREERTOS_IPPROTO_UDP );
    configASSERT( xSocket_UDP != FREERTOS_INVALID_SOCKET );

    // 设置接收超时时间
    FreeRTOS_setsockopt( xSocket_UDP, NULL, FREERTOS_SO_RCVTIMEO, &xReceiveTimeOut, NULL );
}

// UDP 发送函数
void UDP_Send(uint8_t * pSendBuff,uint32_t lBuffLen)
{
    // 调用套接字发送函数,将数据发送到套接字
    FreeRTOS_sendto(xSocket_UDP,pSendBuff,lBuffLen,0,&xEchoServerAddress,NULL);
}
```

```c
// UDP 接收函数
void UDP_Recive(uint8_t * buffer,uint32_t lBuffLen)
{
    // 调用套接字接收函数,从套接字接收数据
    FreeRTOS_recvfrom(xSocket_UDP,buffer,lBuffLen,0,&xEchoServerAddress,NULL);
}

uint8_t senddata[] = " Please send a message, the length is less than 90!";
uint8_t recivedata[100];

// UDP 实验任务
void Task_UDPTest(void * pvParameters)
{
    uint8_t num = 0;
    UDP_Creat();
    while(1)
    {
        if(num == 0) UDP_Send(senddata,sizeof (senddata));

        UDP_Recive(recivedata,sizeof(recivedata));
        if(recivedata[0] != 0)
        {
            num = 1;
            UDP_Send(recivedata,sizeof (recivedata));
            memset( ( void * ) recivedata, 0x00, sizeof( recivedata ) );
        }
        vTaskDelay(50 / portTICK_RATE_MS );
    }
}
```

头文件如下:

```c
#ifndef __UDP_DEMO_H_
#define __UDP_DEMO_H_

#include "stm32f4xx.h"

void Task_UDPTest(void * pvParameters);

#endif
```

(4) 在 main.c 中创建初始化任务,实现初始化功能代码如下:

```c
static void AppTaskCreate (void)
{
    xTaskCreate(Task_UDPTest, "Task_Test", 500, NULL, 3, NULL );
}

void vTask_Init(void * pvParameters)
{
    HAL_NVIC_SetPriorityGrouping(NVIC_PRIORITYGROUP_4);

    CLOCLK_Init();
    RNG_init();

    IP_init();
    AppTaskCreate();
    vTaskDelete(NULL);
}
```

（5）在 main()函数中调用创建任务函数和启动调度器函数，代码如下：

```c
# include "bsp_clock.h"
# include "bsp_randomnum.h"
# include "netInfoConfig.h"
# include "FreeRTOS.h"
# include "task.h"
# include "UDP_Demo.h"

void vTask_Init(void * pvParameters);
static void AppTaskCreate (void);

int main(void)
{
    xTaskCreate(vTask_Init, "vTask_Init", 500, NULL, 11, NULL);
    vTaskStartScheduler();
    while(1);
}
```

（6）打开网络调试助手，该软件在软件工具文件夹中。协议类型选择 UDP，本地主机地址选择当前电脑 IP 地址，本机端口号选择程序配置的端口号。配置完成后单击"打开"按钮，如图 10-13 所示。

图 10-13　网络调试助手

（7）在 FreeRTOSIPConfig.h 中修改目标地址为网络调试助手本地主机地址。代码如下：

```c
# define configECHO_SERVER_ADDR0 192
# define configECHO_SERVER_ADDR1 168
# define configECHO_SERVER_ADDR2 31
# define configECHO_SERVER_ADDR3 232
```

10.2.3 运行结果

编译整个工程,BuildOutput 窗口显示 0 错误、0 警告。打开网络调试助手。下载工程,向开发板发送数据。开发板会将网络调试助手的数据发回网络调试助手,如图 10-14 所示。

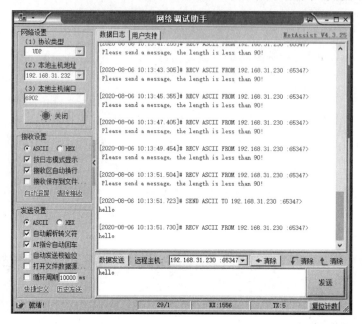

图 10-14　运行结果

练习

(1) 简述 UDP 协议。
(2) 简述 FreeRTOS 的从套接字接收数据函数。

10.3　FreeRTOS＋TCP 客户端

通过学习本节内容,读者应熟悉 TCP 知识,读者应掌握 TCP 客户端的使用。

10.3.1　开发原理

1. TCP 简介

TCP 是 Transmission Control Protocol 的简称,中文名是传输控制协议。它是一种面向连接的、可靠的、基于 IP 的传输层协议。两个 TCP 应用之间在传输数据的之前必须建立一个 TCP 连接,TCP 采用数据流的形式在网络中传输数据。TCP 为了保证报文传输的可靠性,会对每一个包进行编号,同时序号也能保证接收端可以按序号接收数据。接收端在收到数据后会返回一个相应的应答信号,如果发送端在合理的往返延时内未接收到应答信号,那么对应的数据将会重传。在数据确认无误后才会将数据传递给应用层。

2. TCP 的特性

1) 连接机制

TCP 是一个面向连接的协议,无论哪一方向另一方发送数据之前,都必须先在双方之间建立一个连接,否则将无法发送数据。一个 TCP 连接必须有双方 IP 地址与端口号。

2) 确认与重传

一个完整的 TCP 传输必须有数据的交互,接收方在接收到数据之后必须正面进行确认,向发送方报告接收的结果,而发送方在发送数据之后必须等待接收方的确认,同时发送时候会启动一个定时器。若在指定时间内没收到确认,发送方就会认为发送失败,然后进行重发操作,这就是重传报文。

TCP 提供可靠的传输层,但它依赖的是 IP 层的服务,IP 数据报的传输是无连接、不可靠的,因此它要通过确认信息来知道接收方确实已经收到数据了。但数据和确认信息都有可能会丢失,因此 TCP 通过在发送时设置一个超时机制(定时器)来解决这种问题。当超时时间到达的时候还没有收到对方的确认,它就重传该数据。

3) 缓冲机制

在发送方想要发送数据的时候,由于应用程序的数据大小、类型都是不可预估的,所以TCP 提供了缓冲机制来处理这些数据。在数据量很小的时候,TCP 会将数据存储在一个缓冲空间中,等到数据量足够大的时候再进行发送数据,这样能提高传输的效率并且减少网络中的通信量,而且在数据发送出去的时候并不会立即删除数据,还是让数据保存在缓冲区中,因为发送出去的数据不一定能被接收方正确接收,它需要等收到接收方的确认后再将数据删除。同样,在接收方也需要有同样的缓冲机制,因为在网络中传输的数据报到达的时间是不一样的,而且 TCP 还需要把这些数据报组装成完整的数据,然后再递交到应用层中。

4) 全双工通信

在 TCP 连接建立后,那么两个主机就是对等的,任何一个主机都可以向另一个主机发送数据,数据是双向流通的,所以 TCP 是一个全双工协议。这种机制为 TCP 协议传输数据带来很大的方便,一般来说,TCP 的确认是通过捎带的方式来实现,即接收方把确认信息放到反向传来的数据报文中,不必单独为确认信息申请一个报文,捎带机制减少了网络中的通信流量。由于双方主机是对等的存在,所以任意一方都可以断开连接,此时这个方向上的数据流就断开了,但另一个方向上的数据仍是连通的状态,这种情况就称为半双工。

5) 流量控制

TCP 提供了流量控制服务(flow-control service)以消除发送方使接收方缓冲区溢出的可能性。流量控制是一种速度匹配服务,即发送方的发送速率与接收方应用程序的读取速率相匹配,TCP 通过让发送方维护一个称为接收窗口(receive window)的变量来提供流量控制,它用于给发送方一个指示:接收方还能接收多少数据,接收方会将此窗口值放在 TCP 报文的首部中的窗口字段,然后传递给发送方,这个窗口的大小在发送数据的时候是动态调整的。当接收方主机的接收窗口为 0 时,发送方继续发送只有一个字节的报文段,这些报文段将被接收方接收,直到缓存清空,并在确认报文中包含一个非 0 的接收窗口值。

6) 差错控制

除了确认与重传之外,TCP 协议也会采用校验和的方式来检验数据的有效性。主机在接收数据的时候,会将重复的报文丢弃,将乱序的报文重组,发现某段报文丢失时会请求发送方进行重发,因此在 TCP 往上层协议递交的数据是顺序的、无差错的完整数据。

7) 拥塞控制

当数据从一个大的管道(如一个快速局域网)向一个较小的管道(如一个较慢的广域网)发送时便会发生拥塞。当多个输入流到达一个路由器,而路由器的输出流小于这些输入流的总和时也会发生拥塞,这是由于网络状况的原因。如果一个主机还是以很大的流量给另一个主机发送数据,但是其中间的路由器通道很小,无法承受这样大的数据流量,就会发生拥塞,从而导致接收方无法在超时时间内完成接收(接收方此时完全有能力处理大量数据),而发送方又进行重传,这样就导致了链路更加拥塞,所以延迟发送方必须实现自适应的状态机制,在网络拥塞的情况下调整自身的发送速度。这种对发送方的控制被称为拥塞控制(congestion control)。

8)常见端口号

常见的 TCP 端口号有 21、53、80 等,更多端口描述具体见表 10-3,其中 80 端口号是最常见的一个端口号,它也是 HTTP 服务器默认开放的端口。

表 10-3　常见端口号

端口号	协　议	说　　　明
20/21	FTP	文件传输协议,使得主机间可以共享文件
23	Telnet	终端远程登录,它为用户提供了在本地计算机上完成远程主机工作的能力
25	SMTP	简单邮件传输协议,它帮助每台计算机在发送或中转信件时找到下一个目的地
69	TFTP	普通文件传输协议
80	HTTP	超文本传输协议,通过使用网页浏览器、网络爬虫或者其他的工具,客户端发起一个 HTTP 请求到服务器上指定端口(默认端口为 80),应答的服务器上存储着一些资源,比如 HTML 文件和图像,那么就会返回这些数据到客户端
110	POP3	邮局协议版本 3,本协议主要用于支持使用客户端远程管理在服务器上的电子邮件

3. TCP 的报文结构

1)TCP 报文的封装

如 ICMP 报文一样,TCP 报文段依赖 IP 进行发送,因此 TCP 报文与 ICMP 报文一样,都是封装在 IP 数据报中,IP 数据报封装在以太网帧中,因此 TCP 报文也是经过了两次的封装,然后发送出去,其封装具体见图 10-15。

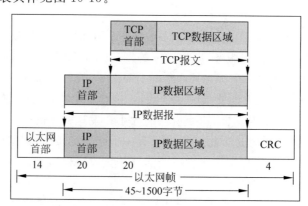

图 10-15　TCP 报文的封装

2)TCP 报文格式

TCP 报文与 APR 报文、IP 数据报一样,也是由首部+数据区域组成,TCP 报文段的首部称为 TCP 首部,其首部内容很丰富,各个字段都有不一样的含义,如果不计算选项字段,一般来说,TCP 首部只有 20 字节,具体如图 10-16 所示。

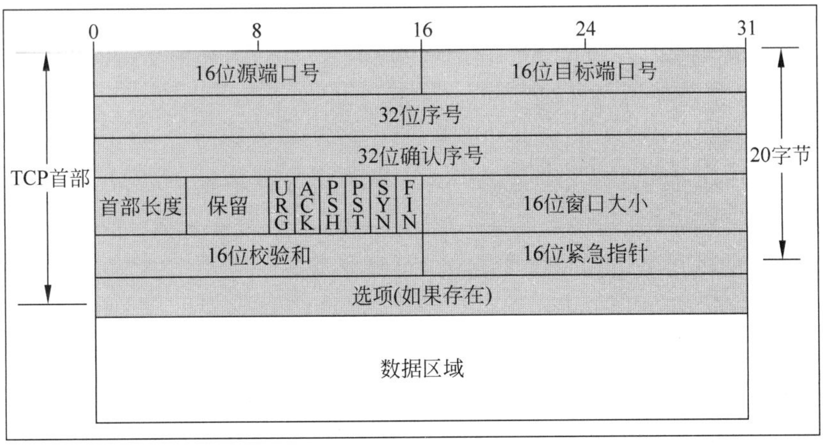

图 10-16　TCP 报文格式

每个 TCP 报文都包含源主机和目标主机的端口号,用于寻找发送端和接收端应用线程,这两个值加上 IP 首部中的源 IP 地址和目标 IP 地址就能确定唯一一个 TCP 连接。序号字段用来标识从 TCP 发送端向 TCP 接收端发送的数据字节流,它的值表示报文中的第一个数据字节所处的位置,根据接收到的数据区域长度,就能计算出报文最后一个数据所处的位置,因为 TCP 协议会对发送或者接收的数据进行编号(按字节的形式),那么使用序号对每个字节进行计数,就能很轻易地管理这些数据。序号是 32b 的无符号整数。

当建立一个新的连接时,TCP 报文首部的 SYN 标志变为 1,序号字段包含由这个主机随机选择的初始序号 ISN(Initial Sequence Number)。该主机要发送数据的第一个字节序号为 ISN+1,因为 SYN 标志会占用一个序号,既然 TCP 给传输的每个字节都编了号,那么确认序号就包含接收端所期望收到的下一个序号,因此,确认序号应当是上次成功收到的数据的最后一个字节序号加 1。当然,只有 ACK 标志位为 1 时确认序号字段才有效。TCP 为应用层提供全双工服务,这意味数据能在两个方向上独立地进行传输,因此确认序号通常会与反向数据(即接收端传输给发送端的数据)封装在同一个报文中(即捎带),所以连接的每一端都必须在每个方向上保持传输数据序号的准确性。

首部长度字段占据 4b 空间,它指出了 TCP 报文段首部长度,以字节为单位,最大能记录 $15 \times 4 = 60$ 字节的首部长度,因此,TCP 报文首部最大长度为 60 字节。在字段后接着有 6b 空间是保留未用的。

此外还有 6b 空间用于 TCP 报文首部的标志字段,包括如下信息:

URG——首部中的紧急指针字段标志,如果是 1 则表示紧急指针字段有效。

ACK——首部中的确认序号字段标志,如果是 1 则表示确认序号字段有效。

PSH——该字段置 1 表示接收方应该尽快将报文交给应用层。

RST——重新建立 TCP 连接。

SYN——用同步序号发起连接。

FIN——中止连接。

TCP 的流量控制由连接的每一端通过声明的窗口大小来提供,窗口大小以字节数表示,起始于确认序号字段指明的值,这个值是接收端期望接收的数据序号,发送方根据窗口大小调整发送数据,以实现流量控制。窗口大小是一个占据 16b 的字段,因而窗口最大为 65535 字节。当接收方告诉发送方一个大小为 0 的窗口时,将完全阻止发送方的数据发送。

只有当 URG 标志置 1 时紧急指针才有效。紧急指针是一个正的偏移量,和序号字段中的值相加表示紧急数据最后一个字节的序号。简单来说,本 TCP 报文段的紧急数据在报文段数据区域中,从序号字段开始,偏移紧急指针的值结束。

4. TCP 建立连接

TCP 是一个面向连接的协议,无论哪一方向另一方发送数据之前,都必须先在双方之间建立一条连接,俗称"握手"。

首先建立连接的过程是由客户端发起的,而服务器无时无刻不在等待着客户端的连接。TCP 连接一般来说会经历以下过程:

第一步,客户端的 TCP 首先向服务器端的 TCP 发送一个特殊的 TCP 报文段。该报文段中不包含应用层数据,但是在报文段的首部中的 SYN 标志位会被置为 1。因此,这个特殊报文段被称为 SYN 报文段(我们暂且称之为握手请求报文)。另外,客户端会随机地选择一个初始序号(ISN,假设为 A),并将此序号放置于该 SYN 报文段的序号字段中;但 SYN 报文段中的 ACK 标志位为 0,此时它的确认序号段是无效的。该报文段会被封装在一个 IP 数据报中,然后发送给目标服务器。

第二步,一旦服务器收到了客户端发出的 SYN 报文段,就知道客户端要请求握手了,服务器便会从 SYN 报文段中提取对应的信息,为该 TCP 连接分配 TCP 缓存和变量,并向该客户 TCP 发送允许连接的报文段(握手应答报文)。这个报文段同样不包含任何应用层数据,但是,在报文段的首部包含 3 个重要的信息。

① SYN 与 ACK 标志都被置为 1。

② 将 TCP 报文段首部的确认序号字段设置为 A+1(这个 A(ISN)是从握手请求报文中得到)。

③ 服务器随机选择自己的初始序号(ISN,注意此 ISN 是服务器端的 SN,假设为 B),并将其放置到 TCP 报文段首部的序号字段中。

这个允许连接的报文段实际上表明了:"我收到了你发起建立连接的请求,初始序号为 A,我同意建立该 TCP 连接,我自己的初始序号是 B。"该允许连接的报文段有时被称为 SYN ACK 报文段(SYN ACK segment),同时由于 ACK 标志位为 1,所以 TCP 报文段首部的窗口大小字段是有效的。

第三步,当客户端收到服务器的握手应答报文后,会将 ACK 标志置位,此时客户端的TCP 报文段的 ACK 标志被设置为 1,而对于 SYN 标志,因为连接已经建立了,所以该标志会被置为 0,同时客户端也要给该 TCP 连接分配缓存和变量,并且客户端需要返回一个应答报文段,这个报文对服务器的应答报文段作出应答,将 TCP 报文段首部的确认序号字段设置为 B+1,同时会告知服务器的窗口大小。在 3 次握手的第三个阶段可以在报文段数据区域携带客户端到服务器的数据。

在完成握手后,客户端与服务器就建立了连接,同时双方都得到了彼此的窗口大小、序列号等信息,在传输 TCP 报文段的时候,每个 TCP 报文段首部的 SYN 标志都会被置 0,因为它只用于发起连接和同步序号,如图 10-17 所示。

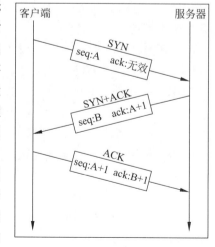

图 10-17 建立连接

5. TCP 终止连接

建立一个连接需要 3 次握手,而终止一个连接要经过 4 次挥手(有一些书上也会称为"4次握手")。这是由 TCP 的特性造成的,因为 TCP 连接是全双工连接的服务,因此每个方向上的连接必须单独关闭。当一端完成它的数据发送任务后就能发送一个 FIN 报文段(可以称之为终止连接请求,其实就是 FIN 标志位被设置为1)来终止这个方向上的连接。另一端收到 FIN 报文段后必须通知应用层对方已经终止了那个方向的连接,发送 FIN 报文段通常是应用层进行关闭的结果。客户端发送一个 FIN 报文段只意味着在这一方向上没有数据流动,一个TCP 连接在发送一个 FIN 后仍能接收数据,但在实际应用中只有很少的 TCP 应用程序这样做。"4 次挥手"终止连接示意图具体见图 10-18,其具体过程如下:

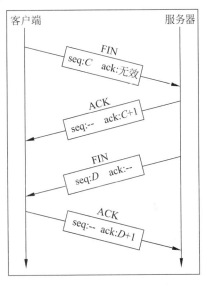

第一步,客户端发出一个 FIN 报文段主动进行关闭连接,此时报文段的 FIN 标志位为1,假设序号为 C,一般来说,ACK 标志也会被置1,但确认序号字段是无效的。

第二步,当服务器收到这个 FIN 报文段,它发回一个 ACK 报文段(此报文段是终止连接应答),确认序号为收到的序号加1($C+1$),和 SYN 一样,一个 FIN 将占用一个序号,此时断开客户端至服务器方向的连接。

第三步,服务器会向应用程序请求关闭与这个客户端的连接,接着服务器就会发送一个 FIN 报文段(这个报文段是服务器向客户端发出,用于请求终止连接),此时假设序号为 D,ACK 标志虽然也为1,但是确认序号字段是无效的。

图 10-18　TCP 终止连接示意图

第四步,客户端返回一个 ACK 报文段来确认终止连接的请求,ACK 标志置1,并将确认序号设置为收到序号加1($D+1$),此时断开服务器至客户端方向的连接。

6. FreeRTOS 的远程连接函数

函数原型:

```
BaseType_t FreeRTOS_connect( Socket_t xClientSocket, struct freertos_sockaddr * pxAddress,
socklen_t xAddressLength );
```

功能:将 TCP 套接字连接到远程套接字。

参数描述:

xClientSocket——目标套接字,该套接字必须由 FreeRTOS_socket()函数创建。

*pxAddress——指向 FreeRTOS_sockaddr 结构的指针,该结构包含目标端口的详细信息。

xAddressLength——该参数未使用。

返回值:

如果连接操作成功,则返回 0。如果 xSocket 不是有效的 TCP 套接字,则返回-pdFREERTOS_ERRNO_EBADF。如果 xSocket 在调用 FreeRTOS_CONNECT()之前已经连接,则返回-pdFREERTOS_ERRNO_EISCONN。如果 xSocket 不处于允许连接操作的状态,则返回-pdFREERTOS_ERRNO_EINPROGRESS 或-pdFREERTOS_ERRNO_EAGAIN。如果套接

字的读取阻塞时间为 0,并且连接操作不能立即成功,则返回-pdFREERTOS_ERRNO_EWOULDBLOCK。如果连接尝试超时,则返回-pdFREERTOS_ERRNO_ETIMEDOUT。

7. FreeRTOS 的关闭连接函数

函数原型:

```
BaseType_t FreeRTOS_shutdown( Socket_t xSocket, BaseType_t xHow );
```

功能:关闭连接并禁用所连接的 TCP 套接字上的读写操作。

参数描述:

xSocket——目标套接字,该套接字必须由 FreeRTOS_socket()创建。

xHow——关闭的方式,必须设置为 FreeRTOS_CLOST_RDWR。因为 FreeRTOS+TCP 同时关闭读写操作。

返回值:

如果关闭请求成功,则返回 0。关闭完成的指示为 FreeRTOS_recv()对套接字的调用导致返回 FreeRTOS_EINVAL。如果 xSocket 不是有效的 TCP 套接字,则返回 pdFREERTOS_ERRNO_EOPNOTSUPP。如果 xSocket 是有效的 TCP 套接字,但套接字没有连接到远程套接字,则返回 pdFREERTOS_ERRNO_EOPNOTSUPP。

8. FreeRTOS 的关闭套接字函数

函数原型:

```
BaseType_t FreeRTOS_closesocket( Socket_t xSocket );
```

功能:关闭套接字。

参数描述:

xSocket——目标套接字,该套接字必须由 FreeRTOS_socket()创建。

返回值:

总是返回 0。

9. FreeRTOS 的发送数据函数

函数原型:

```
BaseType_t FreeRTOS_send( Socket_t xSocket, const void * pvBuffer, size_t xDataLength, BaseType_t xFlags);
```

功能:将数据发送到套接字。调用此函数之前应确保远程连接成功。

参数描述:

xSocket——目标套接字,该套接字必须由 FreeRTOS_socket()创建。

* pvBuffer——指向正在传输的数据源。

xDataLength——发送数据的字节数。

xFlags——该参数未使用。

返回值:

如果发送成功,则返回排队等待发送的字节数(注意,这可能比 xTotalDataLength 参数请求的字节数少)。如果由于套接字关闭或连接关闭而无法发送数据,则返回 pdFREERTOS_ERRNO_ENOTCONN。如果由于内存不足而无法发送数据,则返回 pdFREERTOS_ERRNO_ENOMEM。如果由于 xSocket 不是有效的 TCP 套接字而无法发送数据,则返回 pdFREERTOS_ERRNO_EINVAL。如果在发送任何数据之前发生超时,则返回

pdFREERTOS_ERRNO_ENOSPC。

10. FreeRTOS 的接收数据函数

函数原型：

```
BaseType_t FreeRTOS_recv( Socket_t xSocket, void * pvBuffer, size_t xBufferLength, BaseType_t xFlags );
```

功能：从套接字接收数据。调用此函数之前应确保远程连接成功。

参数描述：

xSocket——目标套接字，该套接字必须由 FreeRTOS_socket()创建。

* pvBuffer——指向存放数据的缓冲区。

xDataLength——接收数据的字节数，也是读取的最大字节数。

xFlags——该参数未使用。

返回值：

总是返回 0。

10.3.2　开发步骤

（1）新建 TCP_Client.c 文件和 TCP_Client.h 文件。打开工程，新建 Demo 分组。将文件 TCP_Client.c 添加到 Demo 分组中。

（2）打开 TCP_Client.c 文件，编写创建 TCP 套接字函数、连接函数、断开连接函数、发送数据函数、接收数据函数、测试任务，代码如下：

```
# include "TCP_Client.h"

# include < stdint.h >
# include < stdio.h >
# include < stdlib.h >
# include "NetInfoConfig.h"

// 定义端口
# define echoECHO_PORT  ( 8088 )

struct freertos_sockaddr xEchoServerAddress;
static const TickType_t xReceiveTimeOut = pdMS_TO_TICKS( 2000 );
static const TickType_t xSendTimeOut = pdMS_TO_TICKS( 1000 );
Socket_t xSocket;
Recivebuff recivebuffes;
TaskHandle_t TCPTest_TaskHandle;

// 连接函数
uint8_t prvEchoConnect(void)
{
    // 每次连接之前逻辑清空接收数组
    recivebuffes.length = 0;

    // 填充目标端口和 IP 地址
    xEchoServerAddress.sin_port = FreeRTOS_htons( echoECHO_PORT );
    xEchoServerAddress.sin_addr = FreeRTOS_inet_addr_quick ( configECHO_SERVER_ADDR0,
configECHO_SERVER_ADDR1,configECHO_SERVER_ADDR2,configECHO_SERVER_ADDR3 );

    // 创建套接字
```

```
    xSocket = FreeRTOS_socket( FREERTOS_AF_INET, FREERTOS_SOCK_STREAM, FREERTOS_IPPROTO_TCP );
    configASSERT( xSocket != FREERTOS_INVALID_SOCKET );

    // 设置超时
    FreeRTOS_setsockopt( xSocket, 0, FREERTOS_SO_RCVTIMEO, &xReceiveTimeOut, sizeof( xReceiveTimeOut ) );
    FreeRTOS_setsockopt( xSocket, 0, FREERTOS_SO_SNDTIMEO, &xSendTimeOut, sizeof( xSendTimeOut ) );

    // 连接
    if( FreeRTOS_connect( xSocket, &xEchoServerAddress, sizeof( xEchoServerAddress ) ) == 0 )
  return 1;
    else   return 0;
}

// 断开连接
void prvEchoDisconnect(void)
{
    TickType_t xTimeOnEntering;
    char   * pcReceivedString;
    BaseType_t xReturned;

    // 关闭连接
    FreeRTOS_shutdown( xSocket, FREERTOS_SHUT_RDWR );

    // 检查连接是否断开
    xTimeOnEntering = xTaskGetTickCount();
    do
    {
        xReturned = FreeRTOS_recv( xSocket,&( pcReceivedString[ 0 ] ),echoBUFFER_SIZES,0 );
        if( xReturned < 0 )
        {
            break;
        }
    }
    while( ( xTaskGetTickCount() - xTimeOnEntering ) < xReceiveTimeOut );

    // 关闭套接字
    FreeRTOS_closesocket( xSocket );
}

// 发送函数
uint8_t prvEchoSend(char * pSendBuff,uint32_t lBuffLen)
{
    BaseType_t lTransmitted;

    // 发送数据
    lTransmitted = FreeRTOS_send(   xSocket,pSendBuff,lBuffLen,0 );
    vTaskDelay(150 / portTICK_PERIOD_MS);

    if(lTransmitted < 0)
    {
        return 0;
    }
    else
    {
        return 1;
```

```
    }
}

// 接收函数
void prvEchoRecive(void)
{
    BaseType_t lrecive;

    // 接收数据
    lrecive = FreeRTOS_recv(xSocket, recivebuffes.cRxBuffers, echoBUFFER_SIZES, 0);
    if(lrecive <= 0 )
        recivebuffes.length = 0;
    else
    {
        recivebuffes.length = lrecive;
    }
}

// 测试任务,将接收到的数据进行转发
void Task_TCPTest(void * pvParameters)
{

    while(1)
    {
        prvEchoRecive();
        if(recivebuffes.length > 0)
        {
            prvEchoSend(recivebuffes.cRxBuffers, recivebuffes.length);
            recivebuffes.length = 0;
        }
        vTaskDelay(5 / portTICK_RATE_MS );
    }
}
```

头文件如下：

```
# ifndef __TCP_CLIENT_H_
# define __TCP_CLIENT_H_

# include "stm32f4xx.h"
# include "FreeRTOS.h"
# include "task.h"

# define echoBUFFER_SIZES        ( ipconfigTCP_MSS * 2 )

typedef struct
{
    char cRxBuffers[100];
    uint32_t length;
}Recivebuff;

extern Recivebuff recivebuffes;
extern TaskHandle_t TCPTest_TaskHandle;

uint8_t prvEchoConnect(void);
void prvEchoDisconnect(void);
uint8_t prvEchoSend(char * pSendBuff, uint32_t lBuffLen);
```

```
void prvEchoRecive(void);
void Task_TCPTest(void * pvParameters);


#endif
```

(3) 在 main.c 中创建初始化任务,实现初始化功能,代码如下:

```
static void AppTaskCreate (void)
{
    xTaskCreate(Task_Key,    "Task_Key",    500, NULL, 4,    NULL );
}

void vTask_Init(void * pvParameters)
{
    HAL_NVIC_SetPriorityGrouping(NVIC_PRIORITYGROUP_4);

    CLOCLK_Init();
    RNG_init();
    KEY_Init();
    LED_Init();


    IP_init();
    AppTaskCreate();
    vTaskDelete(NULL);
}
```

(4) 在 main.c 文件中创建按键任务,实现按键连接、发送、断开连接功能,代码如下:

```
void Task_Key(void * pvParameters)
{
    static uint8_t stauts = 0;
    while(1)
    {
        if(!KEY0)
        {
            if(stauts == 0)
            {
                if(prvEchoConnect())
                {
                    LED1_ON;
                    LED2_OFF;
                    xTaskCreate(Task_TCPTest, "Task_Test", 500, NULL, 5, &TCPTest_TaskHandle );
                    stauts = 1;
                }
                else
                {
                    LED2_ON;
                    LED1_OFF;
                    vTaskDelay(1000 / portTICK_RATE_MS);
                    NVIC_SystemReset();
                }
            }
        }
        if(!KEY1)
```

```
        {
            if(stauts == 1)
            {
                prvEchoSend((char * )tdata,sizeof(tdata));
            }
        }
        if(!KEY2)
        {
            if(stauts == 1)
            {
                LED1_OFF;
                LED2_OFF;
                prvEchoDisconnect();
                vTaskDelete(TCPTest_TaskHandle);
                stauts = 0;
            }
        }
    }
}
}
```

（5）在 main()函数中调用创建任务函数和启动调度器函数，代码如下：

```
# include "FreeRTOS.h"
# include "task.h"
# include "bsp_clock.h"
# include "bsp_randomnum.h"
# include "netInfoConfig.h"
# include "bsp_key.h"
# include "bsp_led.h"
# include "TCP_Client.h"

uint8_t tdata[] = "This is client";

void vTask_Init(void * pvParameters);
void Task_Key(void * pvParameters);
static void AppTaskCreate (void);

int main(void)
{
    xTaskCreate(vTask_Init, "vTask_Init", 500, NULL, 11, NULL);
    vTaskStartScheduler();
    while(1);
}
```

（6）打开网络调试助手，该软件在软件工具文件夹中。"协议类型"选择 TCP Server，"本地主机地址"选择当前计算机的 IP 地址，"本地主机端口"选择程序配置的端口号。配置完成单击"打开"按钮。参考图 10-19。

（7）在 FreeRTOSIPConfig.h 中修改目标地址为网络调试助手本地主机地址。代码如下：

```
# define configECHO_SERVER_ADDR0 192
# define configECHO_SERVER_ADDR1 168
# define configECHO_SERVER_ADDR2 31
# define configECHO_SERVER_ADDR3 232
```

图 10-19　网络调试助手

10.3.3　运行结果

编译整个工程,BuildOutput 窗口中显示 0 错误、0 警告。打开网络调试助手,下载工程。按 KEY0 键实现连接,连接成功 LED1 亮,连接失败 LED2 亮 1s,系统重启。连接成功后按 KEY2 键发送数据,按 KEY3 键断开连接,LED 灯全部熄灭。连接成功后向开发板发送数据,开发板会将数据返回,如图 10-20 所示。

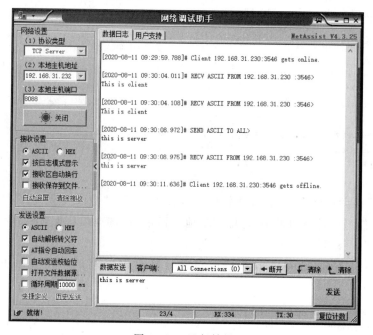

图 10-20　运行结果

练习

(1) 什么是 TCP？

(2) 简述 TCP 的报文结构。

10.4 FreeRTOS＋TCP 服务器

通过学习本节内容，读者应熟悉 TCP 知识，掌握 TCP Server 的使用。

10.4.1 开发原理

1. FreeRTOS 的套接字绑定函数

函数原型：

```
BaseType_t FreeRTOS_bind( Socket_t xSocket, struct freertos_sockaddr * pxAddress, socklen_t
xAddressLength );
```

功能：将套接字绑定到本地端口号。将套接字与本地 IP 地址上的端口号相关联，从而将套接字接收或发送到该 IP 地址的所有数据和端口号进行组合。

参数描述：

xSocket——目标套接字，该套接字必须由 FreeRTOS_socket()创建。

* pxAddress——指向 FreeRTOS_sockaddr 结构的指针，该结构包含端口的详细信息。

xAddressLength——该参数未使用。

返回值：

如果绑定成功，则返回 0；如果绑定失败，则返回 FreeRTOS_EINVAL；如果调用的任务没有从任务获得对绑定请求的响应，则返回 FreeRTOS_ECANCELED。

2. FreeRTOS 的套接字侦听状态设置函数

函数原型：

```
BaseType_t FreeRTOS_listen( Socket_t xSocket, BaseType_t xBacklog );
```

功能：将 TCP 套接字置于它正在侦听的状态，并可以接收来自远程套接字的传入连接请求。调用前必须调用绑定端口函数绑定相关端口。默认情况下，将创建一个新套接字(子套接字)来处理任何可接受的连接。新套接字将由 FreeRTOS_Accept()，可以立即使用。子套接字继承父套接字的所有属性。也可以有选择地将 FREERTOS_SO_REUSE_LISTEN_SOCKET 设置为参数，用于调用 FreeRTOS_setsockopt()配置父套接字。当套接字一次只处理一个连接时，这是一种节省资源的有用方法。

参数描述：

xSocket——目标套接字，该套接字必须由 FreeRTOS_socket()创建，并绑定到端口。

xBacklog——在为每个新连接创建新套接字的情况下，此参数用于配置同时连接的客户端的数量。

返回值：

如果设置成功，则返回 0；如果套接字不是有效套接字，则返回 pdFREERTOS_ERRNO_EOPNOTSUPP；如果套接字处于未绑定状态，则返回 pdFREERTOS_ERRNO_

EOPNOTSUPP。

3. FreeRTOS 的套接字连接接收函数

函数原型：

```
Socket_t FreeRTOS_accept( Socket_t xServerSocket, struct freertos_sockaddr * pxAddress, socklen
_t * pxAddressLength );
```

功能：接收 TCP 套接字上的连接。调用前必须调用绑定端口函数绑定相关端口。

参数描述：

xServerSocket——要接收新连接的侦听套接字的句柄。

* pxAddress——指向 FreeRTOS_sockaddr 结构的指针,该结构将由接收连接的套接字的 IP 地址和端口号填充。

* pxAddressLength——该参数未使用。

返回值：

如果接收来自远程套接字的连接,并创建一个新的本地套接字来处理接收的连接,则返回到新套接字的句柄；如果 xServerSocket 不是有效的 TCP 套接字,则返回 FreeRTOS_VALID_SOCKET；如果 xServerSocket 没有处于侦听状态,则返回 FreeRTOS_VALID_SOCKET；如果在接收来自远程套接字的连接之前发生超时,则返回 NULL。

10.4.2 开发步骤

(1) 新建 TCP_Server. c 文件,新建 TCP_Server. h 文件。打开工程,新建 Demo 分组,将文件 TCP_Server. c 添加到 Demo 分组中。

(2) 将路径 User\network\inc 添加到工程路径下。

(3) 打开 TCP_Server. c 文件,编写创建 TCP_Server 开启函数、TCP_Server 关闭函数、发送函数、接收函数、测试任务,代码如下：

```c
#include "TCP_Server.h"

// 定义端口
#define tcpechoPORT_NUMBER      6902

ClientSocketList_t * pClientSocketHead;
Socket_t xListeningSocket;
struct freertos_sockaddr xBindAddress;
Recivebuff recivebuffed;
uint8_t statut_close = 0;

void prvConnectionListeningTask( void * pvParameters );
void prvServerConnectionInstance( void * pvParameters );
BaseType_t prvClientSocketListDel( Socket_t xDelSocket);
void prvClientSocketListDelALL( void );
void prvClientSocketListAdd( Socket_t xNewSocket);
void prvClientSockeDisconnectionALL( void );

char txdata[] = "The connection was successful!";

// Server 开启函数
void prvSimpleServerOpen(void)
{
    static const TickType_t xReceiveTimeOut = portMAX_DELAY;
```

```
    const BaseType_t xBacklog = 20;

    // 清空链表
    pClientSocketHead = NULL;

    // 创建套接字
    xListeningSocket = FreeRTOS_socket( FREERTOS_AF_INET, FREERTOS_SOCK_STREAM, FREERTOS_
IPPROTO_TCP );
    configASSERT( xListeningSocket != FREERTOS_INVALID_SOCKET );

    // 设置套接字
    FreeRTOS_setsockopt( xListeningSocket, 0, FREERTOS_SO_RCVTIMEO, &xReceiveTimeOut, sizeof
( xReceiveTimeOut ) );

    // 填充本地端口
    xBindAddress.sin_port = FreeRTOS_htons(tcpechoPORT_NUMBER);

    // 绑定端口
    FreeRTOS_bind( xListeningSocket, &xBindAddress, sizeof( xBindAddress ) );

    // 设置套接字处于侦听状态
    FreeRTOS_listen( xListeningSocket, xBacklog );

    statut_close = 0;
    xTaskCreate( prvConnectionListeningTask, "ServerListener", 520, NULL, 5, NULL );
}

// Server 关闭函数
void prvSimpleServerClose(void)
{
    // 强制下线全部客户端
    prvClientSockeDisconnectionALL();
    // 清空链表
    prvClientSocketListDelALL();

    // 关闭连接
    FreeRTOS_shutdown( xListeningSocket, FREERTOS_SHUT_RDWR );

    // 关闭套接字
    FreeRTOS_closesocket( xListeningSocket );
    statut_close = 1;
}

// 发送函数
uint8_t prvSimpleServerSend(char * pSendBuff,uint32_t lBuffLen)
{
    BaseType_t lTransmitted;
    ClientSocketList_t * pClientList = pClientSocketHead;

    if(pClientList->xClientSocket != NULL)
    {
        lTransmitted = FreeRTOS_send(  pClientList->xClientSocket,pSendBuff,lBuffLen,0 );
        vTaskDelay(1500 / portTICK_PERIOD_MS);
    }

    if(lTransmitted < 0)
    {
        return 0;
```

```
        }
        else
        {
            return 1;
        }
    }

// 接收函数
void prvSimpleServerRecive(void)
{
    BaseType_t lrecive;
    ClientSocketList_t * pClientList = pClientSocketHead;

    lrecive = FreeRTOS_recv(pClientList -> xClientSocket, recivebuffed.cRxBuffers, echoBUFFER_
SIZES, 0);
    if(lrecive <= 0 )
        recivebuffed.length = 0;
    else
    {
        recivebuffed.length = lrecive;
    }
}

// 接收新连接的套接字
void prvConnectionListeningTask( void * pvParameters )
{
    Socket_t xConnectedSocket;
    struct freertos_sockaddr xClient;
    socklen_t xSize = sizeof( xClient );

    while(1)
    {
        if(statut_close == 1)
            vTaskDelete(NULL);
        xConnectedSocket = FreeRTOS_accept( xListeningSocket, &xClient, &xSize );
        configASSERT( xConnectedSocket != FREERTOS_INVALID_SOCKET );
            xTaskCreate ( prvServerConnectionInstance, " EchoServer", 520, ( void * )
xConnectedSocket, 4, NULL );
    }
}

// 记录连接信息
void prvServerConnectionInstance( void * pvParameters )
{
    Socket_t xConnectedSocket;
    static const TickType_t xReceiveTimeOut = pdMS_TO_TICKS( 1000 );
    static const TickType_t xSendTimeOut = pdMS_TO_TICKS( 1000 );

    xConnectedSocket = ( Socket_t ) pvParameters;

    FreeRTOS_setsockopt( xConnectedSocket, 0, FREERTOS_SO_RCVTIMEO, &xReceiveTimeOut, sizeof
( xReceiveTimeOut ) );
     FreeRTOS_setsockopt ( xConnectedSocket, 0, FREERTOS_SO_SNDTIMEO, &xSendTimeOut, sizeof
( xReceiveTimeOut ) );
    prvClientSocketListAdd(xConnectedSocket);

    prvSimpleServerSend(txdata, sizeof(txdata));
    vTaskDelete( NULL );
```

```
}

// 添加一个链表
void prvClientSocketListAdd( Socket_t xNewSocket)
{
    if(pClientSocketHead == NULL)
    {
        pClientSocketHead = (ClientSocketList_t * )pvPortMalloc(sizeof(ClientSocketList_t));
        pClientSocketHead->xClientSocket = xNewSocket;
        pClientSocketHead->pNextClientSocket = NULL;
    }
    else
    {
        ClientSocketList_t * pAddNode = (ClientSocketList_t * ) pvPortMalloc (sizeof
(ClientSocketList_t));
        pAddNode->pNextClientSocket = pClientSocketHead;
        pAddNode->xClientSocket = xNewSocket;
        pClientSocketHead = pAddNode;
    }
}

    // 删除一个链表
BaseType_t prvClientSocketListDel( Socket_t xDelSocket)
{
    ClientSocketList_t * pNode = pClientSocketHead;
    ClientSocketList_t * pNodeold = NULL;
    if(pNode->pNextClientSocket == NULL)
    {
        if(pNode->xClientSocket == xDelSocket)
        {
            vPortFree(pNode);
            return pdTRUE;
        }
        else
            return pdFALSE;
    }
    else
    {
        while(pNode->xClientSocket != NULL)
        {
            if(pNode->xClientSocket == xDelSocket)
            {
                if(pNodeold == NULL)
                {
                    pNode = pNode->pNextClientSocket;
                    vPortFree(pNode->pNextClientSocket);
                    return pdTRUE;
                }
                else
                {
                    pNodeold->pNextClientSocket = pNode->pNextClientSocket;
                    vPortFree(pNode);
                    return pdTRUE;
                }
            }
            pNodeold = pNode;
            pNode = pNode->pNextClientSocket;
        }
```

```
            return pdFALSE;
        }
    }


// 删除全部链表
void prvClientSocketListDelALL( void )
{
    ClientSocketList_t * pNode = pClientSocketHead;

    do
    {
        pClientSocketHead = pNode -> pNextClientSocket;
        vPortFree(pNode);
        pNode = pClientSocketHead -> pNextClientSocket;
    }
    while(pClientSocketHead != NULL);

}


// 关闭全部套接字连接
void prvClientSockeDisconnectionALL( void )
{
    ClientSocketList_t * pNode = pClientSocketHead;
    do
    {
        FreeRTOS_shutdown( pNode -> xClientSocket, FREERTOS_SHUT_RDWR );
        FreeRTOS_closesocket( pNode -> xClientSocket );
        pNode = pNode -> pNextClientSocket;
    }
    while(pNode != NULL);
}



// TCP_Server 测试任务
void Task_TCPTest(void * pvParameters)
{

    while(1)
    {
        prvSimpleServerRecive();
        if(recivebuffed.length > 0)
        {
prvSimpleServerSend(recivebuffed.cRxBuffers,recivebuffed.length);
            recivebuffed.length = 0;
        }
        vTaskDelay(5 / portTICK_RATE_MS );
    }
}
```

头文件如下:

```
# ifndef __TCP_SERVER_H_
# define __TCP_SERVER_H_

# include "stm32f4xx.h"
# include "FreeRTOS.h"
# include "task.h"
# include "FreeRTOS_IP.h"
# include "FreeRTOS_Sockets.h"
```

```
#define echoBUFFER_SIZES        ( ipconfigTCP_MSS * 2 )

typedef struct
{
    char cRxBuffers[100];
    uint32_t length;
}Recivebuff;

struct ClientSocketList
{
    Socket_t xClientSocket;
    struct ClientSocketList * pNextClientSocket;
};
typedef struct ClientSocketList ClientSocketList_t;

extern Recivebuff recivebuffed;

void prvSimpleServerOpen(void);
void prvSimpleServerClose(void);
void prvSimpleServerRecive(void);
uint8_t prvSimpleServerSend(char * pSendBuff,uint32_t lBuffLen);
void Task_TCPTest(void * pvParameters);

#endif
```

（4）在 main.c 中创建初始化任务，实现初始化功能。

```
static void AppTaskCreate (void)
{
    xTaskCreate(Task_Key, "Task_Key", 500, NULL, 6, NULL );
}

void vTask_Init(void * pvParameters)
{
    HAL_NVIC_SetPriorityGrouping(NVIC_PRIORITYGROUP_4);

    CLOCLK_Init();
    RNG_init();
    KEY_Init();
    LED_Init();


    IP_init();
    AppTaskCreate();
    vTaskDelete(NULL);
}
```

（5）在 main.c 文件中创建按键任务，实现按键开启、发送、关闭连接功能，代码如下：

```
void Task_Key(void * pvParameters)
{
    static uint8_t stauts = 0;
    while(1)
    {
        if(!KEY0)
        {
            if(stauts == 0)
            {
```

```
                    prvSimpleServerOpen();
                    LED1_ON;
                    LED2_OFF;
                    xTaskCreate(Task_TCPTest, "Task_Test", 500, NULL, 5, &TCPTest_TaskHandle );
                    stauts = 1;
                }
            }
            if(!KEY1)
            {
                if(stauts == 1)
                {
                    prvSimpleServerSend(tdata,sizeof(tdata));
                }
            }
            if(!KEY2)
            {
                if(stauts == 1)
                {
                    LED1_OFF;
                    LED2_OFF;
                    prvSimpleServerClose();
                    stauts = 0;
                    vTaskDelete(TCPTest_TaskHandle);
                }
            }
            vTaskDelay(10 / portTICK_RATE_MS);
        }
    }
```

(6) 在 main()函数中调用创建任务函数和启动调度器函数,代码如下:

```
# include "FreeRTOS.h"
# include "task.h"
# include "bsp_clock.h"
# include "bsp_randomnum.h"
# include "netInfoConfig.h"
# include "bsp_key.h"
# include "bsp_led.h"
# include "TCP_Client.h"

uint8_t tdata[] = "This is client";

void vTask_Init(void * pvParameters);
void Task_Key(void * pvParameters);
static void AppTaskCreate (void);

int main(void)
{
    xTaskCreate(vTask_Init, "vTask_Init", 500, NULL, 11, NULL);
    vTaskStartScheduler();
    while(1);
}
```

(7) 打开网络调试助手,该软件在软件工具文件夹中。协议类型选择 TCP Client,远程主机地址选择当前开发板 IP 地址,本机端口号选择程序配置的端口号。配置完成单击"打开"按钮。参考图 10-21。

图 10-21 网络调试助手

10.4.3 运行结果

编译整个工程,BuildOutput 窗口显示 0 错误、0 警告。打开网络调试助手软件,然后下载工程。按 KEY0 键实现开启 Server,开启成功 LED1 亮。连接成功后按 KEY2 键发送数据,按 KEY3 键关闭 Server,LED1 灭。连接成功后向开发板发送数据,开发板会将数据返回,如图 10-22 所示。

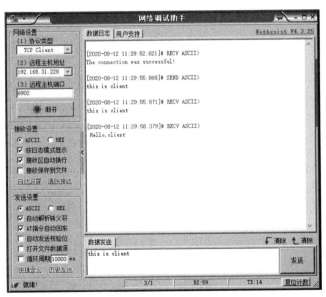

图 10-22 运行结果

练习

(1) 简述 TCP Server 原理。

(2) 简述套接字的工作过程。

参 考 文 献

[1]　Amazon. The FreeRTOS™ Kernel. https://www.freertos.org/RTOS.html. 2022-6-7.

[2]　Amazon. FreeRTOS+CLI An Extensible Command Line Interface Framework. https://www.freertos.org/FreeRTOS-Plus/FreeRTOS_Plus_CLI/FreeRTOS_Plus_Command_Line_Interface.html. 2022-6-7.

[3]　Amazon. FreeRTOS+FAT DOS Compatible Embedded FAT File System. https://www.freertos.org/FreeRTOS-Plus/FreeRTOS_Plus_FAT/index.html. 2022-6-7.

[4]　Amazon. FreeRTOS+TCP Open source and thread safe TCP/IP stack for FreeRTOS. https://www.freertos.org/FreeRTOS-Plus/FreeRTOS_Plus_TCP/index.html. 2022-6-7.